Small Busin

コストゼロでも
効果が出る！
LINE公式アカウント集客・販促ガイド

松浦法子 監・著　深谷歩 著

はじめに

LINE@の統合により、2019年からLINEのビジネスアカウントはLINE公式アカウントとして大きく生まれ変わりました。これまでは利用料が高いことから大手企業しか使えなかった便利な機能がすべてのプランで利用可能となり、中小企業でも無料で使い始めることができるようになりました。

LINE公式アカウントはLINEアプリの中にあるため、成功しているかどうかがあまり表に出て来ませんが、LINE公式アカウントのさまざまな機能を活用することで、多くのお客さまを集め、売上げがアップしているユーザーは、個人・企業問わず増えています。たとえば、とある自治体では、多くの人に住民向け情報を届けたいにもかかわらず、LINE@のときにはどうしてもブロックが発生してしまい、一定数の人にしか情報を届けることができませんでした。しかし、LINE公式アカウントのセグメント配信を用いることで、この問題を解決し、多くの人に情報を届けることができるようになりました。また、ビジネスを軌道に乗せた例もあります。とある個人経営の整体院では、LINE公式アカウントに切り替えた結果、売上げが4倍になりました。さらなる徹底した顧客管理と細やかなセグメント配信、リマインダー配信などを活用することで、今までは対面の販売でしか売れなかったプロテインや健康食品がLINE公式アカウントからも販売することができるようになったからです。また、ガソリンスタンドの場合は、LINE公式アカウントに切り替えてから1億円も売上げが増えました。これは、ビジュアルで訴えやすくなったリッチコンテンツやカードタイプメッセージの配信、ターゲットに合わせた具体的な内容の配信によって、中古車販売や修理に関する売上げが大きく上がったことにあります。このように、運用面からビジネス上の課題まで、今まではうまくいかなかったことがLINE公式アカウントで解決できるようになっています。しかも、これらはすべて無料で行うことができるのです。

また、これまでWebをはじめ、広告を打つことは専門外の人が自ら行うには難しくて手に負えないものでした。しかし、LINE公式アカウントでは、スマートフォンに特化した操作性をはじめ、誰もが広告配信できる環境を用意しています。

LINEは国内8,200万人（2019年発表）のユーザー数かつアクティブ率70.8%と、SNSでNo.1の地位を確立しました。どんな広告も、見てもらわなければ意味がありません。SNSの域を超え、電話にとって代わったとまでいわれる「日常に欠かせない生活インフラ」のLINEを使って広告を配信することで、多くの人に「必ず見てもらえる」ものとして、ネットの他のどの媒体よりも高い効果を発揮しています。

本書では、日ごろ、弊社がLINE公式アカウントの運営をサポートしてきた上で、

「質問の多い内容」「運営上で悩んで相談を受ける内容」「間違いやすい使い方」「失敗しないための使い方」「気づいていない便利な機能」「成果を上げやすい使い方」などを中心に解説し、LINE公式アカウントを始めるにあたっての壁や、運用していてつまずきやすいポイントが解決できるようになっています。アカウントは作っただけで終わりではなく、活用してこそ成果が上がります。本書を通じて、多くの方がLINE公式アカウントを効果的に運用し、お客さまとよい関係を築きながら配信することで、ビジネス拡大の一助になれば幸いです。

最後に、本書の成功事例掲載にご協力いただきましたアカウントオーナーさまありがとうございました。さらなるご発展を祈念しています。そして、LINE株式会社 川代宣雄さま、中川佳織さま、高木祥吾さま、LINE Pay株式会社 平井洋志さま、茶山博志さま、いつも多大なる応援をありがとうございます。また、本書執筆の機会を与えてくださり多大なるサポートをいただいた翔泳社の長谷川さま、小塲さま、共著者の一人である深谷さまには心より深く深く感謝申し上げます。そして執筆期間中、案件を待ってくださったオーナーさま、支えてくれた近藤さん、りえこさん、寺田純一さん、大切な家族、本当にありがとうございました。

たくさんの素晴らしい人に囲まれて私は幸せ者です。もう一度、皆さまにお礼を申し上げます。ありがとうございました！　皆々さまのますますのご健勝を心よりお祈りいたしております。

2020年2月吉日 松浦法子

会員特典データのご案内

本書では、LINE公式アカウントをさらに活用したい方のために、会員特典データとして「ショップカードの作成の仕方」「オープンチャットの使い方」などを掲載したPDFを用意しています。会員特典データは、以下のサイトからダウンロードして入手いただけます。

URL https://www.shoeisha.co.jp/book/present/9784798163086

●注意

※会員特典データのダウンロードには、SHOEISHA iD（翔泳社が運営する無料の会員制度）への会員登録が必要です。詳しくは、Webサイトをご覧ください。
※会員特典データに関する権利は著者および株式会社翔泳社が所有しています。許可なく配布したり、Webサイトに転載することはできません。
※会員特典データの提供は予告なく終了することがあります。あらかじめご了承ください。
※会員特典データの記載内容は、2020年1月6日執筆時点のものです。

Interview／
LINE公式アカウント集客・販促成功事例

LINE株式会社マーケットグロース事業部 事業部長の川代宣雄氏のインタビューおよびLINE公式アカウントを効果的に活用し、集客・販促に成功している事例を紹介します。

LINE株式会社マーケットグロース事業部 事業部長
川代宣雄氏 インタビュー

法人向けアカウントサービス「LINE公式アカウント」を提供するLINE株式会社マーケットグロース事業部 事業部長 川代宣雄氏にLINE@からLINE公式アカウントへの統合の理由、今後の展望などについてお話を伺った。

聞き手：松浦法子／写真：小幡三佐子

LINE@からLINE公式アカウントに統合した理由

――2019年の春から、LINE@がLINE公式アカウントに統合されました。各サービスのリニューアルではなく、料金体系やプランを大きく変えて他の各種法人アカウントとの統合という形にしたのはどうしてですか?

LINEで法人ビジネスなどでも利用ができるLINE公式アカウントを始めて7年程が経ちます。LINE ビジネスコネクトやLINE カスタマーコネクト、Messaging APIなどの機能も増え、いろいろな目的や意図で使っていただけるようにサービスの内容が多様化しました。しかし、ユーザーからすると違いがわかりにくく、開発面でも機能に制限が生まれるという課題が出てきました。

他にも、1人のユーザーがフォローする企業アカウントの数が増えたことによるデメリットも生じてきました。各ユーザーが受け取る企業からのメッセージが増えることでブロックにつながったり、一括で配信が行われることでユーザー一人ひとりに合った有益なコンテンツがしっかり提供されていなかったりするという点です。

このままいくとそれらを解決するのは難しくなると予想できる時期に来ていました。これから先も長くユーザーに愛されるサービスを提供し、企業さまにもっとパフォーマンスを発揮していただくためにはどうすればいいのかを社内で議論した結果、「ユーザーに対するメリットを追求できる形にサービスをリデザインする」という目標にたどり着きました。適切なタイミングで適切なメッセージを送ることは、企業さまへの価値提供にもつながります。そういう背景やコンセプトには、統合という形が適していました。

――たしかに、私自身も相談に来るお客さまに対してどの形態を推奨するべきか悩むこともありました。統合されたことでLINE公式アカウントだけで多くの機能が利用できるようになって、自信を持ってお客さまに勧めることができるようになりました。LINE公式アカウントへの統合でお客さまからの反応・反響はいかがですか?

特に店舗の方々は多種多様な機能をどう使うかでまだ悩まれている方も多い印象です。しかし、LINE公式アカウントに統合して無料ですべての機能が使えるようになったことで、ターゲティングやリッチメッセージなどの利用に対するハードルが下がりました。これまでそれらの機能を使っていなかったお客さまにも、広く利用されるようになってきています。

また、配信したメッセージに対する反応を分析できる指標が欲しいという要望をもとに、LINE公式アカウントでは分析機能の提供を開始しました。この機能ではメッセージ配信数、友だち追加数、チャット送受信数、タイムライン投稿数など、アカウントの利用状況の把握に必要な統計情報をグラフや数値で確認できます。この機能に関しては高い評価をいただいています。

――法人向けアカウントのメッセージ送信が、メッセージ配信通数に応じた従量課金というわかりやすい料金体系になりましたが、そうなったのはなぜでしょうか?

「ユーザーに対するメリットを追求する」というコンセプトに立ち返ったときに、やみくもにメッセージを配信するのではなく、誰にどのようなタイミングでどんな情報を届けるべきか、1通1通のメッセージの価値や効果

を企業さまに意識してほしいという考えにいたりました。ただ、それだけだと企業さま側に丸投げになってしまうため、LINEのプラットフォームでサポートしていくために、機能やソリューションをセットで提供するべく、料金体系とプランの変更を行いました。一人ひとりのユーザーに合ったメッセージ配信を意識していただくことで、企業さまにおいても集客・販促に対する効率的な投資につながると考えています。

目指すのは店舗とユーザーが出会える仕組みの構築

――LINE公式アカウント移行にあたって、おすすめの機能を教えてください。

何といっても、分析機能です。また、運用環境やユーザーに適したメッセージを送ってほしいという私たちの狙いからすると、A/Bテスト機能もぜひ使っていただきたいです。A/Bテスト機能を使えば、同一の訴求内容で配信したいメッセージ案が複数あった場合に、指定した割合のユーザーに作成した複数のバリエーションを配信してテストする

ことが可能です。現状では5,000人以上の友だちがいるアカウントのみで使えますが、今後利用できるアカウントの幅を広げる予定です。

他にも、チェーン店のようにまとめて運用が可能なアカウントを1つのグループにまとめて各種設定を一括で行えるグループ機能もおすすめです。Messaging APIと連携せずにLINE公式アカウントのみで利用可能です。

――分析機能やA/Bはハードルが高いと感じる方も多いかと思いますが、いかがでしょうか?

たしかに難しく感じられると思うのですが、実際に店舗のオーナーさんや事業をされている方たちは「この商品は売れ筋・死に筋だな」ということを日々考えられているのではないでしょうか。シンプルに、それと同じことがLINEでできるようになるととらえていただければと思います。デジタルだからという心理的なハードルを乗り越えていただくと、いつもご自身が考えられていることがLINE上でデータとともに確認できます。一歩踏み出して、ぜひチャレンジしていただきたいです。

――LINE公式アカウントの展望と未来について聞かせてください。今後のビジョンを示していただけるとうれしいです。

店舗とユーザーが出会える環境の構築を充実させていきたいと考えています。

まず、友だち獲得を促すための機能として「LINE CPDスタンプ」というダウンロード課金型のスタンプメニューや、LINE公式アカウントの管理画面から予算・性別・地域・興味関心などの項目を設定して1万円からの小額で友だち追加広告を出稿できる「友だち追加広告(LAP)」という機能をリリースしました。

また今後は、LINE公式アカウントをユーザーにより活用していただくために、プロフィールページ上でレビューを表示・入力できる機能もリリースする予定です。さらに、LINEアプリ内ではホームタブやトークリスト、ニュースタブ上部の検索バーに特定の場所を入力して検索することで、指定した場所の周辺にあるLINE公式アカウントを開設している店舗を探すことができますが、本機能の精度強化とUIのリニューアルを行い、当該地域内にある店舗のランキング表示やマッピング表示、店舗が提供しているクーポンの表示などにも対応します。

また、その先のリリース予定機能として、プロフィールページにチャットでの予約対応可否や予約の空き状況などを表示できる機能、LINE公式アカウントのチャットの中で商品を購入できるようになる「チャットコマース機能」も準備しています。

さらに、効果的なメッセージ配信に役立てていただくため、LINE公式アカウントの管理画面上で、友だちの獲得経路別のレポートを見ることができるようになったり経路別にメッセージを配信できるようになったりする予定です。

これらの機能によって、集客から配信までの設計を一連の流れでかなえる仕組みを提供していきます。

LINE公式アカウントで効果を高めるには友だち集めが重要

――運用型広告である「LINE広告」のメニュー「Cost Per Friends（CPF）」で広告を出すクライアントさんも増えています。その一方で友だち追加に対して広告費用を支払うという形態に戸惑われているお客さまも多いです。

クライアントさんにこの形態の魅力を伝えきれていないことはこちらでも感じています。広告の手法として直接購買に結び付くものが王道で、実際に出稿形態の割合としてもCPFは少ないのが現状です。新しいユーザーとの出会いの大切さ、友だちを増やすことのメリットについては、弊社からの発信に力を入れ始めたところです。集めた友だちや広告の効果についてお客さまにもメリットを感じていただけるように、実際の活用事例などを通してお伝えしていきたいですね。

――友だちを集めるメリットにはどのようなものがあるのでしょうか？

キャンペーンやフェアなどに合わせて部分ごとにターゲットを定めて成果を追いかけるよりも、友だちを多く集め、そのユーザー全体をターゲットにしていくほうが、そもそもの母数も増えて幅も広がっていくという点です。LINE公式アカウントをちゃんと運用すると友だちからのレスポンスもよくなりますよ。

また、ターゲティング機能が地域や商圏へ向けられるようになりました。実際に店舗の近くに住んでいる人に広告を出して集客していけるんです。今まではクチコミサイトなどに頼っていたところを、LINEで集客できて、さらに増えた友だちに対して継続的なプロモーションができるという世界を目指していきたいですね。

――ターゲティング機能ではどこまで絞り込むことができるのでしょうか？

今までは都道府県単位だったのが、市区町村レベルまでターゲティングできるようになりました。精度が高まったため、ぜひ使っていただきたいです。

――最後に本書の読者の方へメッセージをお願いします。

ここまで話した部分と重なりますが、集客やユーザーとのコミュニケーションに役立てていただけるよう、継続的にいいものを提供していきたいと考えています。中小企業の方々が抱える課題は多様化しています。LINE公式アカウントに限らず、皆さまのニーズにお応えできるよう、常に最適なサービスのあり方を追求していきたいと考えています。ぜひご期待ください。

川代 宣雄 Kawadai Nobuo
LINE株式会社 マーケットグロース事業部 事業部長。2008年、NHN Japan株式会社（現LINE株式会社）に入社し、LINEポイント（フリーコイン）の立ち上げに従事。
その後、同社広告事業部にて戦略クライアントに対する広告・プロモーションのコンサルティング提案営業を行う。2018年10月よりSMB顧客向けにLINEの法人向けサービスを活用したマーケティング支援を行うマーケットグロース事業部にて事業部長を務める。

01 旬の農産物情報などお得な情報を配信

50代以上の友だちが8割ですが、LINEから来店につながっています。今後は属性別に、もっと細やかな配信やLINEを通したコミュニケーションを行う予定です。

魅力的なクーポン配信で友だち増加へ

イベント会場での様子

会社名

めぐみの農業協同組合（JAめぐみの）

LINE ID

@tnm4858d

会社概要

岐阜県中濃地域にある農協。安心・安全な農業と地域の暮らしを守るために、信用、共済、高齢者福祉などの総合事業を展開

1 LINE公式アカウントを始めたきっかけは？

SNS利用率の高い次世代層とのつながりが希薄になりつつあるという課題に対し、有効な情報発信手段であると思ったからです。

2 担当者は何人ですか？

15名程でLINE運用プロジェクトを立ち上げ、運用開始に向けた準備をしていました。2018年4月からは、広報担当部署に事務局を置き、主に2名で配信などを担当しています。

3 配信内容や運用面、友だち集めなどで工夫していること、気をつけていることは何ですか？

配信メッセージ数が多いとブロックされる傾向があったため、多くても週1回の配信としています。各種イベント時にクーポンを配信したり、コミュニティ誌でキーワード応答メッセージを活用した企画を行っています。

4 LINE公式アカウントのおすすめの機能は何ですか？

簡単に作れる上に、楽しんでもらえるクーポンです。新商品を知ってもらったり、地域の皆さまとの会話のきっかけになったりしています。

5 実際に効果のあった施策とその内容は何ですか？

農業祭（4会場）でクーポンを配信し、新米プレゼント企画を実施したところ、2日間で約670人の友だち追加がありました。他にも、コミュニティ誌でキーワード応答メッセージでのお米の抽選企画を1週間限定で実施したところ、約670人の友だち追加がありました。

6 これから始める方へのアドバイス

メッセージ配信だけではなく、クーポンやキーワード応答メッセージなどのツールを活用することで、さまざまなアプローチが可能になると思います。年配の方もLINEは使われています。不慣れな方もいらっしゃいますが、操作方法などを丁寧に案内することで、喜んで友だちになってくださいますよ。メッセージもしっかり読んでくれて温かい言葉をかけてくれます。

02 お客さまからの声がリアルで伝わり、現場に反映させやすい信頼構築ツール

お客さまからの「あったらいいな」の声を大切に、形になった商品・イベント情報をダイレクトに届けることでお客さまの心をつかみ信頼関係を築けます。

イベントに参加できるクーポン

くじ引きイベントの様子

会社名

キンパラボ

LINE ID

@haf5626b

会社概要

食材ひとつひとつにこだわり、すべて手作りの韓国海苔巻き専門店。キンパをはじめ、キムチやテールスープなど50年以上続く秘伝の味を「ご家庭で簡単に味わえるプロの味」として提供

1 LINE公式アカウントを始めたきっかけは？

できて間もない店舗でも情報を伝えられるツールだからです。お客さまの反応がダイレクトに感じられるやりがいのあるSNSです。

2 担当者は何人ですか？

1人で運営しています。

3 配信内容や運用面、友だち集めなどで工夫していること、気をつけていることは何ですか？

月に1回以上、LINEお友だち限定イベントやキャンペーンを実施しています。お子さま連れのお客さまが多いので、くじ引き大会など皆が楽しめる内容にしています。タイムラインでは商品情報やレシピなどを流し、お店やキンパのことを知ってもらえるように気をつけています。

4 LINE公式アカウントのおすすめの機能は何ですか？

タイムライン、クーポン、メッセージです。特にタイムラインでは、お客さまからの「いいね」をきっかけにお客さまの友だちにもお店を知ってもらえています。

5 実際に効果のあった施策とその内容は何ですか？

自慢の商品があったのですが、値段が少し高いせいかなかなか購入につながりませんでした。そこで「お味見プレゼントキャンペーン」を開催したところ、たくさんのお客さまが来店してくれました。味を知ってもらえたことで、今では当初の販売数の5倍に成長しました。

6 これから始める方へのアドバイス

タイムラインの閲覧数もクーポンの利用率もすべて分析できるため、ニーズを知ることができます。何より、お店や商品のことを簡単な操作で発信できるとても便利なツールです。お客さまにどう喜んでもらえるかを考えると、反応が変わって売上げも違ってくるので、やりがいがあります。

03 お客さま対応の効率化と丁寧なサポートができる!

顧客管理の徹底化で、お客さまへのより細かな対応と作業効率アップがかないました。自動応答により、夜間でもLINEから注文ができると、お客さまに好評です。

プロフィール画面

公式の販促物を活用

会社名

グリーンルーム
アトリエ由花

LINE ID

@greenroomu

会社概要

結婚式ブーケの保存加工専門店とフラワーギフトの店を愛知県内で2店舗経営

1 LINE公式アカウントを始めたきっかけは?

以前は、問い合わせの割合が電話8割、HPからのメール2割でしたが、メールでの返信がないことが多く困っていたからです。LINE公式アカウントを始めてからは、電話4割、LINEが6割程になっています。

2 担当者は何人ですか?

基本2名。チャット返信は全員が行っています。

3 配信内容や運用面、友だち集めなどで工夫していること、気をつけていることは何ですか?

来店したお客さまに実名で友だち登録してもらうことです。実名登録によりアフターフォローなどできめ細やかなサービスができます。

4 LINE公式アカウントのおすすめの機能は何ですか?

リッチメニューです。営業時間外はWebに飛ばせることや、問い合わせへの自動返信ができるので、非常に便利です。連携ツールを使ってチャットと自動返信が同時に使えるとさらに便利ですよ。

5 実際に効果のあった施策とその内容は何ですか?

時間外のお問い合わせ対応です。ターゲットが結婚適齢期のカップルで、営業時間中は働いており、電話ができないお客さまが多いためです。APIによって自動化できた部分も多く、スタッフの作業量が減り業務効率化につながりました。

6 これから始める方へのアドバイス

LINE公式アカウントになってから、以前は有料プランでしか使えなかったものが無料で使えるようになりました。広告宣伝にコストをかけられない中小企業にとっては導入のメリットが大きいです。お客さまが増えても、機能やツールで業務効率化でき、事業規模以上のことができますよ。

04 学校も入学前から卒業後までLINEを活用する時代

歯科専門学校の入学希望者から卒業生まで、いろいろなシーンでLINEを利用してコミュニケーションを円滑化しています。

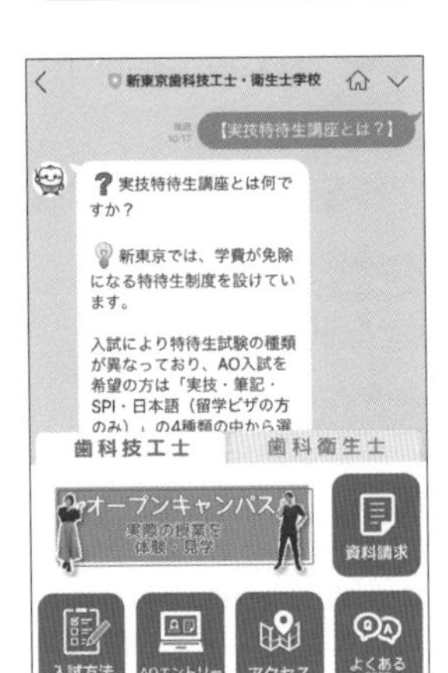

入学希望者に向けたリッチメニュー

LINE公式アカウントを利用している

会社名
新東京歯科技工士・衛生士学校

LINE ID
非公開

会社概要
総合歯科技工やデジタル技工、スポーツマウスガード技工などを習得でき、アジアの医療業界で活躍できる歯科技工士を育成する昼・夜間の専門学校

1 LINE公式アカウントを始めたきっかけは？

オープンキャンパスに来場する方を対象にLINE@を利用していたのがきっかけです。その後、LINE公式アカウントと連携できるツールを発見し、入学生から卒業生まで、すべての範囲で利用できそうだと感じ、本格的な導入にいたりました。

2 担当者は何人ですか？

学校の常勤職員を中心とした36名です。

3 配信内容や運用面、友だち集めなどで工夫していること、気をつけていることは何ですか？

ターゲットによってリッチメニューを変え、最適な情報を提供し、適切なコミュニケーションを取っています。お知らせやFAQについてもLINEから確認できるようにしました。

4 LINE公式アカウントのおすすめの機能は何ですか？

APIと連携すると使える「流入経路」です。入学希望者から卒業生までを分け、ステータスごとにQRコードやURLを発行し、そこを経由してLINEに登録してもらっています。それぞれに応じたメニューを表示することが可能です。

5 実際に効果のあった施策とその内容は何ですか？

AO入学試験のWeb申し込み数が前年比で150％以上伸びました。LINE上のメニューからアクセスできた点が効果的でした。
意外だったのは、LINEを通じて在校生からの意見や相談が増えたことです。そういった声も積極的に取り込んでいくことが、学校の教育サービス向上につながると気づいたことも、大きな収穫でした。

6 これから始める方へのアドバイス

学校に新しい技術を取り入れることにはエネルギーが必要ですが、当校は新しいIT技術を導入し、手応えを感じています。LINEを含め、教育ICTの実装によりサービスを向上させることが重要なのではないでしょうか。

05 お肉の紹介・クーポン配信でお客さまの心をつかむ!

直営店ならではの焼肉食べ放題!! お肉紹介やクーポンでしか味わえない商品情報など、毎週お得な情報を配信しています!

プロフィールページ

ショップカードやポスターでお客さまに周知している

会社名

**焼肉食べ放題
かわちどんガスプラザ店**

LINE ID

@Wfx4089r

会社概要

本格焼肉120種類90分食べ放題!! 自家製商品にこだわり、スープやクッパ類もすべて食べ放題! 若い子から家族まで幅広い層に人気の焼肉店

1 LINE公式アカウントを始めたきっかけは?

LINE公式アカウントは、現代では連絡手段としてだけでなく、情報収集にも使われています。より多くのお客さまに当店を知って来店していただきたくLINE公式アカウントを始めました。

2 担当者は何人ですか?

2人です。

3 配信内容や運用面、友だち集めなどで工夫していること、気をつけていることは何ですか?

お店の紹介はもちろん、お肉の紹介や、当店でしか味わえない商品や味の紹介を配信するようにしています。お店では1組、1組にLINE公式アカウントの案内をしています。そのきっかけでお客さまとお話しする機会が増え、お店の理念である「日本一また行きたい店」に近づいています。

4 LINE公式アカウントのおすすめの機能は何ですか?

リッチメッセージやクーポンです。

5 実際に効果のあった施策とその内容は何ですか?

食べ放題では味わえないお肉をプレゼントするクーポンの配信です。また、日々のお客さまとのコミュニケーションが増えました。接客で喜んでくれ、お客さまがまた知り合いの方に広めてくれることで、勧められてはじめてきてくれたお客さまにも出会えました。

6 これから始める方へのアドバイス

まずはLINE公式アカウントを友だち追加してもらえるように毎日たくさんのお客さまとコミュニケーションを取ることです。どんなお客さまが来店されて、どんなことを楽しみにしているのかを知ってからクーポンやメッセージを配信していくと販促につながると思います。

CONTENTS

4 Chapter タイムラインで友だち以外にも配信しよう

5 Chapter あなたの思いを200%届ける配信法

6 Chapter 成功の鍵を握る友だち集めをしよう

7 Chapter コミュニケーションのプチ自動化ができる自動応答メッセージ

8 Chapter 結果につながりやすいクーポンで効果倍速！

9 Chapter リッチコンテンツを使って反応率を上げよう

10 Chapter カードタイプメッセージで商品やサービスをビジュアル化しよう

11 Chapter チャットで個別にコミュニケーションを取ろう

Chapter 12 LINE公式アカウントを活用してプロモーションしよう

Chapter 13 フルファネルを網羅できるLINEを最大限に活用しよう

Chapter 1

O2Oプロモーションの切り札LINE

インターネット（オンライン）上の情報や活動を駆使して、実店舗（オフライン）へ来店を促すO2Oサービスが、これからの集客には欠かせません。LINEはそんなO2Oサービスの筆頭です。

01 スマートフォン時代の最強ツールLINE

iPhoneやAndroid端末などスマートフォンの急激な普及とネットワーク環境の発展・利用の拡大により、O2Oが急速に注目されるようになりました。

O2O（Online to Offline：オンラインからオフラインへ）とは

オンライン（インターネット）とオフライン（実店舗）を結び付け、消費者の「来店促進」と「購買の拡大」など、商品やサービスの利用を促すことをO2O（Online to Offline：オンラインからオフラインへ）と呼びます。

そもそも、オンラインのお客さまを来店や購買に誘導する手段は、2000年ごろから存在しました。当時は、オンラインへのアクセス元はパソコンにほぼ限定されており、「インターネットでのショッピング」と「実店舗でのショッピング」は、消費者の目的や利便性に合わせて別々に行われていました。現在は、インターネットで情報を調べてからの来店が主流です。スマートフォンを利用し、今いる場所の近くにある店舗の中からクチコミやクーポンなどを調べることもできます。

ポイントもネット上に貯めておくことができ、ポイント発行店だけでなく多くの提携先で利用できるものもあるため、汎用性も高くなっています。会計時には、「ありがとうクーポン付きメール」などが届く手厚いサービスもあります。

利用者は、金銭的な特典をどれだけ受けられるかで店舗を選ぶ傾向が強くなっています。かつてのように1店舗ずつ足を運ばなくても、多くの情報とメリットを容易に得られます。O2Oの普及により、店舗側は少ない経費で専用ツールを使えるようにもなりました。ただし、クーポンや特典などの割引は粗利の減少に直結するため、マネタイズ（無収益から収益を生み出すサービスにすること）効果をいかに上げるかが成功の秘訣です。しかし、金銭的なメリット以上の関係性を築けるのがLINEです。日ごろのメッセージ発信やチャットによるLINEでのコミュニケーションを通じてお客さまとの距離を縮め、信頼関係を築くことができます。

さらに、LINE@からLINE公式アカウントへの統合により、自動応答による作業効率化やターゲットに対して自動的に営業を仕掛けるリマインド配信など、綿密な顧客管理が可能になりました。加えてインターネットと現場と営業が分断されることなく、一貫した管理下でのお客さまに合った応対がLINEで実現できます。

このように「オフライン」から再び「オンライン」へ、そしてまた「オンライン」から「オフライン」へといった循環型O2Oとなるよう、一度だけの店舗集客でなく、来店したお客さまとのコミュニケーションや自社サイトのオンラインショッピングの充実など、**自店のファンになってもらうための関係作り**にも重きを置くことが大切です。LINEの仕組みはまさに、O2Oの循環型に適しているのです。

スマートフォンの普及がO2Oをあと押し

2017年に8,600万台だったスマートフォンの契約数が、2019年には3億1,080万台にまで伸びました。SIMや低価格帯端末の普及、ならびに動画や音楽配信などのエンターテイメント性の拡充や、5Gなどネット環境の高速化に伴い、スマートフォン化への勢いは止まりそうもありません。スマートフォンは、単に電話機としてではなく、いつでも簡単にインターネットに接続できる小さなPCとして利用されています。そして、ユーザーは情報を受信するだけでなく、店舗や商品などのクチコミを発信できます。企業からの一方的な情報よりも、**ユーザーが発信した情報は伝播・拡散されやすく、来店や購買の行動につながりやすい**です。そのために、ユーザーを巻き込むような発信でコミュニケーションを図り、情報がユーザーから伝播・拡散されるように心がけましょう。

スマートフォンからの情報により、消費行動が大きく左右されるようになっています。まさにO2Oが消費改革を起こしているのです。スマートフォン向けの施策なしでは、企業側は機会の損失を招き、ひいては立ち行かなくなることでしょう。

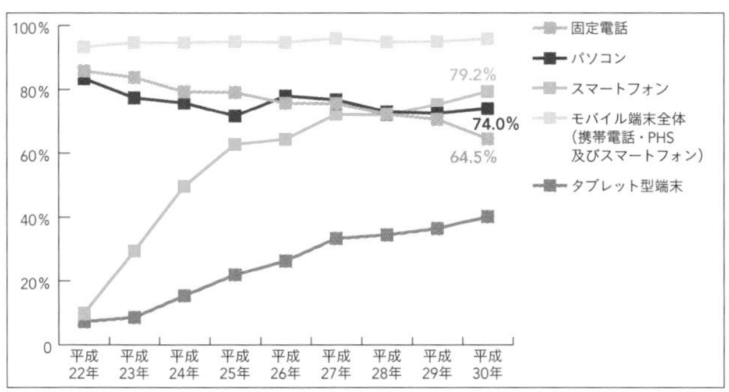

▲**主な情報通信機器の保有状況（世帯）**

出典：総務省「平成30年通信利用動向調査の結果」

URL http://www.soumu.go.jp/johotsusintokei/statistics/data/190531_1.pdf

アプリ固定化の中で勝ち組のLINE

スマートフォンが普及し、さまざまなサービスのアプリが提供されています。多数あるアプリの中、LINEは多くの人のスマートフォンのファーストビューに表示され、利用されています。

「普段使い」のNo.1アプリLINE

スマートフォンは、持ち運べる小さなパソコンとして、空き時間があるとつい操作してしまいがちです。電車内や飲食店など街のいたるところで、ほとんどの人がスマートフォンを片手に何かをしています。

そうした状況の中で、企業はユーザーが見る場所やメディアとの接触時間を重要視した上で、広告の配分をどうするかを考える必要があります。ユーザー1日当たりのメディア総接触時間を見ると、マス媒体はテレビ以外の媒体の時間が激減し、年々モバイル端末の時間が増加、特に携帯電話・スマートフォンへの接触時間が急増しています。マス媒体に比べ安価で出稿できることを考えても、**スマートフォンは誰もが取り組みやすい広告媒体**といえるでしょう。

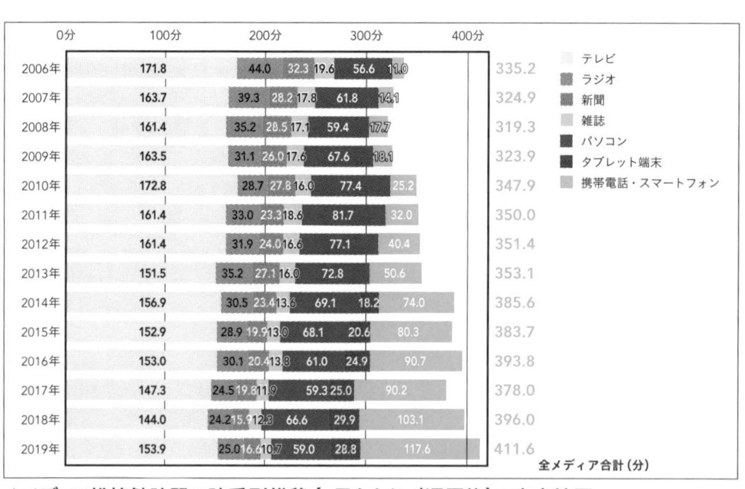

▲メディア総接触時間の時系列推移（1日あたり／週平均）：東京地区

出典：博報堂DYメディアパートナーズ「メディア定点調査2019」

URL https://mekanken.com/cms/wp-content/uploads/2019/05/167f92d09ab7cc5c8f1c38af84b23107.pdf

フラー社の調査によると、日本のスマートフォンユーザーがインストールしているアプリの数は平均82個で、そのうち実際に使っているのは3割であることがわかっています。したがって、アプリを立ち上げて企業情報を見てもらうためには一筋縄ではいきません。そのためのきっかけとして、多くの企業が情報・通知を送りますが、ただ情報を送るだけではアプリを立ち上げてもらえません。クーポンなどの役に立つ情報を配布することで、ようやくアプリを立ち上げてもらえるのです。

ところが、「情報が送られているかどうか」に関係なく、「日常的に頻繁に使用するアプリ」も存在します。スマートフォンのライトユーザーでは、頻繁に（月に10回以上）使用するアプリは4個あるといわれており、その限られたアプリに自社のアプリが入り込めるかどうかで効果が大きく異なります。この**頻繁に使われる「普段使い」No.1のアプリがLINE**です。クーポンが欲しくてわざわざアプリを立ち上げるのと、立ち上げていたアプリにクーポンが届くのとでは、ユーザーの印象がまったく異なります。そこがLINEの優位性であり、LINEに情報を流すことで企業は、確実にユーザーに情報を届けることができるのです。

ランク	サービス名	平均月間利用者数	対昨年増加率
1	LINE	5,528万人	11%
2	Google Maps	3,936万人	19%
3	YouTube	3,845万人	22%
4	Google App	3,465万人	16%
5	Gmail	3,309万人	17%
6	Google Play	3,136万人	6%
7	Twitter	2,875万人	14%
8	Yahoo! JAPAN	2,670万人	23%
9	Facebook	2,301万人	6%
10	McDonald's Japan	2,053万人	18%

▲2018年　日本におけるスマートフォンアプリ利用者数　TOP10

出典：Nielsen「TOPS OF 2018: DIGITAL IN JAPAN」

URL https://www.netratings.co.jp/news_release/2018/12/Newsrelease20181225.html

LINEは性別・年齢問わず効果が得られる

「LINEは10代向きだから、自社のターゲットとは違う」と勘違いされがちです。LINEは10代のアクティブ率が高いため「10代のアプリ」といわれますが、実際には下図の通り、性別や年齢・職業による利用率や利用頻度に偏りがなく、地域格差もありません。**LINEによる情報発信はターゲットを選ばずに行えるのです。**

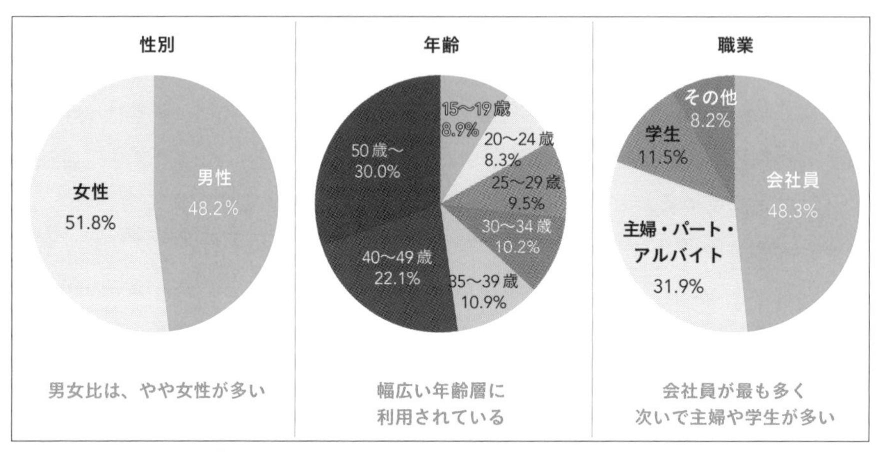

▲LINEのユーザー属性（性別・年齢・職業）
出典：LINE株式会社 マーケティングソリューションカンパニー「LINE紹介資料 2019年10月-12月期」
調査機関：マクロミル社・インターネット調査（2019年7月実施/全国15〜69歳のLINEユーザーを対象/サンプル数2,060）

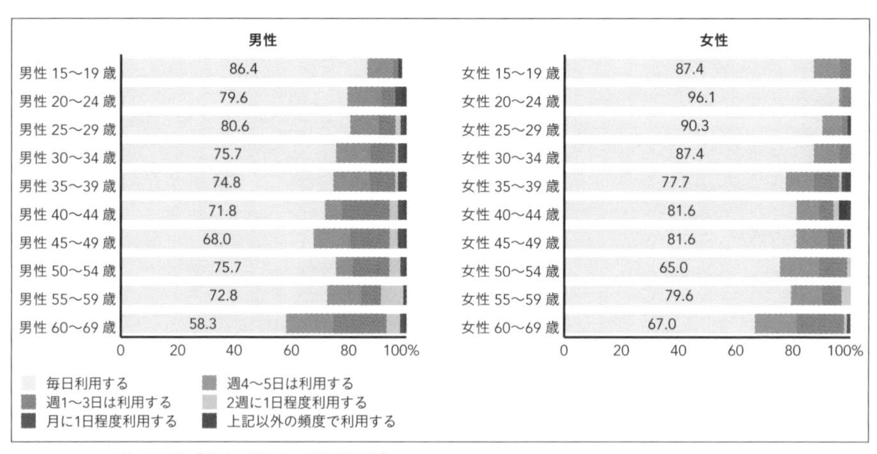

▲LINEユーザー属性（性年代別の利用頻度）
出典：LINE株式会社 マーケティングソリューションカンパニー「LINE紹介資料 2019年10月-12月期」
調査機関：マクロミル社・インターネット調査（2019年7月実施/全国15〜69歳のLINEユーザーを対象/サンプル数2,060）

リアルタイムに情報を届けて反応を得ることができる

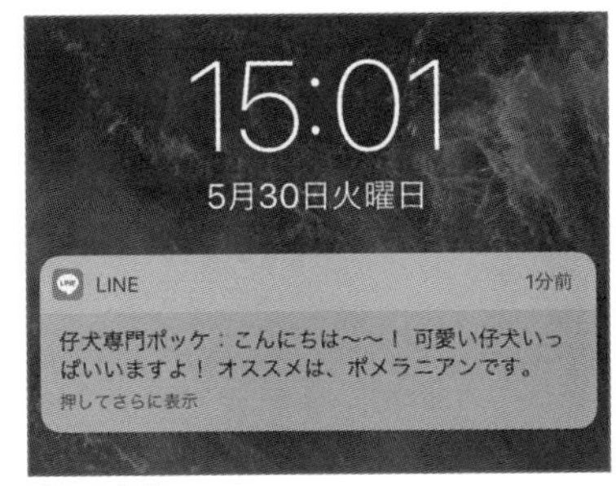

プッシュ通知

LINEは、プッシュ通知（アプリを起動していなくても情報がスマートフォン端末に届く仕組み）でメッセージをリアルタイムに届けることができます。コミュニケーションツールとして認知されているため、通知が届くとすぐに開いてもらえることが多いのも特徴です。そのため、情報を届けたい時間に発信することで、お客さまの反応率も高めることができます。ランチの少し前にランチの情報、ECサイトのセール開始時間にセール開始の案内など、お客さまが行動しやすい時間に計画的な発信が可能です。このようにLINEのメッセージは、**ダイレクトに反応を得る**ことができます。

メールマガジンの5倍以上の開封率

スマートフォンが主流になる前まで、お客さまとのやりとりの主流はメールマガジン（メルマガ）でした。ですが、メルマガは携帯電話会社が用意しているフィルターによって、どんどんお客さまの手元に届かなくなってきました。さらに、ユーザーはLINEでやりとりが済むようになったことでメールを使用しなくなり、メルマガ自体が読まれなくなったのです。

LINEが主流になって驚くべきことは、LINEの開封率（メッセージを開いて見てもらえる率）がメルマガ全盛期のメルマガ開封率の5倍にもなるという点です。さらに、メッセージからのクリック率はメルマガの20倍以上です。

そもそもスマートフォンのUIは、脳が一目で認識できる文字量を計算して設計されています。限られたエリアで表現するためには、メルマガのような長文ではなく、簡潔でわかりやすい文章と一瞬で反応できる画像が1つあれば十分です。そこから、スマートフォンに特化したLINEの機能により、タップするだけで電話がかけられたり、メッセージを送れたり、Webサイトに誘導したりといったことが簡単に行えます。つまり、友だちであるお客さまを店舗やサービス、ECサイトに誘導することができるのです。画像や動画も使えるので、イメージによって感情移入や共感がしやすく、クリック率も高いです。リアルタイムに反応があって、広告の開封率・クリック率が高ければ、ビジネスに利用しない手はありません。

03 LINEの優位性と他のSNSとの比較

これまでの説明でLINEの到達率や開封率などがすごいことはわかりましたが、他のSNSと比較しても、LINEは圧倒的な優位性を保っています。

国内の通信インフラとなったLINE

LINEは、NHN Japan株式会社（現LINE株式会社）が2011年6月23日にサービスを開始して以降、インターネット回線を利用した無料トークや無料通話を軸に、コミュニケーションアプリとして普及しました。現在では日本の人口の半分以上になる8,200万人ものユーザーが利用しています。

LINEは、今では先行して立ち上がっていたFacebookやTwitterの国内ユーザー数をはるかに超え、アクティブ率においても圧倒的優位を誇っています。スマートフォンを持っているほとんどの人が毎日LINEを使い、日本国内の「**通信インフラ**」として定着したといっても過言ではないでしょう。

情報が必ず届くのはLINEだけの強み

FacebookやTwitterはシステムの仕様上、いくらフォロワーであってもすべての情報を見られるわけではありません。Facebookページはエッジランク（Facebookのニュースフィードで、ハイライトに表示する情報をユーザーごとに最適化するアルゴリズムのこと）により情報が間引かれ、ファンのニュースフィードへのリーチ率（タイムラインの出現率）は平均16%です。

対してTwitterは、時系列ですべて表示されますが、時間とともに流れてくる他の情報によって、あっという間に情報が流れていってしまいます。さらに、フォローユーザーの「お気に入りツイート」や「人気のツイート」、「関連性の高いツイート」などの情報をTwitterのシステムが自動的にレコメンドとして投稿を追加するので、他の情報にタイムラインが占領されてしまい、せっかく発信した情報が見てもらえないことが多くあります。それに比べてLINEは、間引かれたり足されたりすることなく、**すべてのメッセージが表示されます**。

SNSでのLINEの立ち位置

ソーシャルメディア（SNS）4強と呼ばれる「LINE」「Facebook」「Twitter」「Instagram」ですが、TwitterやInstagramは若者（10代・20代）の利用率が高く、年齢が上がるにつれて利用率が激減します。一方、LINEだけが年代を問わず幅広い層に利用されています。

SNS名	ユーザー数
LINE	8,200万人
Facebook	2,600万人
Twitter	4,500万人
Instagram	3,300万人

▲主なSNSの利用者数

FacebookやTwitterは、社会性の高い開かれたサービスです。これに対してLINEは、友だちになった者同士がやりとりするという、**プライベートな環境でサービスを提供**します。お互いを認識し合ったユーザー同士だけがLINEでのコミュニケーションを楽しむことができるのです。LINEはオープンな環境ではありませんが、その分安全性は高く、見ず知らずのユーザーからいきなり連絡が来ることもありません。

さらに、遊び心満載のインターフェースもLINEの大きな特徴です。コミュニケーションツールとして、ネットリテラシーの高い人だけでなく、今までSNSを敬遠していた人たちにまで広がった結果、8,200万人が使うサービスとして認知されました。

よって、LINEではFacebookやTwitterでリーチできなかったユーザーにも情報を届けることができます。そもそもFacebookやTwitterでのユーザーからの反応に苦しんでいた企業の多くは、そこに自社のターゲットがいなかったのです。LINEによる情報発信の取り組みは絶好のチャンスになります。

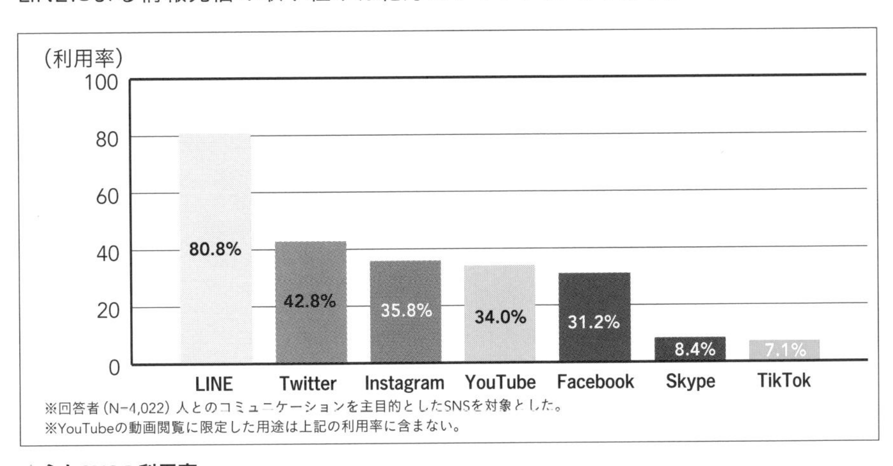

▲主なSNSの利用率

出典：株式会社ICT総研「2018年度 SNS利用動向に関する調査」

URL https://ictr.co.jp/report/20181218.html

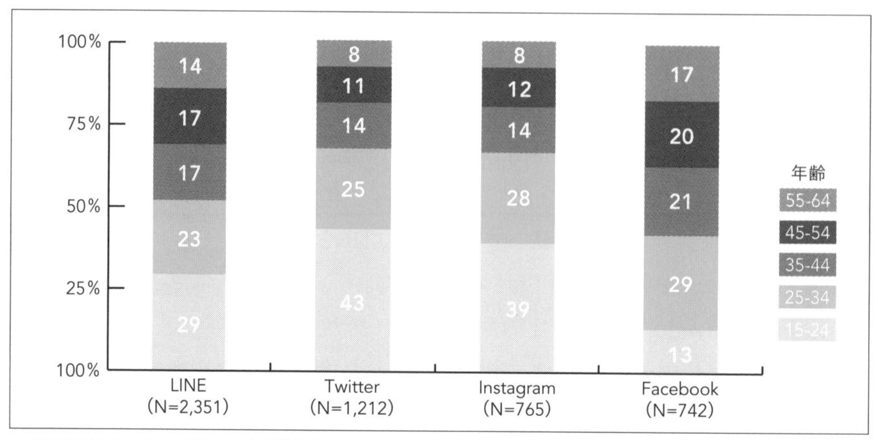

▲**SNSアクティブユーザーの年代構成**
出典：株式会社リスキーブランド「生活者分析｜SNSユーザー動向」
URL https://www.riskybrand.com/research/mindvoice_181024/

SNSによるプロモーションを早くから手掛けているコンビニ大手のローソンのアカウントを見ると、ユーザー数の差がはっきりと出ています。LINEは他のSNSのように拡散力はありません。しかし、この圧倒的ユーザー数に対してプッシュ通知をリアルタイムに発信することができます。これは、ビジネスでの最大の武器ではないでしょうか。

	LINE	Facebook	Twitter
2015年3月	1,463	55	73
2017年5月	2,049	61	129
2019年11月	3,100	60	458

▲**ローソンアカウントのSNS別フォロワー・いいね数成長比較（単位：万人）**

企業アカウントの場合、FacebookやTwitterアカウントのユーザーが自然に増えるわけではありません。ほとんどが、企業努力として広告などを使って集客しています。ユーザー数の伸びを見れば、費用対効果の高い広告として、企業がLINEに期待していることがわかります。このことは業種に関係なく、一様にLINEの企業アカウントはユーザーに選ばれてもいます。企業アカウントとして、LINEは重要なメディアであることに疑いようはないのです。

	LINE	Facebook	Twitter
KIRIN	2,683	24	82.1
ジーユー	2,355	14	20.2
無印良品	418	106	62.2
オルビス	3,302	11	15.9
スギ薬局	1,156	※	0.05
アットホーム	1,167	1.7	5.3
パン田一郎(FromA)	1,942	2.5	2.6
エイチ・アイ・エス	793	36	9.7

※**各店舗でアカウント作成**
▲**企業SNSユーザー数（2019年10月時点）（単位：万人）**

04 商用利用できないLINEの個人アカウント

LINEが商用利用できないことを知らずに、個人アカウントでお客さまにビジネス配信していませんか？ 規約はしっかり守らないと、ご自身の信用を失うことにもなります。気をつけましょう。

個人アカウントの商用利用は規約で禁止されている

LINEの個人アカウントは商用利用できません。単にビジネスアカウントの存在を知らないだけかもしれませんが、ブログや広告を見ると個人アカウントをお店用LINEに使っている方がいらっしゃいます。

しかし、個人アカウントのビジネスでの利用については、LINE利用規約第12条「禁止事項」の第8項で禁止されています。

> 12.8. 営業、宣伝、広告、勧誘、その他営利を目的とする行為（当社の認めたものを除きます。）、性行為やわいせつな行為を目的とする行為、面識のない異性との出会いや交際を目的とする行為、他のお客様に対する嫌がらせや誹謗中傷を目的とする行為、その他本サービスが予定している利用目的と異なる目的で本サービスを利用する行為。

▲LINE利用規約第12条第8項

URL https://terms.line.me/line_terms/?lang=ja

そもそも規約ではLINEの個人アカウントのIDやQRコードを不特定多数の人に通知することが禁止されています。不特定多数への通知とは、相手が特定できない媒体での告知などを指し、Webやチラシが対象となります。

また、LINEの個人アカウントでは、広告の一斉送信の機能がありません。多人数にメッセージを送るとなると、多人数トークやグループトークを利用することになり、トーク画面にはお互いを知らない人同士も一緒に表示されてしまいます。お客さま同士がリアルの友だちや知り合いであれば問題ありませんが、そうでない場合、トーク画面のメンバー表示から友だち追加されてしまう可能性があります。これはお客さまからの信頼をなくす行為になりかねないので、決して行わないようにしましょう。

グループトークでは面識のない人も表示されてしまう

利用規約に違反するとLINEアカウントは利用できなくなります。そのようなリスクを背負わなくても、LINE公式アカウントは0円から使うことができます。機能や料金についてはChapter 2で詳しく紹介しますが、一斉送信のほか、宣伝するのに特化した機能が多数あります。ぜひ、LINE公式アカウントを利用して、ご自身のビジネスにつなげましょう。

利用規約に違反するとアカウントが停止される

COLUMN

モノやサービスで得られる体験や経験を重視するOMO

「OMO（Online Merges with Offline）」は、O2Oのような「インターネットとインターネット以外」の垣根にこだわらず、人がモノやサービスに触れて得られる体験や経験を主軸に考えるマーケティングです。お客さまが電子決済を使って買い物をすると、購入までのデータが蓄積され、そのデータは商品の売上げアップや商品開発に活かすことができます。OMOでは、お客さまの購入までの流れを「どのような体験につなげ、購入してもらうか」が重要です。
今後、スマートフォンでの決済を通じ、買い物を促進させ企業側にもデータが入ってくるOMOサービスが普及し、O2Oやオムニチャネルに代わる新しいマーケティングの軸になると考えられます。余裕がある方は、「体験」や「経験」も視野に入れ、LINE公式アカウントを運営するとよいでしょう。

Chapter 2

LINEを商用利用して売上高をアップする

スマートフォン時代のコミュニケーションツールとして根付いているLINE。ここではLINEをビジネスに活用し売上高をアップする方法を紹介していきます。

01 商用利用できるLINE公式アカウントとは?

日々のコミュニケーション手段として多くの人が活用するLINEですが、LINE公式アカウントを用意すれば商用利用することができます。

商用利用できるLINE公式アカウントとは?

8,200万人以上の人が利用するLINEは、単なるコミュニケーションアプリにとどまりません。オンライン決済のLINE Payをはじめ、LINEトラベル、LINEショッピングなど、多種多様な用途に利用でき、今では生活インフラにさえなっているツールです。LINE公式アカウントは、そのLINE上で企業が**自社の公式アカウントを開設することで商用利用ができ**、お客さまとなるユーザーへダイレクトに情報を届けられます。

サービス面に目を向けると、LINE@のときにはできなかったグループトークや、顧客管理ができるようになったりと、ユーザーと相互的かつ長期的な関係性の構築が可能になりました。さらに、今後はLINE PayやLINEの他サービスとの連携も充実して、ますます便利になっていくことが予想されます。また、Yahoo!の各種サービスとの連携も考えられるでしょう。

LINE公式アカウントは、規模や業種・商材をほぼ問わず、誰でも簡単に始めることができます。また、**アカウント開設費用や初期費用が無料**で気軽に始められることから、大企業から中小企業・店舗を合わせた**公式アカウントの数はすでに300万アカウント**（2020年1月時点）を超えています。

▲LINE公式アカウントロゴ
これまでは使えなかった一番左のLINEのロゴも利用できるようになった

LINE公式アカウントが持つ高いリーチ力

LINE公式アカウントへの統合により、これまで以上にユーザーと企業との間の距離を縮めるツールとしてますます便利なものになりました。LINE公式アカウントを使ったLINE広告は他のWeb広告と比べ圧倒的なリーチ力を誇ります。これまでは「WebからTwitterへ、Webからメールへ」というように媒体が変遷したときに、アカウントを切り替えなくてはいけなかったり、サービスをそもそも使っていなかったりすることで、離脱がありました。しかし、LINEではLINEのサービス内での移動なので、アカウントの切り替えは必要ありません。さらにLINEのセールプロモーションの媒体は増加しており、ユーザーと深いつながりを持てるLINE公式アカウントが増えています。

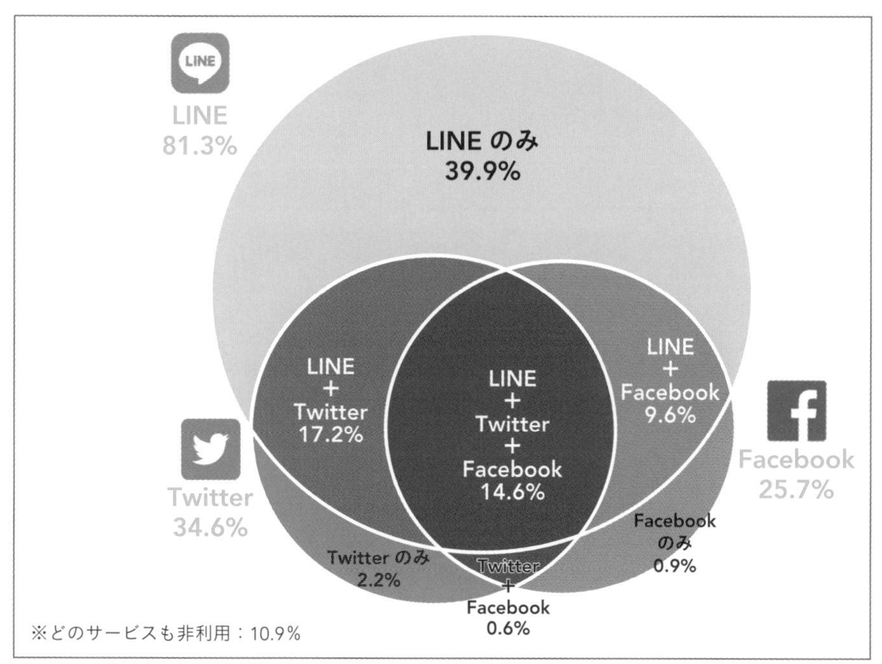

▲**LINE公式アカウントの提供価値**

調査機関：マクロミル社・インターネット調査（2019年7月実施/全国15～69歳のスマートフォンユーザーを対象 サンプル数20,000）
出典：LINE株式会社 マーケティングソリューションカンパニー「LINE Business Guide 2020年1月～6月期版 v2.0」

02 ユーザーの行動に直結できるツール

LINE公式アカウントは、大企業から中小企業・店舗まで幅広く利用され、国内ですでに300万件以上のアカウントが開設されて、集客・販促などを強力にサポートしています。

店舗やサイトへの高い集客力

LINE公式アカウントの魅力は何といっても高い伝達力です。企業の公式アカウントと友だちになったユーザーの半数近く（2020年1月時点）がクーポン利用やキャンペーンへの応募などポジティブなアクションを行い、企業とのつながりを実現しているというデータもあります。

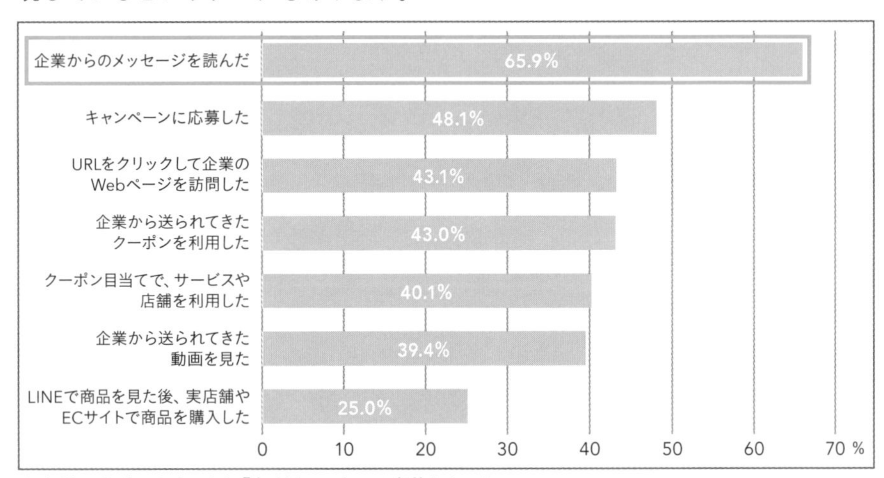

▲企業の公式アカウントと「友だち」になって実施したこと
出典：LINE株式会社 マーケティングソリューションカンパニー「LINE Business Guide 2019年4月～6月期」

リピーターを創出できる

LINE公式アカウントは、店頭での告知、SNS、自社サイト、ECサイト、LINEアプリの検索などから友だち追加を行ってくれたユーザーに対してコミュニケーションを取ることで、来店や再来店を促すことができます。まさに**「見込み客・リピーター」とのつながりを強めることに最適なツール**なのです。

03 LINE公式アカウントでできること

LINE公式アカウントは、ユーザーとつながることで集客・販促につながるたくさんの魅力的な機能があります。

一般に開放された便利なLINE公式アカウントの機能

2019年4月から、機能と料金体系が複雑だったLINE@がLINE公式アカウントに統合されることで、メッセージの送信が配信通数に応じた従量制になるなど、サービスや機能がわかりやすくなりました。また、これまで利用できなかったカスタマーコネクト（LINE Chat API、LINE Call APIなど）やビジネスコネクト（Messaging API）、LINEログインなどのオプション機能が、フリープランやスタンダードプランでも利用できるようになりました。

なお、1つのLINEビジネスID（管理画面にログインできるメールアドレス）につき、100アカウントまで作成できます。

代表的な機能	LINE@	LINE公式アカウント
メッセージ配信	○	○
タイムライン投稿	○	○
チャット対応機能	○	○
LINEチャットAPI	×	○
LINEコールAPI	×	○
Messaging API	×	○
LINEログイン	×	○

▲LINE@とLINE公式アカウントのフリープラン・スタンダードプランで利用できる機能一覧

LINE公式アカウント　基本機能	
・メッセージ配信	・A/Bテストメッセージ
・セグメント配信	・配信通数指定
便利機能	
・タイムライン投稿	・クーポン
・チャット機能	・ショップカード
・自動応答/スマートチャット	・プロフィール
・リッチメッセージ	・リサーチ
・カードタイプメッセージ	・分析
・リッチビデオメッセージ	・ユーザー満足度調査
・リッチメニュー	

＋

オプション機能
・LINEプロモーションスタンプ
・通知メッセージ
・LINE Chat API
・LINE Call API
・LINEオーディエンスマッチ
・LINE Beacon
・友だち追加広告（オンライン開設）
・LINE LIVE
etc.…

▲LINE公式アカウントの基本機能とオプション機能
出典：LINE株式会社 マーケティングソリューションカンパニー「LINE Business Guide 2020年1月〜6月期版 v2.0」

コミュニケーションの核となるメッセージ配信では、すべてのプランで、動画やリッチメッセージ（188ページ参照）、リッチメニュー（204ページ参照）など、あらゆるフォーマットによるメッセージ配信や、「30代女性」のような性別・年代などのセグメントによるターゲットを絞った配信も可能になりました。また、実績レポート機能が拡充し、配信数やクリック率などの検証を踏まえて、配信を最適化していくことができます。

加えて、メッセージ配信以外ではタイムライン、チャット機能、アカウントページの有効活用などから、エンゲージメントを高めることができます。LINE公式アカウントの機能を有効活用するためにも、まずはその機能を理解しましょう。

簡単に友だち登録してもらえる

メルマガを含め、これまでのいろいろなリストとしてフォローするものには、住所や氏名、メールアドレスといった情報の入力が必要となるものが大半でした。一方でLINEには情報の入力は必要なく、**登録のハードルが低い**のが特徴です。

具体的には、友だち追加ボタンのクリックや、LINE上での検索、店舗でのQRコードの読み込み、友だちからの紹介などさまざまな方法がありますが、どれもとにかく簡単です。

アプリや管理画面からの操作が簡単

LINE公式アカウントは、PC版管理画面とスマートフォンの管理アプリで操作ができます。どちらもわかりやすいユーザーインターフェース（UI）で操作に迷うことなく運用ができるので安心です。

スマホの管理画面

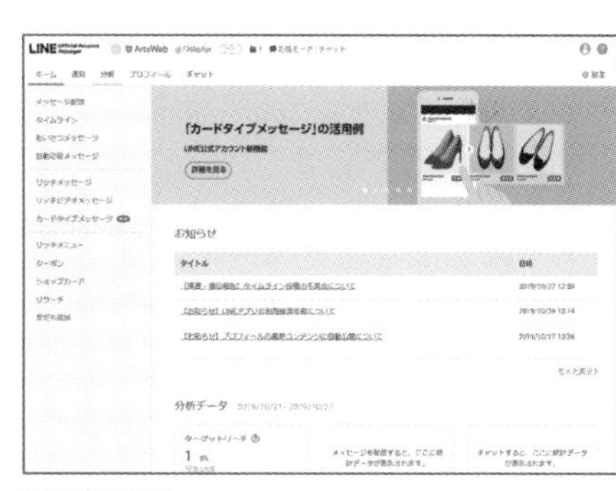

PC版管理画面

メッセージで来店のきっかけを作る

メッセージの送信はLINE公式アカウントの最も基本的な機能です（Chapter 5参照）。テキスト、スタンプ、画像（写真）、クーポン、リサーチ、音声、動画の配信や、企業・店舗のアカウントを友だちとして追加してくれたユーザーに対し、メッセージを一斉送信することができます。新商品やキャンペーン情報など、ユーザーにとってメリットのあるメッセージを送ることで、集客やWebでの商品購入につながります。

友だちになってくれたユーザーには新情報を送るたびにプッシュ通知で表示されるため、古いメッセージが下のほうに流れてしまうこともなく、他のSNSなどに比べても高い開封率が期待できます。

また、たとえばアパレルならば、性別や年代別に応じたコーディネートの情報や、リピーターに対しては、その人が気に入るであろう新商品が入荷したときには個別でメッセージを送ることで、高い集客効果が期待

プッシュ通知で友だちからのメッセージが届く

できます。

予約送信もできるので、業務中の運用時間帯と配信時間が異なっても対応することが可能です。また、テスト送信によって配信内容を確認することもできます。

タイムラインでコミュニケーションを図る

友だち登録しているユーザーのタイムラインの公式アカウントフィードに情報を投稿することができます（Chapter 4参照）。投稿数制限はないので、無制限に配信可能です。

投稿した情報には、ユーザーが「いいね」や「コメント」を付けることができ、コミュニケーションの場としての活用が可能です。ユーザーによってメッセージやタイムライン上で友だちに「共有」されます。共有された情報は、LINE公式アカウントと友だちになっていないユーザーでも閲覧可能なため、友だち数以上の認知拡大が期待され、来店のきっかけをつくることができます。

タイムライン投稿の例

> **Memo チャットのトーク履歴の保存期限**
>
> トーク履歴はテキスト１年、画像・動画は２週間、ファイルは１週間と保存期間が定められているので注意しましょう。

タイムラインの共有、メッセージへの共有

シェア方法を選択

トークに共有

LINEチャットで個別対応ができる

チャットを通してユーザーと直接やりとりすることが可能です（Chapter 11参照）。チャットを使って、ユーザーから問い合わせを受ける、予約を受け付けるなど、電話対応の代わりとしても活用できます。LINE@よりも機能が拡充され、複数のユーザーとのグループチャットにも対応できるようになり、双方向のコミュニケーションがますます円滑になりました。

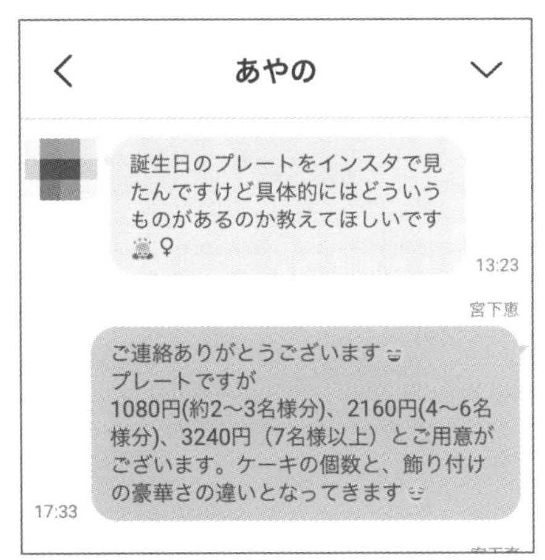

チャットで問い合わせ対応ができる

個人でのチャット

自動応答機能／キーワード応答機能で返信をサポート

ユーザーからトークで話しかけられたときに、あらかじめ登録していた定型文をランダムに自動で返信することができます（Chapter 7参照）。

特定のキーワードをあらかじめ設定し、それに基づいて、ユーザーから送られてきたメッセージに同様のキーワードがあれば反応し、設定しておいたメッセージで自動返信を行う「キーワード応答機能」も活用可能です。応答メッセージは自動応答とキーワード応答メッセージをあわせて最大1,000件まで登録可能できます。

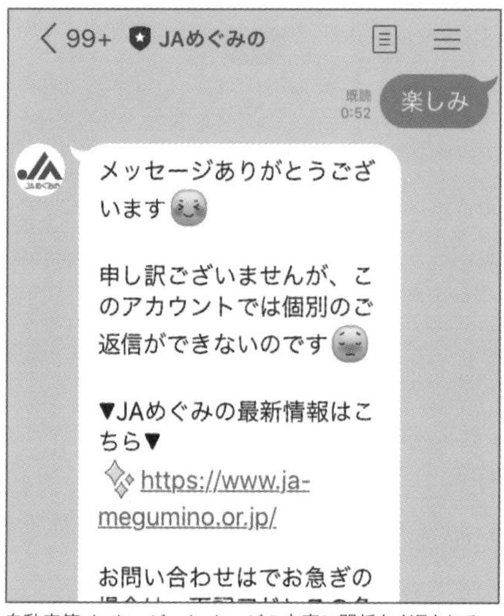

自動応答メッセージ。メッセージの内容に関係なく返される

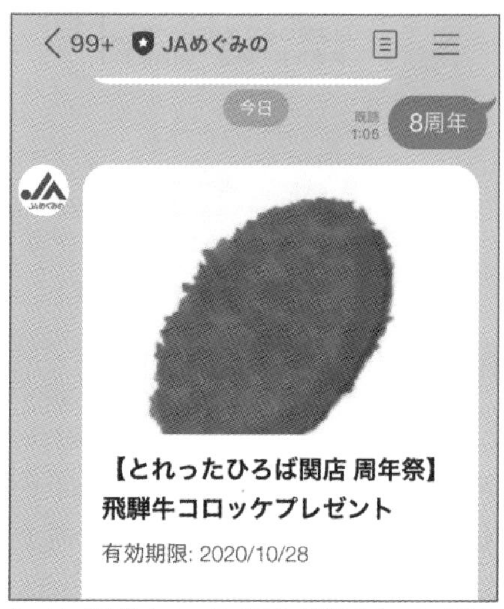

キーワード応答メッセージ。広報に掲載したキーワードを入力するとクーポンが配布される

高い誘導効果を誇るリッチメッセージ

リッチメッセージとは、画像やテキスト情報を1つのビジュアルにまとめ、簡潔でわかりやすい訴求が実現できる機能です（188ページ参照）。画像の作成が必要ですが、通常のテキストメッセージよりも高い誘導効果が見込めます。

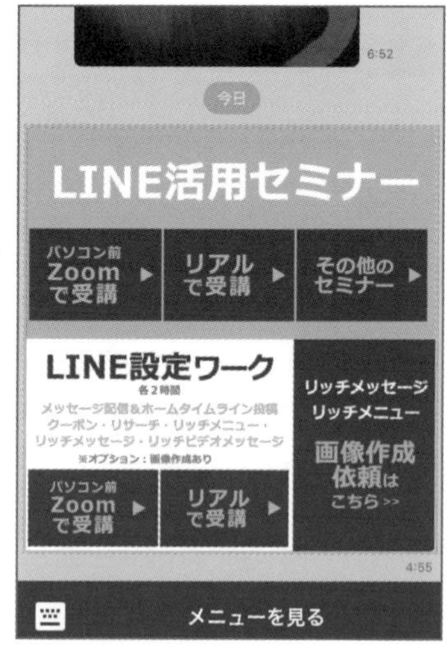

リッチメッセージでは画像やテキスト情報を1つのビジュアルにまとめることができる

反応率の高いリッチビデオメッセージ

リッチビデオメッセージは**自動再生される動画をメッセージとして送ることができる**機能です（214ページ参照）。縦型・横型・正方形などさまざまな動画形態に対応しており、縦型動画ならトーク画面を占有するリッチな動画表現が可能になります。

加えて**遷移先を設定できるので、動画視聴が終わるとユーザーを外部サイトに誘導**することも可能です。

動画再生後に遷移先に誘導できる

お客さまを迷わせないリッチメニュー

リッチメニューは、LINE公式アカウントの**トーク画面にユーザーが訪れた際、画面下部に大きく開くメニュー**です（204ページ参照）。メニュー内をタップすると、外部サイトへの誘導や事前に設定したキーワードの送信などを促すことができます。

半分の高さのリッチメニュー

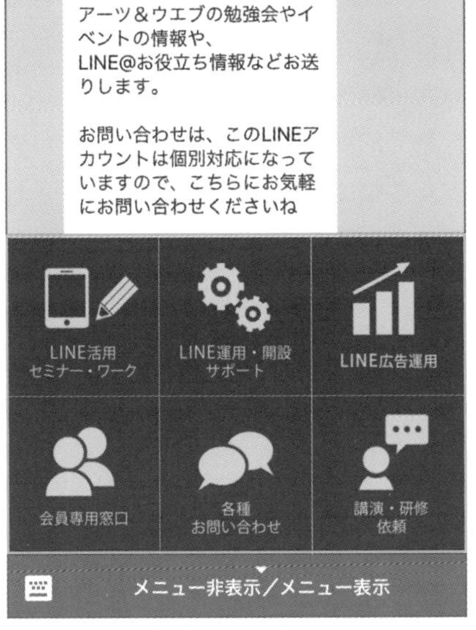

画面下部の囲んであるところがリッチメニュー

スマホで管理できるショップカードの作成

LINE公式アカウントのトーク画面から使うことができるショップカードを作成できます（会員特典参照）。紙のショップカード同様、商品購入やサービス利用・来店などでポイントを貯め、商品や割引券と交換することができるようになります。商品購入やサービス利用・来店などのインセンティブとして、**デジタルのポイントカードをLINE公式アカウント上で発行・管理できる**機能です。

ショップカード機能でデジタルのポイントカードを発行できる

キャンペーンに便利なクーポン・抽選クーポン

LINE上で使用できるクーポン・抽選クーポンが作成できます（Chapter 8参照）。作成したクーポンや抽選クーポンは、メッセージやタイムラインなどで配信・投稿が可能です。

魅力的なクーポンは、ユーザーがアカウントを友だちに追加する動機になり、友だちに追加された後もブロックされることなく、継続的にメッセージを受け取ってもらえることにもつながります。もちろん、クーポンをきっかけに来店へと導くこともできます。

また、クーポンは集客のためだけでなく、新規に友だちに追加された人、アンケートに回答した人のみに提供するなど、さまざまなシーンで活用できます。

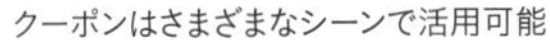
クーポンはさまざまなシーンで活用可能

抽選クーポンは来店の動機になる

ユーザー層に応じたメッセージ配信ができる

アカウントの友だちになっているユーザーの属性情報の閲覧、メッセージのみなし属性別のセグメント配信が可能です（252ページ参照）。アカウントのユーザー層を把握し、性別・年代・地域に合わせたアカウント運営やメッセージの配信によって効果の最大化が図れます。本書ではタグを使ったセグメント配信の方法を解説します。

項　目	閲覧できるデータ	セグメント可能な属性
性別	○	○
年代	○	○
居住地（都道府県まで）	○	○
利用しているOS（iOS、Androidなど）	—	○
友だちになってからの期間	—	○

▲各種データに対してできること

Webサイトの代用にもなるプロフィール

公式アカウントリストや友だちリストからアカウントを選択したときや、アイコンをクリックしたときにプロフィールが表示されます（063ページ参照）。

このプロフィールは、認証済アカウントで「公開」設定されているときは一般のWebページ同様ネット用URLを所有し、そのURLが表示されます。

豊富な情報を掲載でき、友だち追加を加速させるだけでなく、フローティングバーからWebにアクセスしたり、電話したりとアクションがしやすくなっています。

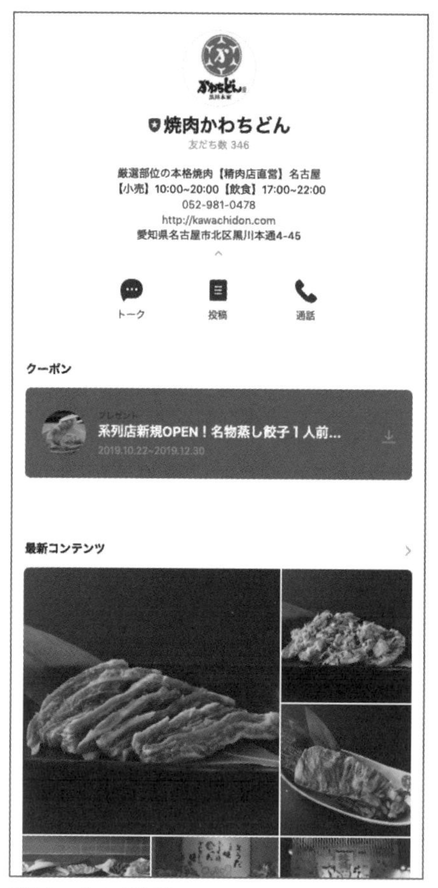

プロフィールページ上部

プロフィールページ下部

アンケートで友だちの思いを問うリサーチ機能

リサーチ機能を使えば簡単にアンケートを取ることができ、ユーザー参加型のコンテンツを作ることができます（279ページ参照）。

また、リサーチに参加してくれた人にクーポンをプレゼントすることもできます。通りいっぺんの使い方だけでなく、たとえばラーメン店で「去年の夏一番売れたラーメンを当てろ！」などのようにひと工夫することで、お客さまに楽しんでもらって親しい関係を築くこともできます。

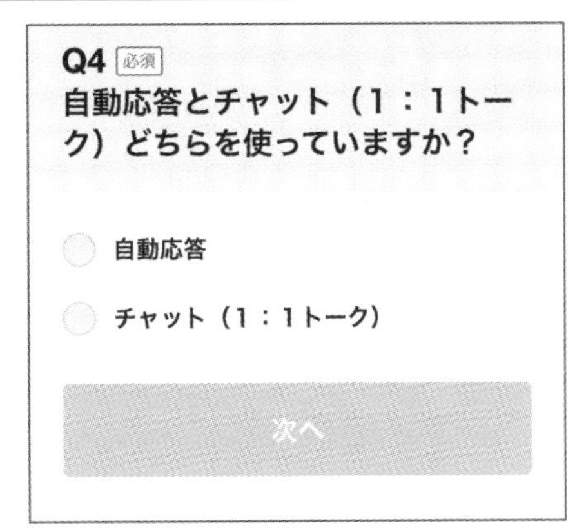

リサーチ機能でアンケートを取ることができる

統計・実績レポートを上手に使って賢く運用

友だち数、クーポン、メッセージ、タイムラインなどの統計情報をダッシュボードから取得できます（182ページ参照）。友だちの追加数やメッセージ配信数・クリック数などの実績レポート機能により、詳細なデータを検証してアカウント運用の最適化を行いましょう。

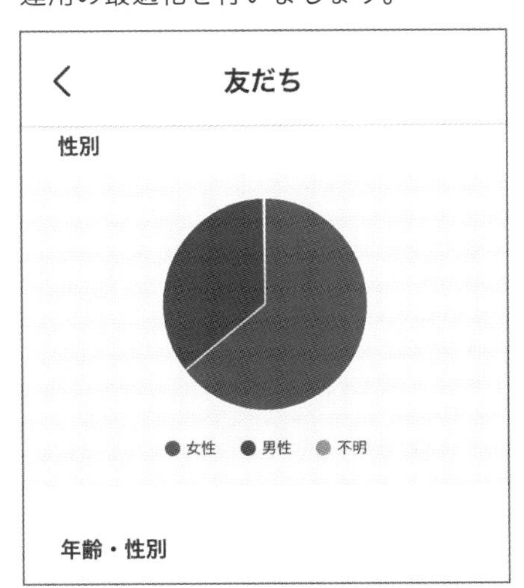

友だちの現状をグラフ表示

＜ クーポン

合計

開封ユーザー	628~ (100.00%)
ページビュー	894~
獲得ユーザー	0~ (0.00%)
使用ユーザー	393~ (62.58%)

クーポンの利用レポート

04 LINE公式アカウントのアカウントタイプ

LINE公式アカウントには、プレミアムアカウント、認証済アカウント、未認証アカウントの3種類のタイプがあります。アカウントはタイプを問わず100個まで作ることが可能です。

LINE公式アカウントには3つの種類がある

LINE公式アカウントには、「**プレミアムアカウント**」、「**認証済アカウント**」、「**未認証アカウント**」の3種類があります。このうち認証済アカウントは、アカウント申請後、LINE株式会社による所定の審査が行われ、審査を通過すると取得できるアカウントです。

審査に通過すると、LINEアプリ内での検索結果にアカウントが表示されます。さらに認証済アカウントのうち、特に優良なアカウントは特別な審査を経てプレミアムアカウントが自動付与されます。なお、それぞれの認定基準は公表されていません。認証済アカウントには青、プレミアムアカウントには緑のアカウントバッジが付与されます。

Memo 認証済アカウントの審査にかかる日数

認証済アカウントにおける審査は、申し込みから審査完了までは、通常で約10営業日です（審査状況によっては、さらに時間がかかる場合があります）。

未認証アカウントは、個人・法人問わず、審査不要で誰でも取得可能です。また、取得とともに、すぐに開設することができます。未認証だからといって、使用できる基本機能は認証済アカウントとほぼ変わりません。有料プランへの変更やプレミアムIDの購入も可能です。

アカウントの種類	名　称	アカウントバッジの色	所定の認証審査の有無	検索での表示
認証済アカウント	プレミアムアカウント	緑	必要	される
	認証済アカウント	青	必要	される
未認証アカウント		グレー	不要	されない

▲**アカウントタイプの違い**

認証済アカウントを取得する5つのメリット

アカウントを運用するにあたっては、次に挙げる5つの理由から、時間や手間をかけてでも認証を受け、「認証済アカウント」を取得するようにしましょう。

❶LINE社の審査に通ったという企業ブランド価値の向上

LINE社の正確な審査内容は明確に公開されていませんが、規約内で確認できるだけでも、審査に通るには、取り扱い商品やサービスに信頼性がある、連絡可能な所在地や連絡先などが明記されているなど、信頼できる企業・ブランドであるかなどが審査されていることがわかります。このようなLINE社による厳しい審査に合格し、認証済アカウントとして認められることで、信頼性が高いアカウントというブランド価値が備わります。

❷LINEアプリ内の検索に表示される

認証済アカウントになると、LINEアプリ内の検索によってアカウントが表示されるようになります。LINEアプリ内で名称やキーワード、位置情報などから検索されて表示されるようになれば、来店していないユーザーからも友だち追加をしてもらえる可能性があります。

❸料金支払いで後払い・請求書決済が可能になる

認証済アカウントになると、料金の支払いにおいて後払い・請求書決済が利用可能になります。これにより、月々の支払いの利便性が上がります。

LINEの検索画面

❹LINEフレンズ・キャラクター入りの販促物が使える

認証済アカウントには、友だち追加を促進するための販促ポスターデータが用意され、ダウンロードして自分たちで印刷して使うことができます。この販促用ポスターにはブラウンやコニーなどのLINEキャラクターが表示されていることから、LINEから認定されたアカウントであることの理解が早まり、お客さまの友だち追加の案内へと誘導しやすくなります。キャラクター入りの販促物は強力な販促ツールになります。また、自社LINE IDや友だち追加用QRコードが掲載された公式のノベルティが購入できます。自分で友だち追加用のツールを用意できない人には特におすすめです。

認証アカウントが管理画面から印刷できる告知ポスター

❺プロフィールページがWeb上にも公開される

基本情報の他、自社サービス・商品をアピールできるプロフィールページがWeb上に表示されます。

Webで表示されることからLINE公式アカウントのプロフィールページをHPの代わりとして利用することもできます。

以上のことから、LINE公式アカウントを運用するのであれば、「認証済アカウント」へ申請してメリットを享受しましょう。なお、「認証済アカウント」への申請は開設時でなくとも、いつでも可能です。

05 無料で始められて使った分だけ課金する料金プラン

LINE公式アカウントは、無料で開設することができます。その後の料金もメッセージ通数に応じた課金制なので、予算に合わせて費用を調整可能です。

誰でも利用しやすい、シンプルな料金プラン

LINE公式アカウントは基本的に、無料ですべての機能を利用することができます。料金はメッセージの配信数に応じた**従量課金制**で、配信通数により、下表のようにプラン・料金が変わります。アカウントを開設した時点では、すべてのアカウントが月額0円の「フリープラン」から始められ、1カ月に1,000通までのメッセージを無料で送ることができます。なお、LINE@からLINE公式アカウントへの強制移行を受けたアカウントは、フリープランを利用されている方はフリープランへ移行され、有料プランを利用されている方は所定の料金プランへ移行されます。

料金プラン		フリープラン	ライトプラン	スタンダードプラン
月額		0円	5,000円	1万5,000円
無料メッセージ数		1,000通	1万5,000通	4万5,000通
追加メッセージ料金		追加購入不可	5円／1通	～3円／1通
タイムライン投稿		すべてのプランで無制限		
機能（抜粋）	友だち属性表示／ターゲティングメッセージ	すべてのプランで使用可能		
	リッチメッセージ			
	リッチメニュー			
	リッチビデオメッセージ			
	動画メッセージ			
	音声メッセージ			
	クーポン機能			
	チャット（1:1トーク）			
	アカウントページ			
	LINEショップカード			
	リサーチ			
	カードタイプメッセージ			
オプション	プレミアムID	1,200円／年		

▲LINE公式アカウント　プラン料金表（税別価格）

出典：LINE株式会社 マーケティングリリューションカンパニー「LINE公式アカウント媒体資料　2019年7月-9月_Ver_1.0」

メッセージの配信数には制限があります。ライトプラン（1万5,000通）、スタンダードプラン（4万5,000通）までのメッセージの配信には月額料金以外の料金はかかりません。有料プランのメッセージ配信は、それぞれのプランで定められた無料通数分を超えると、送った分だけ料金がかかる従量課金制です。

ライトプランやスタンダードプランでは、無料メッセージ数を超えるメッセージを送る際には、超過数に応じた追加料金を支払うことで送信ができますが、フリープランではそうしたことはできず、月に1,000通以上のメッセージを送るときには、有料プランに切り替える必要があります。

追加メッセージの1通当たりの値段はライトプランで5円、スタンダードプランでは送る通数によって最大3円となっており、追加通数の費用は、利用すればするほどお得な単価になります。

Memo **無償で利用できる地方自治体プラン**

1地方自治体につき1つ、配信数に制限なく配信料が無償で利用できる地方自治体プランを契約することができます。地方自治体プランでは、プレミアムIDも無償で利用できます。

プランはいつでも簡単に変更が可能

フリープランからライトプラン・スタンダードプランへのアップグレード変更は**即時適用**されます。ライトプラン・スタンダードプランから各プランへの変更は**翌月月初に適用**されます。月の途中にライトプランからスタンダードプランへの変更は行うことができないので、追加メッセージ料金が発生する可能性がある場合は、前月までに適切な料金プランを選択しましょう。フリープランからライトプラン、フリープランからスタンダードプランに変更した場合、変更月は日割り料金になります。月額費用と無料メッセージ数はプラン変更日に応じて変動します。

アップグレードだけでなく、ダウングレードも月単位で変更が可能です。

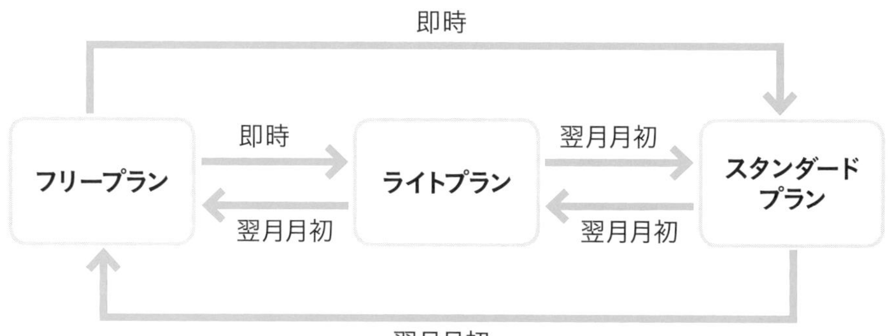

▲LINE公式アカウントのプラン変更のルール

メッセージ配信のカウント方法

友だち追加メッセージと自動応答メッセージでは、「最大5吹き出しまでを1通」としてカウントします。メッセージにはいろいろな種類がありますが、有料メッセージとしてカウントされるのは、一斉配信、ターゲットを絞って配信するセグメント配信、双方向コミュニケーションが取れるチャットボットなどを利用するMessaging API（241ページ参照）による配信のメッセージです。

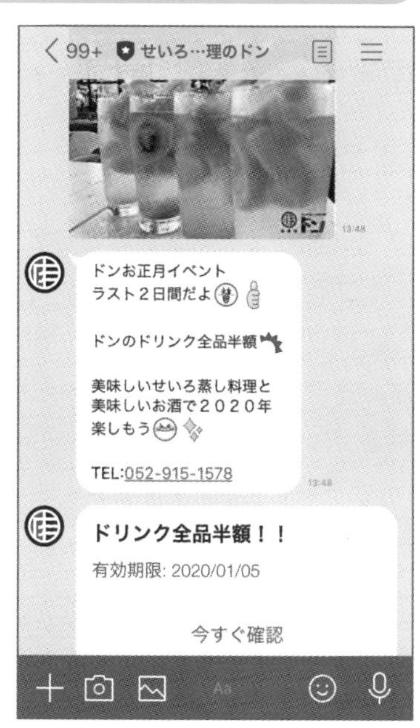

せいろ蒸しと肉菜料理のドン：画像と予約電話番号、クーポンを3つの吹き出しで送信

課金対象となるメッセージ種別
• 一斉配信（セグメント配信含む） • Messaging APIの「Push API」「Multicast API」「Broadcast API」
課金対象とならないメッセージ種別
• チャットの送受信 • 自動応答メッセージ • キーワード応答メッセージ • 友だち追加時あいさつ • Messaging APIからのBotや自動応答・キーワード応答やチャットなど

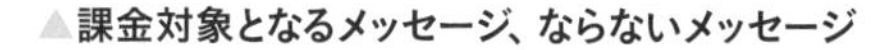

▲課金対象となるメッセージ、ならないメッセージ

追加メッセージに注意する

無料通数分を超えて配信する場合、追加通数の上限設定が必要になっているので、気づいたら予算よりはるかに費用が発生していたということは起こりません。

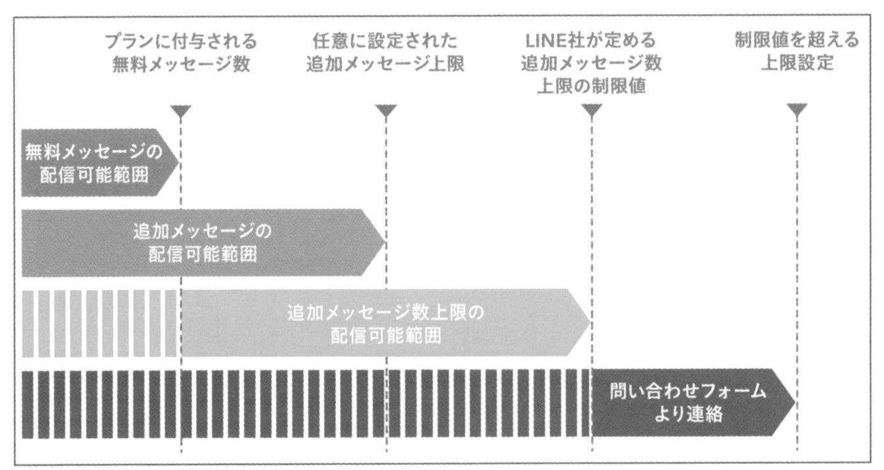

▲追加メッセージの配信可能範囲

出典：LINE for Business「サービス移行のご案内」

URL https://www.linebiz.com/lineat_migration/

上限数を超えてメッセージを配信しようとすると、メッセージの配信が停止します。ただし、メッセージの配信方法（連続配信など）によっては、上限数を超えてメッセージが配信されることもあり、上限数はあくまで目安です。よって、ライトプラン・スタンダードプランを利用中で、追加メッセージ数の上限目安を0と設定している場合でも、**利用状況に応じて追加メッセージ料金が発生する場合がある**ので、メッセージ数の把握・管理はしっかり行いましょう。有料プランの料金表はhttps://www.linebiz.com/lp/line-official-account/plan/から確認できます。

追加MSG配信数	単　価	配信単価（目安）
～50,000	3.0円	3.00円
50,001～100,000	2.8円	3.00～2.90円
100,001～200,000	2.6円	2.90～2.75円
200,001～300,000	2.4円	2.75～2.63円
300,001～400,000	2.2円	2.63～2.53円
400,001～500,000	2.0円	2.53～2.42円
500,001～600,000	1.9円	2.42～2.33円
600,001～700,000	1.8円	2.33～2.26円
700,001～800,000	1.7円	2.26～2.19円
800,001～900,000	1.6円	2.19～2.12円
900,001～1,000,000	1.5円	2.12～2.06円

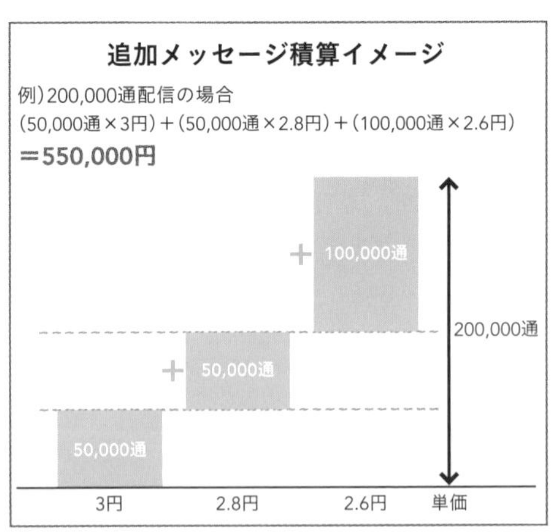

▲スタンダードプランの追加メッセージ料金テーブル

出典：LINE株式会社 マーケティングリリューションカンパニー「LINE公式アカウント 媒体資料 2019年10月-12月期_ver1.1」

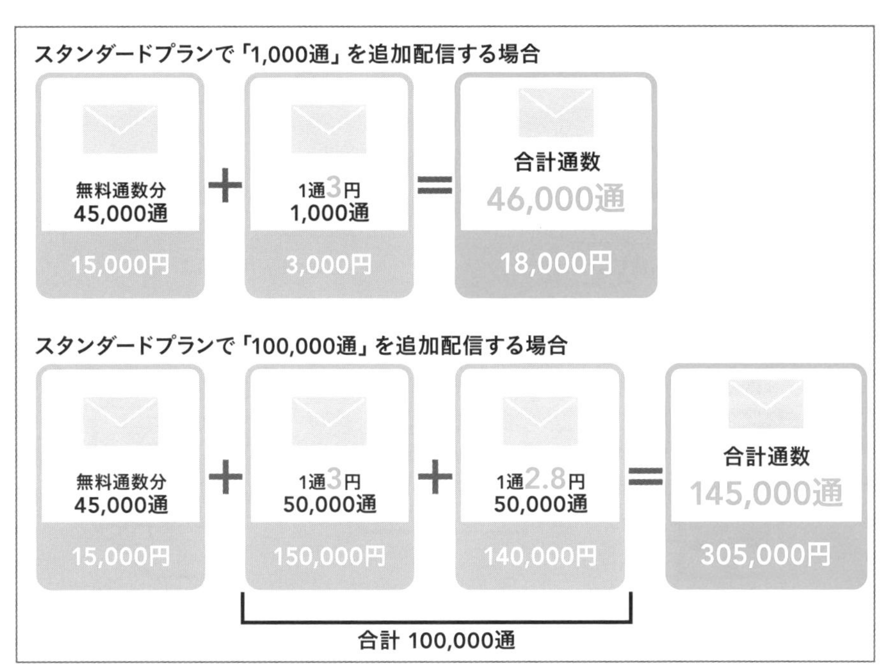

▲メッセージ通数に応じた課金の仕組み
出典：LINE for Business「料金プラン」
URL https://www.linebiz.com/lp/line-official-account/plan/

支払いのタイミングと支払い方法

月額料金は毎月月初前払い、追加メッセージ料金は毎月月末締め翌月10日ごろ後払いです。フリープランから有料プランに切り替えるときは即時適用され日割り計算で請求されます。

LINE公式アカウントに関する各種費用の支払い方法は、LINE Pay（クレジットカード）、クレジットカード、請求書から選べます。クレジットカードは、VISA、Master、JCB、AMEX、Dinersが使えますが、**クレジットカードでの支払いを利用するには、LINEアプリにあらかじめ電話番号が登録**されていなければなりません。

支払い方法	領収書の内容
LINE Pay払い	なし
クレジットカード払い	• 各カード会社から送付される利用明細書が領収書となる • 「LINE Pay」「ラインペイ」と表記される
請求書払い	• 金融機関で発行される振込明細書が領収書となる • ネットバンキングは振込完了画面を印刷したものが領収書となる

▲領収書の内容

支払いのタイミング

月額料金

毎月月初前払い

追加メッセージ料金

月末締め翌月10日ごろ後払い

支払い方法

LINE Pay

クレジットカード

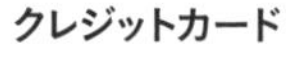

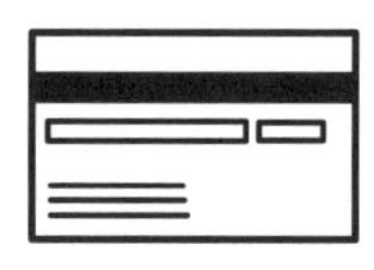

請求書

▲LINE公式アカウントの支払い方法

オリジナルなLINE ID「プレミアムID」

LINE公式アカウントを開設すると、LINE IDの頭に「@」の付く英数字がランダムに羅列された「ベーシックID」が自動付与されます。LINE内の友だち追加でLINE IDによるアカウントが検索できます。ユーザーにアカウントを間違いなく伝えやすくしたり、ブランディングのため希望の文字列でLINE IDを取得したい場合は、別途費用にて「**プレミアムID**」で取得することができます。

Memo プレミアムIDがおすすめな理由

アカウントページのWeb版のURLアドレスの最後にLINE IDが使われることから、プレミアムIDの取得をおすすめします。

概　要	ベーシックID	プレミアムID
年額料金	0円	1,200円（税別）
フォーマット	@+3桁英字+4桁数字+1桁英字（ランダム） 例：@TFK3049L	@+指定文字列（@を除き18字以内。半角英数字と、「.」「_」「-」の記号のみ利用可能） 例：@line_cafe
内容	LINE公式アカウント開設時に自動発行	プレミアムIDの費用支払いにより取得可能
備考	ランダムな英数字の組み合わせ	重複するIDを取得することはできない。支払い方法は上記の「プラン料金」と同じ

▲LINE IDの概要

06 LINE公式アカウントを120%活用する

LINE公式アカウントは、アカウントを作っただけでは何も起こりません。成果を出すためにどうしたらよいのか考えてみましょう。

LINE公式アカウントを運用する流れ

LINE公式アカウントを作成したら、「まず配信したい！」と、配信のことばかりに目がいっている人が多いようです。しかし、成果を挙げるために、やらなければならないことがあります。具体的には、次の8つのステップを実行します。

- ステップ1 **LINEのアカウントを作成する**
- ステップ2 **アカウントの初期設定をする**
- ステップ3 **友だち集めのための販促物の準備をする**
- ステップ4 **LINE公式アカウントを「公開」する（認証済アカウントのみ）**
- ステップ5 **友だちを集める**
- ステップ6 **発信（配信・投稿）する**
- ステップ7 **分析する**
- ステップ8 **運用する（ステップ5〜8を繰り返す）**

ステップ1 LINEのアカウントを作成する

まず、LINE公式アカウントを作成しなければ、何も始まりません。認証済アカウント、未認証アカウントどちらで運用するかを決めて、アカウントを作成しましょう。認証済アカウントの申請中も未認証アカウントとして運用できます。申請中でも次のステップの初期設定や販促物の準備を進めておきましょう。

ステップ2 アカウントの初期設定をする

アカウントを作成したらすぐに配信するのではなく、アカウント設定や配信設定（自動応答・チャット・友だち追加）、アカウントページ設定、管理者の設定といった基本の初期設定と、いつ見られてもよいように最初のタイムライン投稿を行います。アカウントの基本設定を行うときには、LINE公式アカウントをどう運営するかをイメージできていることが望ましいです。イメージがわかない人は、設定の前に競合調査として、いろいろなアカウントを友だち登録してみましょう。

ステップ3 友だち集めのための販促物の準備をする

友だちにLINE公式アカウントを知ってもらって、友だち追加を促すための販促物を作成します。販促物は、ポスター、POP、ステッカー、ショップカードなど、さまざまなものが考えられます。

ステップ4 LINE公式アカウントを「公開」する（認証済アカウントのみ）

公開にすることで、アプリ内検索で表示されるようになります。公開設定はアプリ管理画面では、「設定」＞「アカウント」＞「検索結果での表示」をONにします。

公開してから、少し時間を空けて、社名やサービス名、業種などで検索できるか確認しておきましょう。

ステップ5 友だちを集める

販促物ができたら、早速、LINE公式アカウントの運用で肝となる友だち集めを始めましょう。友だち集めをしっかり行って配信しなければ、何も起こりません。さまざまな企画で友だちを増やし、有益な情報を届けて、友だちとのつながりを強めていきましょう。

ステップ6 発信（配信・投稿）する

ユーザーが友だち登録してくれたら、情報発信（ホーム投稿ないし、メッセージ配信）をしてメッセージを届けましょう。

ステップ7 分析する

統計情報から友だちの増減だけでなく配信メッセージや配布クーポンの反応率をチェックしましょう。特に著しく友だちが減ることがあれば、原因（時間や内容）が何かを確認し、同じことが起こらないようにしましょう。

また、反応がよいからといって単調に同じことを何度もすると飽きられてしまうこともあるので、注意が必要です。

ステップ8 運用する（ステップ5〜8を繰り返す）

集めた友だちに対して配信や投稿を行い、届けた情報をきっかけにお客さまの行動につなげます。

Memo クーポンやショップカードでアカウントに興味を持ってもらおう

クーポンもショップカードも、友だちでない場合でも内容は表示されますが、その場合は「友だち追加して使用する」と表示されます。魅力ある内容であれば友だちに追加されやすくなります。

COLUMN

認証済アカウントは検索で、今後ますます表示されやすくなる

アプリ内の検索機能がどんどん進化しています。アプリ内で検索すると、スポット表示やショッピング表示などLINE内サービスだけでなく、NAVERまとめや食べログのページなども表示されます（2019年12月時点）。今後は、LINEチラシをはじめLINE内でのサービスがもっと充実してしていくと予想されます。現在の検索結果は飲食店のものが多く表示されますが、今後はさまざまな業種が表示されるようになるでしょう。お客さまと接触できる場所を増やすためにも、認証済アカウントの取得がおすすめです。

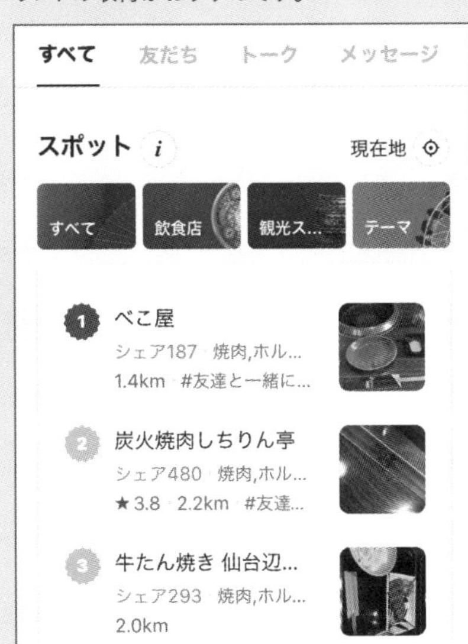

スポット表示の例。近くの認証済アカウントが表示される

NAVERまとめの記事が表示される

07 競合他社や周辺のLINE公式アカウントを調査しよう

何をしたらよいかわからない人は、活用されている他のアカウントを見てイメージを膨らませましょう。また、近隣のアカウントの運用を知ることは、友だち集めで負けないコツにもなります。

いろいろなアカウントを友だち登録してみる

LINE公式アカウントを始めることが不安という方は、他のLINE公式アカウントが、いつ、どんな内容を、どんな文章で、どのくらいの頻度で、どのように配信しているのかを観察してみましょう。競合他社がどのように使っているのか、周辺の店舗は何をやっているのかを把握しておくことは、マーケティングの基本であり、運営の戦略を立てる上でも必要なことです。

他社を知ることで自社の強み・弱みを理解でき、サービスの拡充にもつながります。将来的には分析できるようになるまでを目指し、まずは難しいことは考えず、他社のよいところを学ばせてもらうつもりで、**アカウントを友だち登録**してみましょう。ただし、いつ、誰に、何を、どうやってなど、配信の目的を理解して読み取るように心がけてください。

また、近隣でキャンペーンなどが行われていたら、そちらに負けない対策やそれに便乗して自社にもお客さまを呼び込む対策をとりましょう。

Memo LINEアプリ内検索で表示されるアカウント

LINEアプリ内検索で表示されるのは認証済アカウントだけです。友だち登録したいアカウントが未認証アカウントの場合で、どうしてもその店舗のLINE情報が欲しい場合は、店舗に直接赴くか、HPなどをチェックしてLINEの友だち追加を探してみましょう。

競合他社を探してみる

LINE公式アカウントを登録すると、友だち追加メッセージや今後の投稿などを確認することができます。

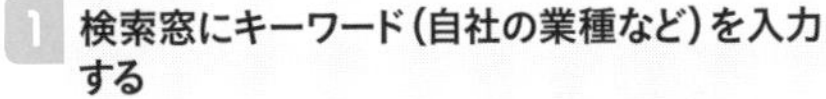

1 検索窓にキーワード(自社の業種など)を入力する

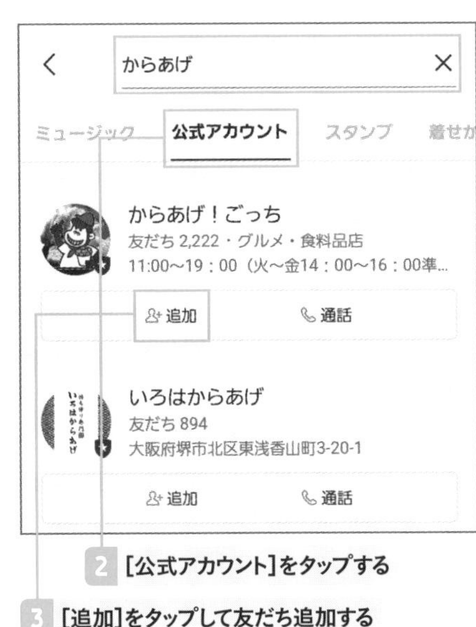

2 [公式アカウント]をタップする

3 [追加]をタップして友だち追加する

Memo **アカウント情報の確認の仕方**

友だち追加する前にアカウント情報を見たいときはアカウント名をタップします。プロフィール表示で友だち数やひとこと、ステータスを確認できます。また、[投稿] をタップすると、タイムライン投稿を見ることが可能です。

からあげ！ごっち：プロフィールページ

周辺のアカウントを見てみる

「友だち追加」から「ふるふる」を選択すると、現在の位置から半径1kmにあるLINE公式アカウントに登録している店舗が表示されます。エリアによっては表示される店舗が少ないこともあるので、その場合は少し移動して改めて「ふるふる」を選択してみましょう。

1 友だち追加から[ふるふる]をタップし、ふるふるする

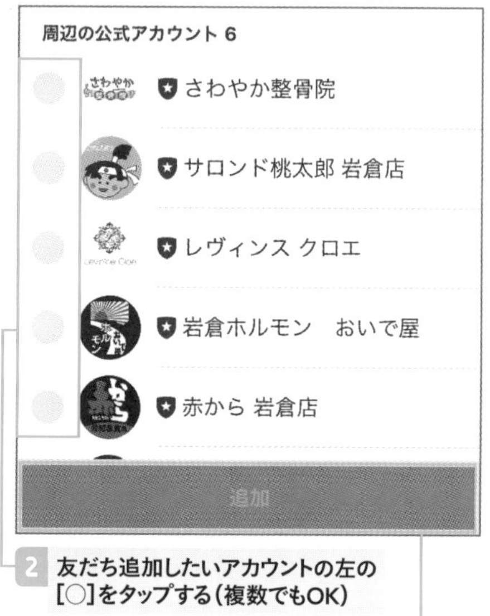

2 友だち追加したいアカウントの左の[○]をタップする(複数でもOK)

3 [追加]をタップする

Memo 自社が表示されないときは

認証済アカウントであるにもかかわらず、所在地にいるのにふるふるしても表示されないときは「検索を許可」していない可能性が高いです。公開設定を確認しましょう。

08 LINE公式アカウントを始める前の心構え

LINE公式アカウントの始め方は、とにかく始めてみるタイプと、始める前に設計をしっかりやるタイプの2通りに分けられます。これは企業規模や企業体質によって決定づけられます。

「とにかく、始めてみる」でも大丈夫！

LINE公式アカウントの投稿に特別なことは必要ありません。普段お客さまに接しているように、お客さまが喜ぶ言葉で投稿や発信をすれば、失敗することはほとんどありません。万が一、間違った配信をしてしまっても、普段からお客さまとの間に良好な関係が築けていれば、「あれどういう意味？」というようにコミュニケーションのきっかけにもつながります。「始めてみる」と「何となくやる」は違います。単にやってみるのではなく、トライ・アンド・エラーで何がよいのか、悪いのかを理解して、お客さまとアカウントと向き合っていきましょう。

ビジネスにおいて、とにかくやってみる姿勢は必要です。友だちを集め続ける、投稿を発信し続ける、そして運用を振り返ることでアカウントが成長します。今の時代は、何事においてもスピードが命です。悩んだ末に何もやらずに終わるより、まずはチャレンジしてみることで時代に沿った運用ができます。

スムーズにアカウント運用を始めるためにも、いつまでに準備を終えるのか、メッセージや投稿をどれくらいの頻度で行うのか、友だちをいつまでに何人集めるのか、という目標だけは前もって立てておくとよいでしょう。

いつまでに
準備を終えるのか

どのくらいの頻度で
配信するか

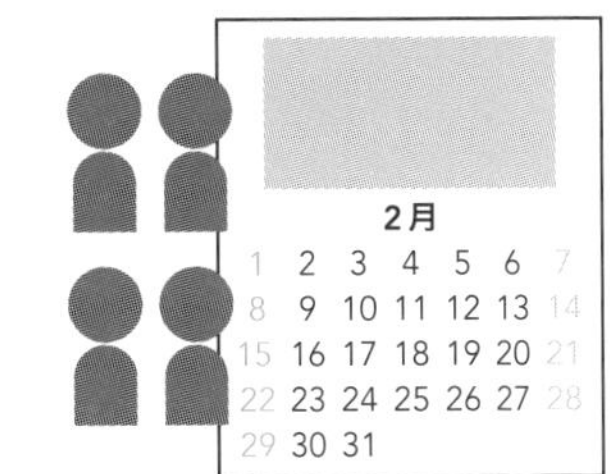

友だちをいつまでに
何人集めるか

▲LINE公式アカウントを始める前に決めておくべきこと

始める前に、設計をしっかりやる

企業の場合、「LINE公式アカウントを始める」ためには、稟議を通す必要がある会社もあります。この場合、計画を立て、一定の結果を得られるかどうか、お客さまにとって有益かどうかなどの情報を必要とします。

このとき、「LINE時代だから導入する」という曖昧な理由では稟議は通りません。何のために導入するのか、目標とする成果は何なのか、といったことが明確に求められます。

質　問	内　容
運用する目的は何？	
結果とするものは何？	
ターゲットはどんな人？	
認証済アカウント・未認証アカウントどちらでやるか？	
どんな内容を配信するのか（複数）？	
メッセージ配信頻度は？　もしくはいつ配信するのか？	
投稿の頻度は？　もしくはいつ投稿するのか？	
友だちをいつまでに何人集めるのか？　※期間や人数を3段階くらい用意	
販促物は、どこに何をどれくらい必要か？	
友だち集めのための特典はどうするのか？	
準備をいつまでにやるのか（初期設定・販促物・初投稿・初配信）？	
いつから友だち集めをするのか？	
運用と現場の連携はどのようにするのか？	
配信・投稿担当者は誰か？	
配信・投稿前のチェックは誰がするのか？	
目標への定期的計測のタイミングはいつにするか？	

▲**計画表の例**

しかし、SNS全般では成果が数字で見えにくいため、目標を設定するのは難しいようです。なぜなら、LINE公式アカウント運用の目的が、一般的には「お客さまのための接客・コミュニケーションツールとしたい」「売上げ拡大のための新しい販売経路を確保したい」「メルマガの反応率の低下からLINEを使って挽回したい」「売上げ減少の対策案として導入する」といったことになります。また、特化した目的としては、「お客さま窓口として導入する」「採用対策として導入する」「販売チャネルとして導入する」「子育て支援として導入する」「災害支援として導入する」などがあり、結果となる数字の根拠をどこから得るのかが難しいからです。

LINEの中だけで結果はわかりません。コミュニケーションが目的であれば、実際の現場と協力してお客さまの声を拾っていく体制もとっていきましょう。その上で、誰がいつどのように目標に向かっていくのかなど、計画を立てましょう。

よくある失敗するアカウントの勘違い

「あまり効果が見られない」というアカウントでは、運用にあたって次のような勘違いをしている傾向があります。

- **数人友だちを集めて、割引クーポンを送れば反応がある**
- **無料のPOPを貼っておけば、勝手に友だちが集まる**
- **初期設定さえ行っていれば、友だちは勝手に増えていく**

失敗するアカウントに共通しているのが、LINE公式アカウントを開設すれば、勝手に売上げが上がると思っていることです。

すべてのSNSに共通していえることですが、継続して運用し続け、お客さまと向き合うことではじめて結果がついてきます。お客さまの言葉と行動に目を向け、向き合うことでサービスがよりよいものになり、お客さまとの関係が親密になり、売上げにつながります。何もしなくてよいのであれば、自動販売機を置いておけばよいだけです。そうでないからこそ、LINEの投稿・配信を介して接客していることを忘れないでください。LINE上に友だちがいなければ、接客する相手がいないのと同じですからLINEを運用する意味がありません。友だちは集め続けるものとして、常にそのための努力を続けてください。

LINEの友だちにはブロックはつきもの

SNSの運営において、友だちやフォロワーになってもらったのに、自社の方針と合わずに結果としてブロックされることは、どの媒体にもつきものです。このことは運用していく以上、仕方ありません。

どんなに有益な情報を配信しても合わない人は現れますし、たとえブロックされても、そのお客さま自身が有益な情報を得ることができなくなっただけのことです。ブロックされて落胆するのではなく、月末に「先月末より友だち数が増えている」ことを目指し、今友だちになってもらっている大切なお客さまに、どう喜んでもらえるかを考えていきましょう。

COLUMN

ブロックをより減らしたいならLINE APIを利用する

LINE@の統合により、LINE公式アカウントの機能は充実しましたが、LINE APIを使った顧客管理ツールやMAツール、ID連係などを用いるとLINE公式アカウントをさらに活用することができます。LINE公式アカウントにはない、オリジナルなセグメント配信や自動応答の中でも順序立てて返信できるシナリオ配信などを使うとターゲットに合わせた対応ができるため、ブロックが減少します。こうした自動化は、大企業や自治体が利用するものだと思っている方も多いかもしれませんが、個人事業主やおひとりさまビジネスでもしっかりと活躍してくれるでしょう。

COLUMN

LINE公式アカウントは複数人管理がおすすめ

LINE公式アカウントを運用する場合、管理を複数人で行うことをおすすめします。1人での管理では、管理者のスマートフォンが壊れたり、何か緊急のことがあったりした場合に対応が速やかに行えません。おひとりさまビジネスや個人事業主の方は、ご家族を管理者に追加しておくとよいでしょう。

また運用上でも「ひとり管理」では、投稿や配信を「また明日、また明日」と伸ばしがちになって運用が止まることや、誤字脱字チェックが甘くなり、料金や日時をミスして配信してしまうなど、お客さまの信用を失う可能性もあります。

上司がいる場合は、必ず上司の最終チェックを受けるようにしましょう。テスト送信は必ずチェックしてもらいましょう。また、日ごろの運営から配信の責任まで1人で背負うのでは、モチベーション維持も難しいです。チームみんなでお客さまと向き合い、アカウントを育てていきましょう。

Chapter 3

LINE公式アカウントを開設・設定しよう

LINE公式アカウントを運営するための第一歩はアカウント開設と基本設定です。友だちリストやトーク、ホームに表示される情報を設定します。ここでは、ユーザーに見つけてもらいやすい、友だちに追加したくなるアカウントの作り方について解説します。

01 LINE公式アカウント開設の流れ

LINE公式アカウントは、オンラインから申し込みをして開設します。認証済アカウントの場合は、アカウント開設後審査の申し込みが必要です。

アカウント開設ページからのアカウントの登録方法

前述の通り、認証済アカウントには多くのメリットがあります（029ページ参照）。多くの友だちを獲得したいなら、認証済アカウントを取得しましょう。

LINE公式アカウントは、PCの場合はLINE公式サイト内の「アカウント開設」（https://www.linebiz.com/jp/entry/）から、スマートフォンから開設する場合は、LINE公式アカウントアプリから、アカウントを登録します。本章では、LINE公式アカウントアプリからのアカウント登録のやり方と認証済アカウントの申請方法を説明します。

アカウントを取得する

1 「LINE公式アカウント」のアプリをインストールする

2 [LINEアプリでログイン]、[メールアドレスでログイン] のいずれかを選択する（本書では、[LINEアプリでログイン] を選択する）

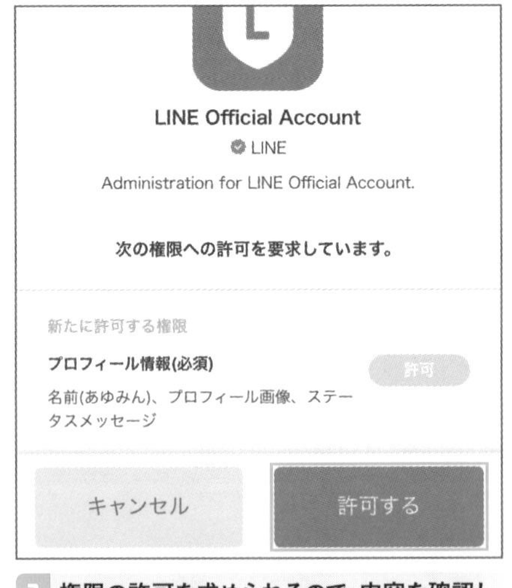

3 権限の許可を求められるので、内容を確認し [許可する] をタップする

項　目	内　容
LINEアプリでログイン	• 利用中のスマートフォンで使っている個人のLINEアカウントで登録する • 個人のアカウントとLINE公式アカウントを連携させて、登録する
メールアドレスでログイン	メールアドレスを登録後、必要な情報を入力して登録する

▲ログインの種類

4 LINE公式アカウントを開く確認が表示されるので［確認］をタップする

5 メニューをタップして［＋アカウントを作成］をタップする

アカウントの作成
LINE公式アカウントの作成
● 必須
サービス対象国・地域
日本
1 アカウント名 ●
深谷歩事務所
2 業種 ●
通信・情報・メディア
情報サービス
3 会社/事業者名
株式会社深谷歩事務所
4 メールアドレス ●

6 画面に従って項目を設定する

項　目	内　容
❶アカウント名	• LINE公式アカウントの名前 • 友だち一覧にも表示される • 企業名や店舗名・サービス名などを入力する
❷業種	アカウントの業種を大業種、小業種から選択する
❸会社／事業者名（任意）	アカウントを運営する企業名を入力する
❹メールアドレス	メールアドレスを入力する

▲アカウント作成で入力する項目

注意 アカウント作成で登録するメールアドレス

メールアドレスは、LINE社から運営上の連絡が届くメールです。LINEログインのメールではありません。
また、スマートフォンなどのキャリアメールでは登録できません。

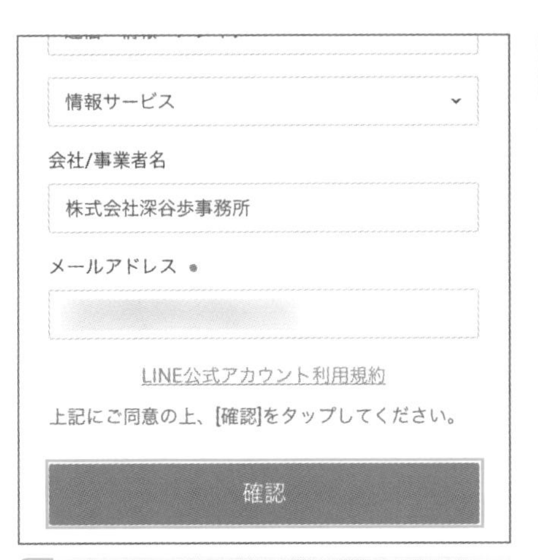

7 「LINE公式アカウント利用規約」を確認の上、同意する場合は［確認］をタップする

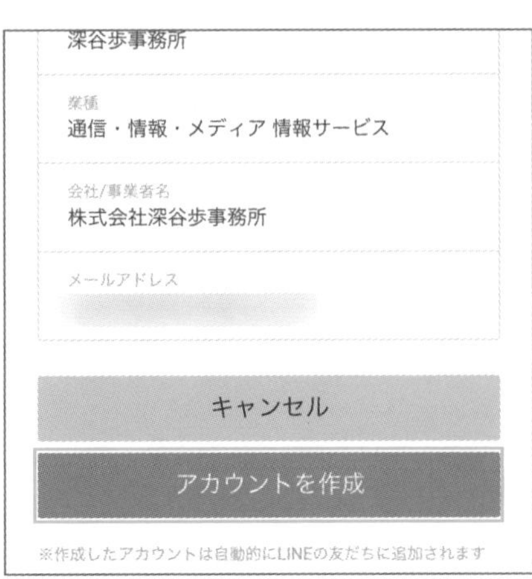

8 確認画面が表示されるので［アカウントを作成］をタップする

9 アカウントの作成が完了する。［TOPに戻る］をタップする

- ユーザーとの間で送受信されるコンテンツの形式、件数、送受信・通話時間、送受信の相手方等(以下「形式等」)及びVoIP(インターネット電話・ビデオ通話)その他各種機能で取り扱われるコンテンツの形式等
- OA利用時のIPアドレス、各機能の利用時間、受信されたコンテンツの未読既読並びにURL等のタップやクリック(リンク元情報を含む)、LINE内ウェブブラウザでの閲覧履歴及び閲覧時間帯等サービス利用履歴、その他プライバシーポリシー記載の情報

■取得・利用目的及び第三者への提供

不正利用の防止、サービスの提供・開発・改善や広告配信を行うために上述の情報を利用します。
また、これらの情報は、当社の関連サービスを提供する会社や当社の業務委託先にも共有されることがあります。

なお、OAのご利用に関する権限者以外の方が権限者に代わって本同意をされる場合は、事前に権限者からご承諾を得られますようお願いします。当社が権限者から、本同意をしていないとの連絡を受けた場合、OAの利用を停止することがございます。この

同意

10 「情報利用に関する同意について」が表示されるので、確認の上、同意する場合は［同意］をタップする

Memo 自分のアカウントが友だちに登録される

アカウントを新規で開設すると、自動的に開設したLINEアカウントが個人のアカウントの友だちに追加され、メッセージを受け取ります。

認証済アカウントを取得する

1 ホームで[アカウント名]をタップする

2 アカウント設定で、情報の公開の[認証ステータス]をタップする

3 [アカウント認証をリクエスト]をタップする

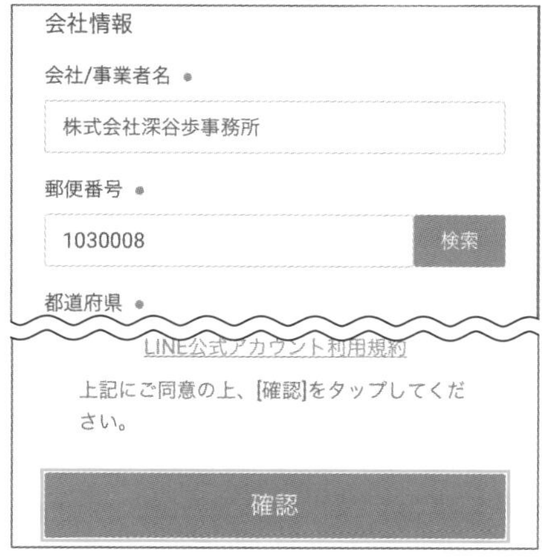

4 画面に従い情報を入力し、[確認]をタップする

5 入力内容の確認が表示されるので［申し込む］をタップすると、申し込み完了画面が表示される

注意 審査とアカウント名について

審査は通常5～10営業日かかります。審査完了後にLINE株式会社から審査結果が通知されます。
なお、認証済アカウントのアカウント名は申請したときのアカウント名となります。申請後にアカウント名の変更はできないので、注意してください。

COLUMN

アカウントが作成できない業種

LINE公式アカウントは規約により、次に挙げる人はアカウントが作成できません。

- 犯罪に使用されるおそれのある商品またはサービスの提供を行っている法人・団体・個人
- 不法行為または犯罪行為を構成しまたは助長するおそれのある法人・団体・個人
- 他人の個人情報、登録情報、利用履歴情報などの違法または不正な売買・仲介・斡旋などを行っている法人・団体・個人
- 法令または公序良俗に反する行為を行っているもしくは行うおそれのある法人・団体・個人
- 利用規約第18条に定める禁止行為を行っているとLINE社が判断する法人・団体・個人
- その他LINE社が本サービスの利用が不適当であると判断する法人・団体・個人（LINEユーザーに不利益を被らせる可能性のある法人・団体・個人、LINE社の信用もしくは評判に悪影響を与える可能性のある法人・団体・個人、LINE社をクレームや紛争などに巻き込む可能性のある法人・団体・個人などが含まれるが、これらに限らない）
- 医薬品、出会い系、アダルト、情報商材などのネット関連ビジネス、ねずみ講やマルチ商法、霊感商法などの連鎖販売取引、ギャンブル、模倣品・海賊版に関するサービスの提供を行っている人

02 管理画面にログインしよう

LINE公式アカウントの設定ができたら、早速管理画面にログインしてみましょう。スマートフォンからはLINE公式アカウントアプリ、PCからはWebブラウザからアクセスします。

LINE公式アカウントアプリからのアクセス方法

LINE公式アカウントアプリへのログインは次の通りです。なお、LINE公式アカウントアプリでは、一部の機能は利用できません。全機能を利用したい場合は、PC版管理画面（LINE Official Account Manager）を利用する必要があります。

1 スマートフォンにLINE公式アカウントアプリをダウンロードして、[LINEアプリでログイン] または [メールアドレスでログイン] のいずれかをタップする

2 認証を行ってログインする

PCからのログイン

PCから管理画面（https://account.line.biz/login）へのログイン方法は次の通りです。

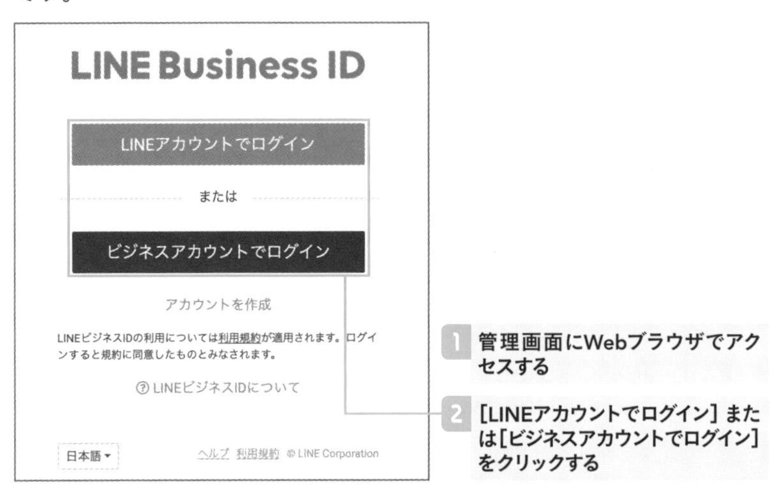

1 管理画面にWebブラウザでアクセスする

2 ［LINEアカウントでログイン］または［ビジネスアカウントでログイン］をクリックする

項目	内容
LINEアカウントでログイン	• 個人で利用しているLINEアカウントでログインする • LINEアプリ内でメールアドレスとパスワードの事前登録が必要
ビジネスアカウントでログイン	• 普段仕事などで利用しているメールアドレスを登録してログインする • LINEアカウントを利用したくないときの方法

▲ログインの方法

3 管理画面が表示される

03 はじめてでも大丈夫！ LINE公式アカウントの初期設定を行おう

LINE公式アカウントを開設したら、まずは初期設定をしてアカウントの体制を整えましょう。ここで設定する内容は、アカウントの顔とも呼べる重要なものです。設定後、変更することもできます。

アカウント設定で基本情報を設定する

LINE公式アカウントを開設したら、まずはアカウント設定で基本情報を設定します。

項　目	内　容
❶アカウントの基本情報	• プロフィール画像：アカウントの顔となる画像 • 背景画像：アカウントの背景の画像を設定する • アカウント名：表示されるアカウント名（認証済アカウントは変更不可） • ステータスメッセージ：ひとことメッセージを設定できる
❷情報の公開	• 認証ステータス：認証ステータスを確認できる。未認証の場合は、LINE社の認証を申請できる • 位置情報：アカウントの住所を登録する • 検索結果での表示：認証済アカウントの場合は、検索結果での表示のオン・オフを切り替えられる
❸アカウント情報	ID：アカウントを開設すると、ランダムに英数字でIDが付与される。プレミアムIDを購入すると、任意のIDを取得できる
❹チャット	• トークルームの背景デザイン：デザインを変更できる • チャットへの参加：オンにすると、グループチャットや複数人のチャットへの参加が許可される
❺アカウントを削除	アカウントを削除する

▲設定できる情報

Androidからはプランが表示される

Android版のアプリだと、アカウント情報のIDの下に契約しているプラン（フリープラン、ライトプラン、スタンダードプランのいずれか）が表示されます。

注意 **再度の設定変更**

プロフィール画像、ステータスメッセージは設定・変更後1時間、アカウント名は設定・変更後7日間が経過しなければ再度の変更ができません。

プロフィール画像を設定する

項　目	条　件
ファイル形式	JPG、JPEG、PNG
ファイルサイズ	3MB以下
推奨画像サイズ	縦640px×横640px

▲プロフィール画像の条件

プロフィール画像は、友だちリスト画面やトーク画面、プロフィールで表示され、アカウントの「顔」になります。会社のロゴや商品（サービス）写真など、**あなたの会社だと一目でわかる**画像にしましょう。もし会社のキャラクターがあるならば、その画像をプロフィール画像にするのがおすすめです。画像は丸く表示されるので、文字やロゴを入れるときは、カットされる範囲を考えて設定してください。

Memo **正方形の画像がおすすめ**

プロフィール画像は、設定した画像の中心から円形に表示されるので、正方形の画像のほうがきれいにアイコン画像を設定できます。プロフィール画像の変更は1時間に一度までです。

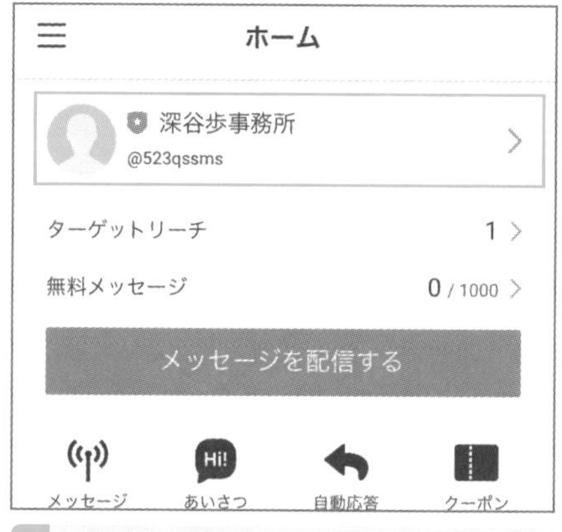

1 ［アカウント名］をタップするとアカウント設定が表示される

2 プロフィール画像にある［📷］をタップする

3 [プロフィール画像を変更] をタップする

4 画像の選択方法が表示されるので任意の選択肢をタップする。ここでは [フォトライブラリ] をタップする

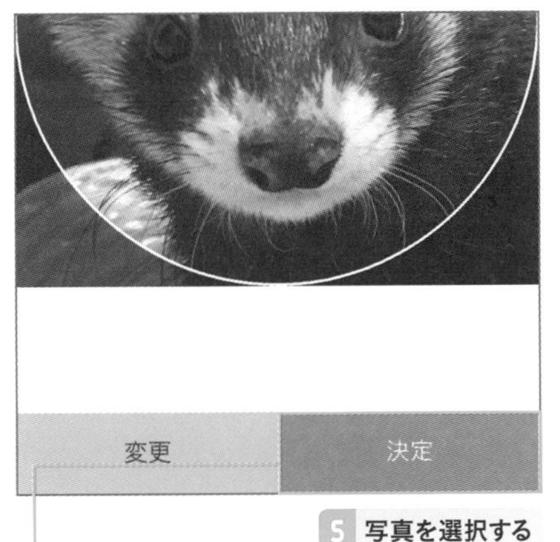

5 写真を選択する

6 選択した画像が表示されるので[決定]をタップする

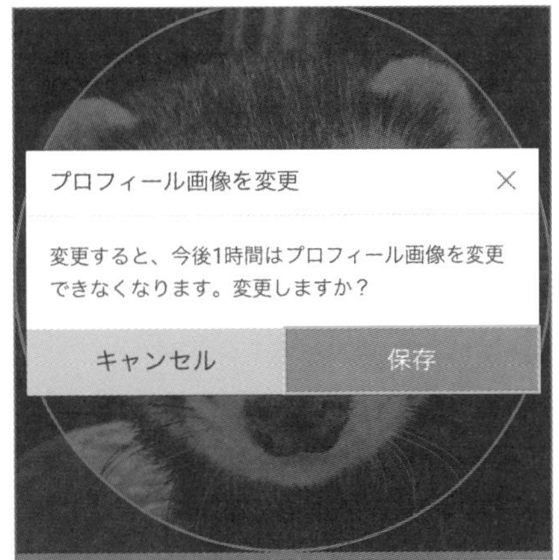

7 確認メッセージが表示されるので [保存] をタップする

8 プロフィール画像が変更された

背景画像を設定する

背景画像は、タイムラインを開いたときに横長に表示される画像です。店舗の外観、内観や、メニュー、商品、スタッフの集合写真など、店舗やサービスが伝わる画像を設定するとよいでしょう。

項　目	条　件
ファイル形式	JPG、JPEG、PNG
ファイルサイズ	3MB以下
推奨画像サイズ	縦878px×横1080px

▲**背景画像の条件**

1 背景画像にある［📷］をタップする

2 ［背景画像を変更］をタップする

3 画像の選択方法が表示されるので任意の選択肢をタップする。ここでは［フォトライブラリ］をタップする

4 写真を選択する

5 選択した画像が表示されるので［決定］をタップする

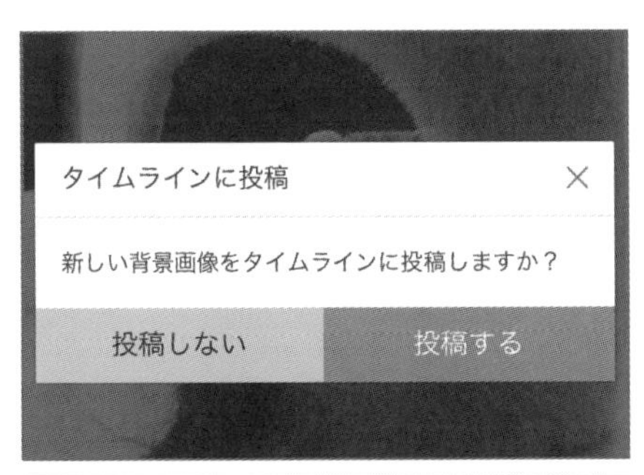

6 タイムラインの投稿についての確認メッセージが表示されるので、任意の選択肢をタップする

7 背景画像が変更された

Memo タイムラインには「投稿はしない」がおすすめ

背景画像の設定や変更は、特にユーザーに伝えたいメッセージではないので、タイムラインには投稿する必要はありません。

アカウント名を登録する

トーク、タイムライン、プロフィール、友だち一覧などに表示されるLINE公式アカウントの名前です。企業名や店舗名など、**アカウントの主体がわかりやすく伝わるように設定します**。

なお、認証済アカウントの場合は、認証申請時のアカウント名で固定となり、基本的には変更はできません。

1 アカウント名にある［✐］をタップする

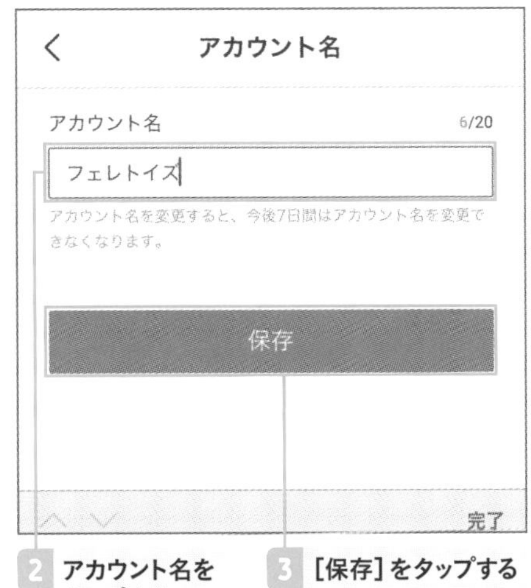

2 アカウント名をタップする

3 ［保存］をタップする

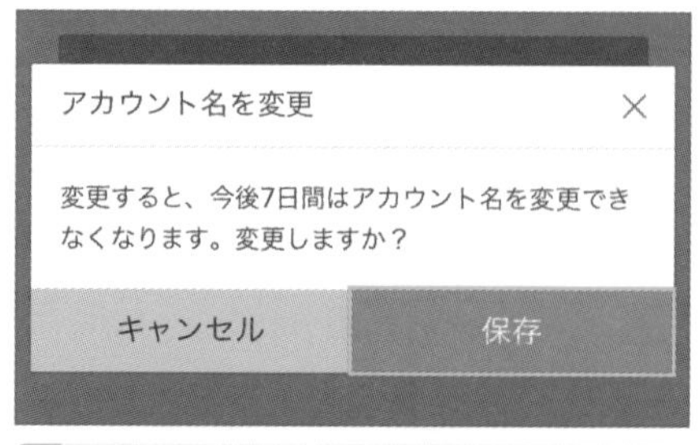

4 確認メッセージが表示されるので［保存］をタップする

5 アカウント名が変更された

ステータスメッセージでお店の特徴や情報を表現する

「ステータスメッセージ」では、お店の特徴や情報を20文字で表現しましょう。ステータスメッセージはアプリ内の検索キーワードとしても使用されるため大事な要素です。

プロフィール写真やステータスメッセージは何度でも変更が可能ですが、プロフィール写真を変更すると別アカウントと勘違いされるなど、マイナス面があります。プロフィール写真は固定し、ステータスメッセージで季節のキャンペーンやイベントなどの**お店の最新情報を発信する**とよいでしょう。

Point ステータスメッセージに入力するキーワード

ステータスメッセージには検索されそうなキーワードを含ませておくと効果的です。店舗名や業種、地域名などは、ステータスメッセージに入れておきたいキーワードです。また、店名がアルファベット表記の場合は、「カタカナ」の店名表記も入れておくことが望ましいです。

1 ステータスメッセージにある［✎］をタップする

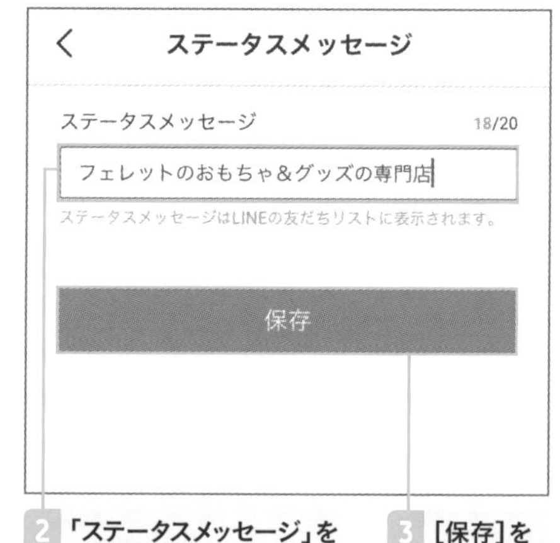

2 「ステータスメッセージ」を入力する

3 ［保存］をタップする

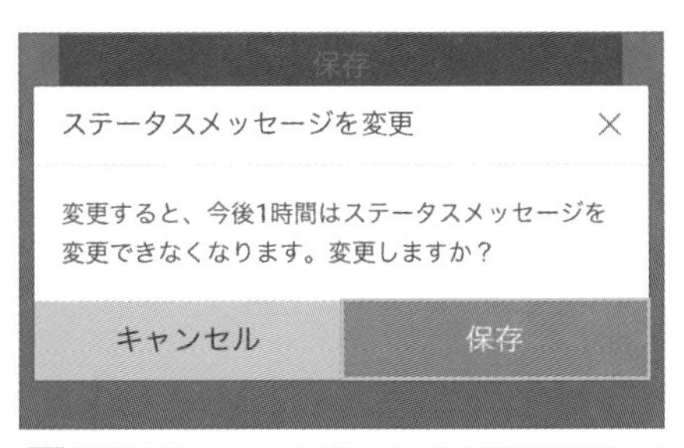

4 確認メッセージが表示されるので［保存］をタップする

5 ステータスメッセージが設定された

ブランディングにもなるお客さまが認知しやすいLINE IDを取得しよう

LINE公式アカウントを開設すると、自動的にランダムの英数字でIDが「ベーシックID」として設定されます。この文字列を任意のID（18文字以内、半角英数字と、「.」「_」「-」の記号を利用可能）に変更したいときには、「プレミアムID」を購入する必要があります。プレミアムIDは年間1,200円（税別）の利用料金がかかりますが、ブランディングにもなります。

なお、iOSアプリからは、1つのApple IDにつき、プレミアムIDは1つしか購入できません。複数のIDを購入する場合は、PC版管理画面から購入してください。なお、指定したプレミアムIDについては、利用期間中変更ができません。また、指定した文字列がすでに利用されている場合は、取得できません。プレミアムIDの購入には事前に「支払い方法」の登録が必要です。

ここでは、PC版管理画面からの購入方法を示します。

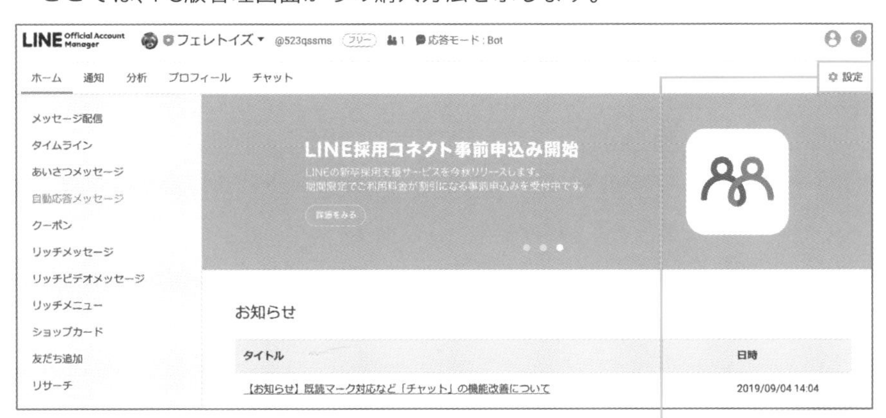

1 PC版管理画面にログインし、アカウントリストから該当のアカウントを選択する

2 ［設定］をクリックする

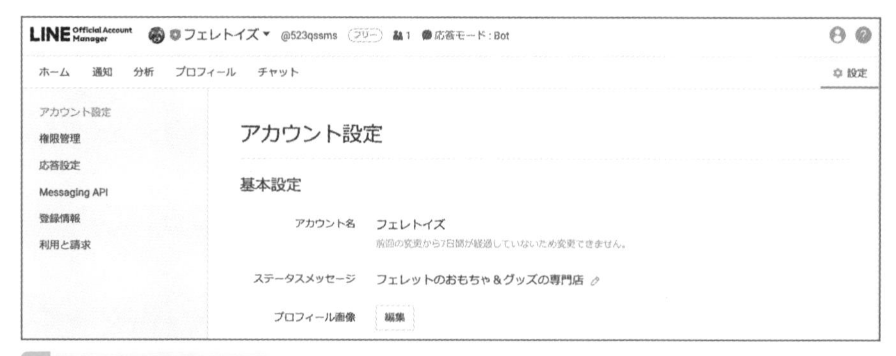

3 「アカウント設定」が開く

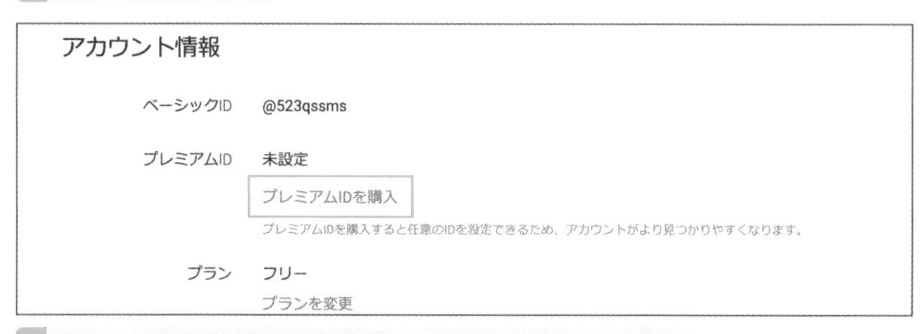

4 スクロールして「アカウント情報」で［プレミアムIDを購入］をクリックする

Memo　支払い方法を設定する

プレミアムIDを購入する前に支払い方法の登録（登録者と支払い方法）をしてください。

5 取得するプレミアムIDを入力し、［プレミアムIDを購入］をクリックする

6 IDが変更される

04 プロフィールを設定する

LINE@で「アカウントページ」と呼ばれていたコンテンツがプロフィールとして統合されました。アカウントの基本情報やタイムライン、クーポン、ショップカードの情報をまとめて表示できます。

プロフィールでアカウント内容を伝える

プロフィールは、公式アカウントリストや公式アカウントの友だちリストの一覧からアカウントをタップすると表示されます。友だち追加前に、アカウント内容を確認するためにプロフィールを閲覧するユーザーが多いため、しっかりどんなアカウントなのかを伝えるようにしましょう。

なお、作成したプロフィールは、Web上への公開／非公開を設定することができます。Web上に公開すると、LINE以外からもアクセスできるようになります。簡易的なHPとしても有用なので、コンテンツを充実させるとよいでしょう。

プロフィールの設定は、PC版管理画面からのみ行えます。

プロフィールは、プラグインと呼ばれるコンテンツ群で管理されており、プラグインを追加することで、表示する内容を増やしていけます。

基本情報を設定する

基本情報では、営業時間や住所、電話番号などの情報を登録します。

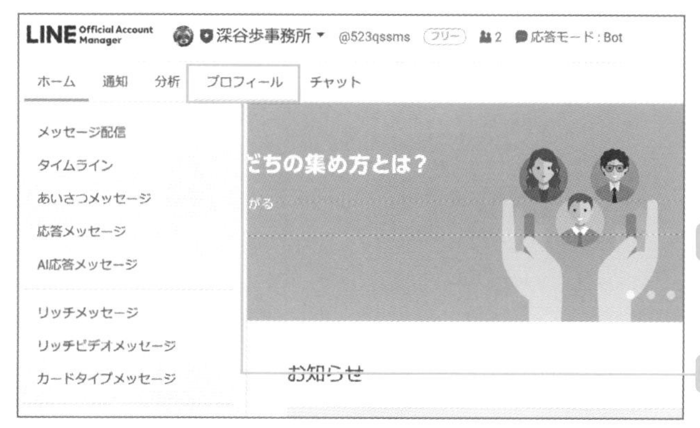

1 管理画面にログインし、アカウントリストから該当のアカウントを選択する

2 [プロフィール] をクリックする

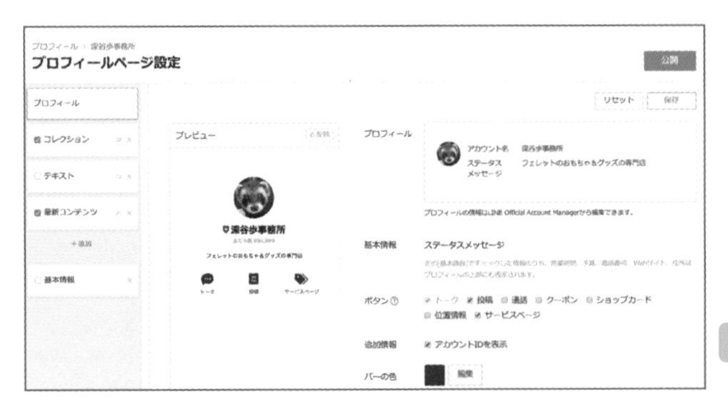

3 「プロフィールページ設定」が開く

項　目	内　容
プラグインメニュー	• プロフィールに追加するプラグインの編集ができる • [+追加] をクリックすると、追加するプラグインの選択ができる
プレビュー	• 保存前に現在の設定内容を確認できる • [反映] をクリックすると、表示内容を更新できる
プロフィール	アカウント設定で登録した内容が表示される
基本情報	• プロフィールに登録されている基本情報 • [基本情報] から住所、開店時間などを編集できる
ボタン	• プロフィールに表示するボタンの追加・削除ができる • [トーク] は固定、最大3つまで登録できる
バーの色	プロフィールをスクロールすると、設定したボタンをフローティングバーとして表示し、そのバーの色を編集できる
リセット	入力した内容をリセットして、デフォルトに戻す
コピー	各プラグインのページの設定内容をコピーして他のアカウントの情報として登録できる
保存	入力内容を保存する
公開する	保存したプロフィールを公開する（保存前に公開すると、編集内容が破棄される）

▲プロフィールページから設定できる項目

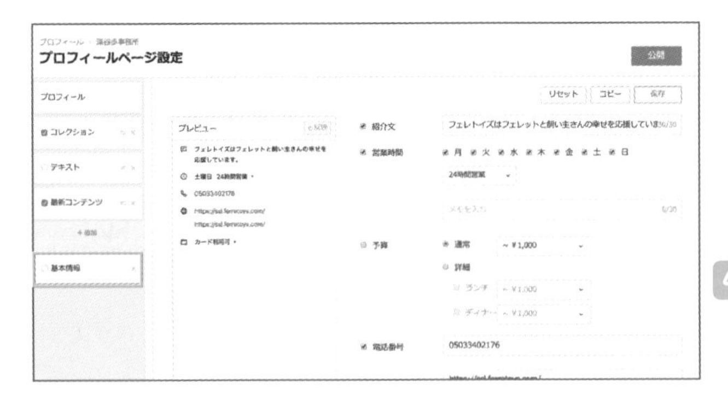

4 [基本情報] をクリックして画面の右側に表示される項目をチェックして情報を登録する

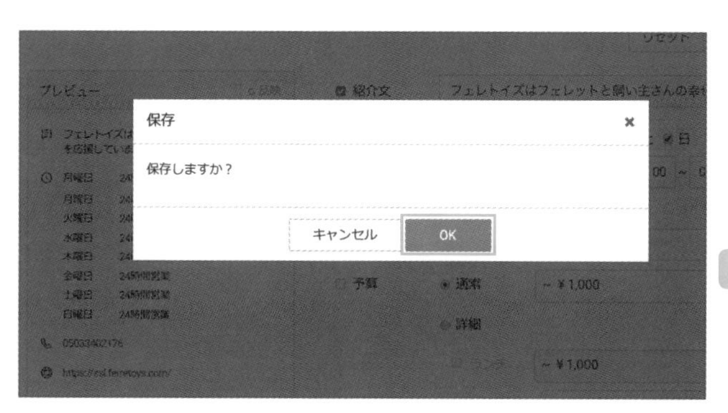

5 ［保存］をクリックすると、確認画面が表示される。［OK］をクリックすると、登録した情報が保存される

6 ［基本情報］をチェックする

7 ［公開］をクリックすると、編集した内容が公開ページに反映される

ボタンを設定する

ボタンは、タップするとそのボタンに即したページを表示するメニューのようなものです。ボタンは、トークが固定項目で最大3つを追加できます。

1 「プロフィールページ設定」の［プロフィール］をクリックし、［ボタン］で表示する項目をチェックする

2 [保存] をクリックすると、確認画面が表示される。[OK] をクリックすると、登録した情報が保存される

3 [公開] をクリックすると、編集した内容が公開ページに反映される。

項　目	内　容
トーク（必須）	アカウントとのトークルームを表示するボタン
投稿	タイムラインを表示するボタン
通話	基本情報で設定した電話番号へ発信するボタン
位置情報	基本情報で設定した地図を表示するボタン
クーポン	クーポンプラグインを表示するボタン
ショップカード	ショップカードプラグインを表示するボタン
サービスページ	基本情報で入力した1番上のWebサイトURLを表示するボタン

▲ボタンとして表示できるもの

プラグインを追加する

プロフィールにプラグインを追加することで、テキストやクーポン、コレクションなどを表示できるようになります。

ここでは、コレクションの追加方法を説明します。

1 プロフィールページ設定を開き、[+追加]をクリックする

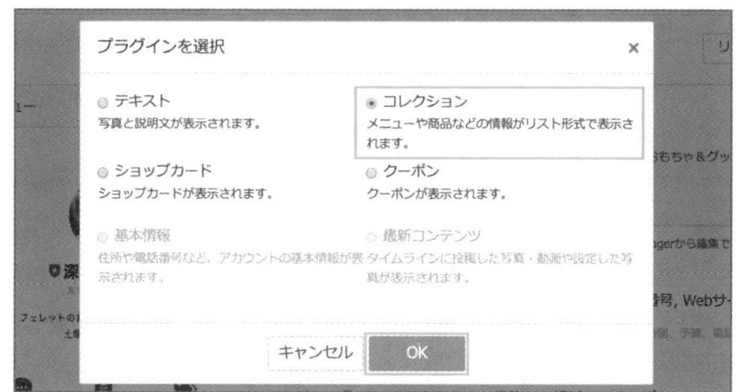

2 [プラグインを選択]から追加するプラグインを選択し、[OK]をクリックする。ここでは、[コレクション]を選択する

項　目	内　容
テキスト	プラグイン名（コンテンツのタイトル）、テキスト、写真からなるコンテンツを追加
ショップカード	作成したショップカードを追加
コレクション	写真、タイトル、詳細、URLからなるコンテンツを追加。メニューや商品アイテム、施設案内などでの利用に適している
クーポン	作成したクーポンを追加

▲選択できるプラグイン

3 コレクションの内容を登録する

項目		内容
プラグイン名		プラグイン名を入力する。コンテンツのタイトルになる
リスト項目	写真	• ファイル形式：JPG、JPEG、PNG • ファイルサイズ：10MB以下 • 推奨画像サイズ：縦200px×横200px
	タイトル	タイトルを30文字まで入力する
	内容	内容を2,000文字まで入力する

▲プラグインの項目

4 ［コレクション］をチェックする

5 ［公開］をクリックする

6 コレクションが追加された

Memo 表示位置の入れ替え

左側のプラグインはプラグイン名の［=］を選択してドラッグアンドドロップすると、順番の入れ替えが可能です。この順番に合わせて、プロフィールのコンテンツが表示されます。ただし、プロフィールと基本情報の位置は固定です。

Memo コレクションの削除

デフォルトでコレクションは3つ表示されますが、コレクションが3つ以下の場合は、不要なコレクションを削除してください。

05 あいさつメッセージを設定する

あいさつメッセージは、ユーザーがLINE公式アカウントを友だちに追加すると、最初に送信されるメッセージです。誰にでも伝わりやすい内容で、歓迎のメッセージを配信しましょう。

あいさつメッセージはコミュニケーションの最初の手段

あいさつメッセージは、LINE公式アカウントを友だちに追加してくれたユーザーが最初に受け取るメッセージです。友だち追加のお礼、アカウントの発信内容、初回限定クーポンの配信など、**ユーザーとのコミュニケーションの初手**として有効に活用できます。デフォルトでメッセージが登録されていますが、ユーザーと親密な関係を築くためにオリジナルのメッセージを作成してみましょう。

あいさつメッセージでは、次のような内容を伝えるのがおすすめです。参考にして、ビジネスや店舗の特性、客層に合わせて最適なメッセージを考えてみてください。

- **配信する内容**
- **配信頻度**
- **通知オフの方法**
- **クーポン**

通知オフの方法を説明するのは、ブロックされないためです。通知をオンにしていると、端末に通知が配信されるのをわずらわしく思いブロックしてしまうユーザーがいます。ブロックするほどではないが、通知まではされたくない、時間があるときに見たい、というユーザーに向けて、通知オフの方法を伝えることは、長期的なコミュニケーションを実現するためにも有効です。

クーポンを特典に付けたあいさつメッセージ

Memo あいさつメッセージのオン・オフの切り替え

あいさつメッセージを配信しない設定にすることも可能です。配信しない場合は、[設定] > [応答] > [基本設定] であいさつメッセージをオフにしてください。

1 [あいさつメッセージ] をタップする

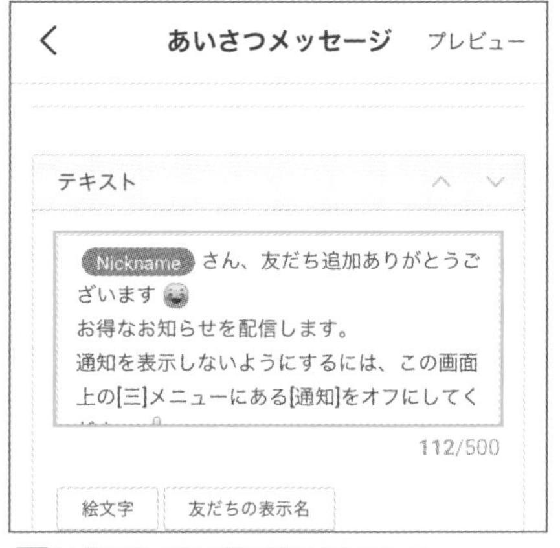

2 「テキスト」にメッセージを入力する

項目	内容
絵文字	絵文字を選択して入力する
友だちの表示名	友だちとして追加したユーザーがLINE上に設定しているニックネームが自動的に反映される
プレビュー	作成したメッセージをプレビューする

▲メッセージ入力に使える項目

Memo メッセージを追加するには

作成したテキストメッセージの下の［＋追加］をタップすると、2つ目のメッセージとして、テキストや写真、クーポン、動画などを配信できます。

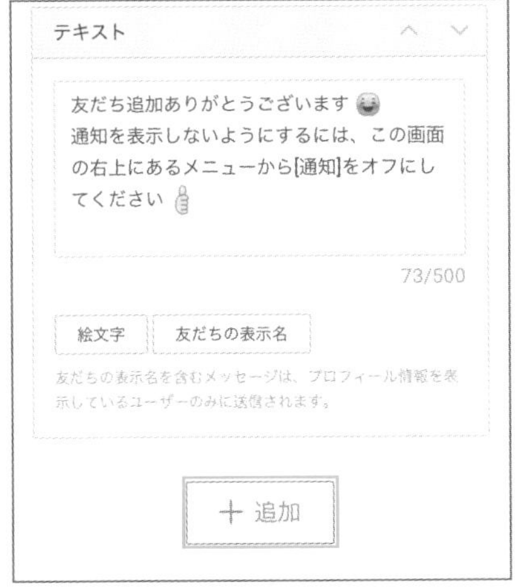

デフォルトのあいさつメッセージ

テキスト
スタンプ
写真
クーポン
リッチメッセージ
リッチビデオメッセージ
動画
ボイスメッセージ
リサーチ

追加のメッセージとして各種コンテンツを配信できる

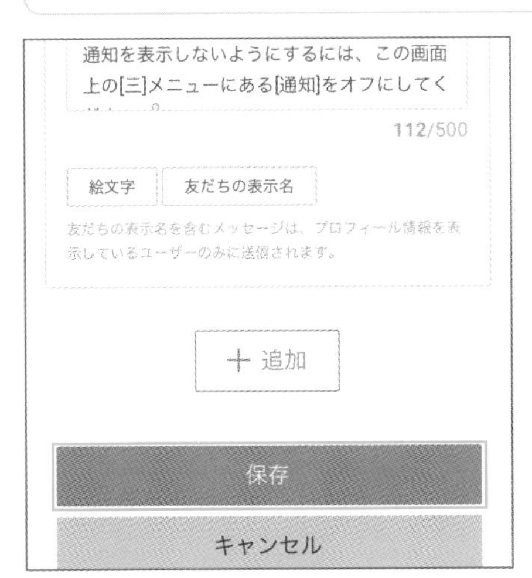

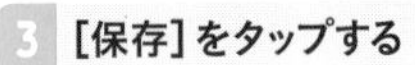

3 ［保存］をタップする

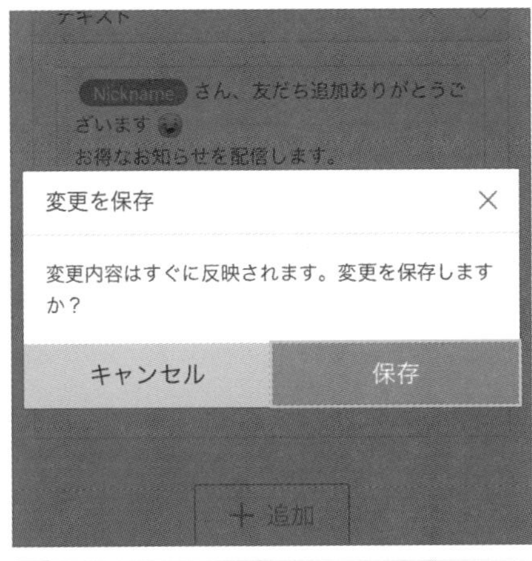

4 確認画面が表示されるので［保存］をタップする

Point クーポンは友だち追加の動機になる

LINE公式アカウントを友だちに追加する動機として、クーポンの取得があります。友だちに追加すればすぐにもらえるクーポンであれば、友だち追加するユーザーを増やせます。割引、特別サービス、無料利用券などのクーポンを作成して配信しましょう。なお、クーポンを追加するには、先にクーポンを設定する必要があります。クーポンの作成についてはChapter 8を確認してください。

06 自動応答メッセージを設定する

トークでの友だちからのメッセージに対して、自動的に返信ができます。個別メッセージへの対応方針について知らせるほか、応答メッセージを使ったコミュニケーションも可能です。

自動的に配信されるメッセージ

自動応答メッセージは、自動的に送信されるメッセージです。トークルームでの個別チャットにも自動応答メッセージで対応できます。自動応答メッセージは、複数パターンを設定でき、配信期間や時間によってメッセージ内容を変えることができます。たとえば、「営業時間内はトークでの対応はできないけれど、電話では対応できることを伝える」「営業時間外は、トークや電話での対応ができないので、メールでの問い合わせ先を知らせる」など、状況に合わせた配信ができます。

また、特定のキーワードを含んだメッセージのみに返信するような配信も可能です。たとえば、次のようなやりとりが可能です。キーワードは指定した文字列と完全一致の必要があるため、ある程度友だちからのメッセージを限定できるように答え方をメニューや曜日などに限定したり、選択肢を用意したりするとよいでしょう。

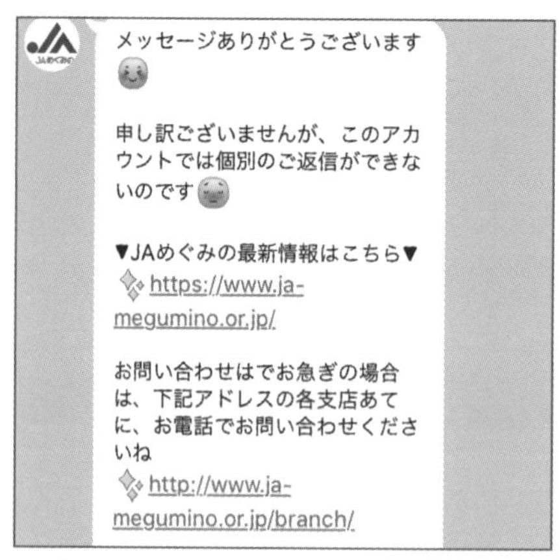

問い合わせ先がたくさんあるため、連絡先一覧のWebページへ誘導している

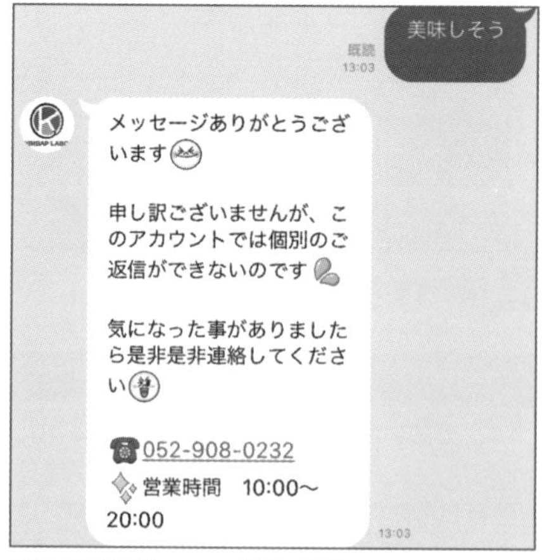

電話で連絡が欲しいので、電話に誘導している

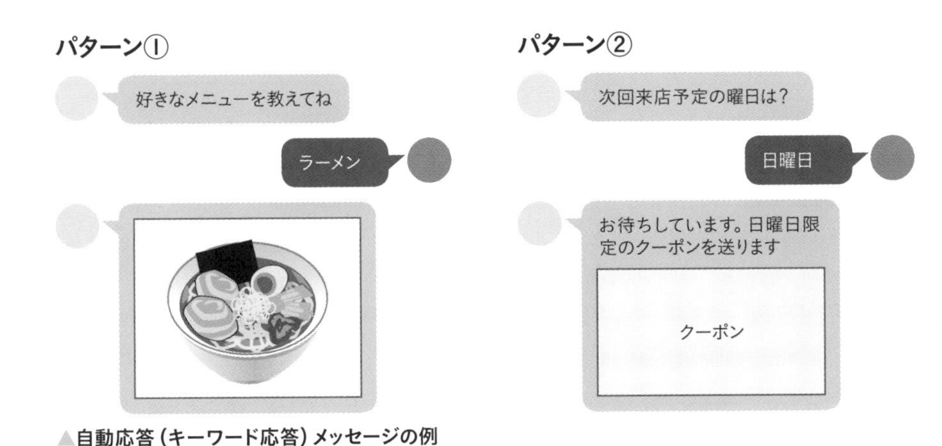

▲自動応答（キーワード応答）メッセージの例

自動応答メッセージは、デフォルトで1つ用意されているので、このメッセージを編集するか、新規に作成します。

1 LINE公式アカウントアプリから［自動応答メッセージ］をタップする

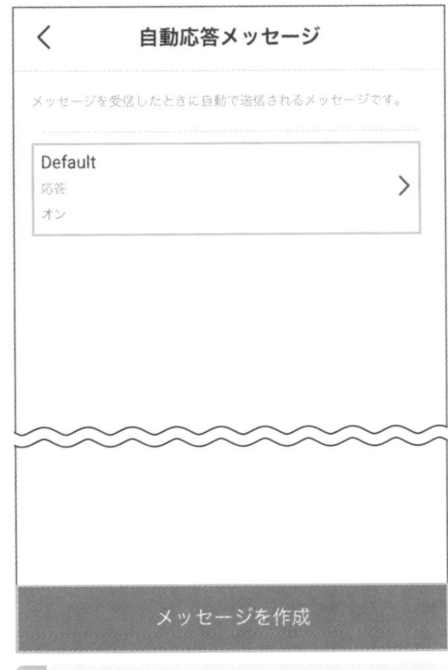

2 ［Default］をタップすると、デフォルトで用意されているメッセージを編集する。［メッセージを作成］をタップすると、新規で作成する

3 メッセージを編集する

項　目	内　容
❶タイトル	メッセージのタイトル（ユーザーには表示されない）
❷ステータス	配信のオン・オフを切り替える
❸内容	タップすると、あいさつメッセージと同様にメッセージを作成できる
❹スケジュール	配信期間、時間を設定できる
❺キーワード	特定のキーワード（完全一致）を送信してきたメッセージのみに配信する

▲メッセージの項目

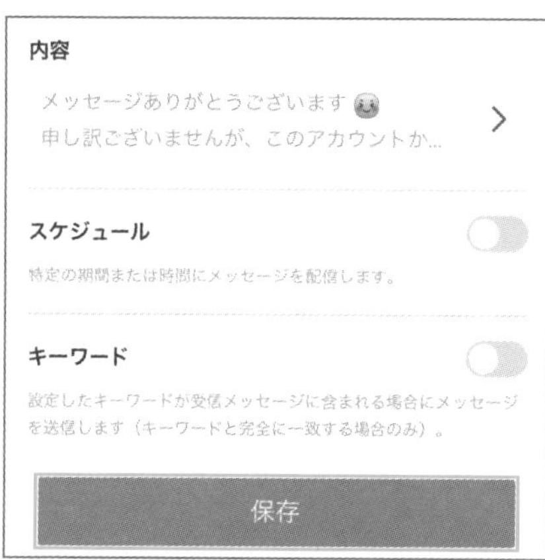

4 ［保存］をタップする

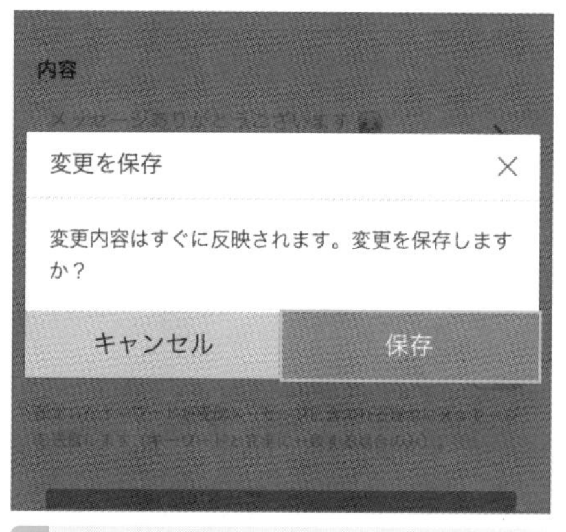

5 確認画面が表示されるので［保存］をタップする

Chapter 4

タイムラインで友だち以外にも配信しよう

タイムラインは、投稿を公開できる場所で、投稿した内容は自アカウントと友だちのタイムラインに表示されます。また、自アカウントのタイムラインは友だち以外のユーザーも閲覧できます。メッセージと使い分けながら情報を発信してみましょう。

01 シェアで広がるタイムラインとは？

タイムラインは、メッセージ配信とは別に、アカウントが自由に投稿できるスペースです。ユーザーは、投稿に対してSNSのように「いいね」をしたり、コメント投稿やシェアができます。

タイムラインとは？

タイムラインは、自由に投稿できるスペースで、投稿を見たユーザーが「いいね」したり、コメント投稿、シェアしたりできます。タイムラインにはキャンペーンやイベントなどの告知や案内だけでなく、ブログやコラムのように文章や写真、動画などを投稿することで、お客さまに店舗の雰囲気やサービス内容、お客さまの声などを伝えることができます。そこから**お客さまの共感**を生んで、「いいね」やコメントにつながるコミュニケーションを図りましょう。

LINE公式アカウントのタイムラインでの表示

Point タイムラインを盛り上げ、認知度UPを目指す

タイムラインでは、お客さまと気軽にコミュニケーションが図れます。友だちが「いいね」を押すと、友だちの友だちのタイムラインにシェアされます。LINEはプライベートでのつながりが多く、さらに趣味嗜好が同じ仲間でのコミュニケーションの場として利用されることも多いSNSです。「いいね」を増やし、タイムラインを盛り上げるためにも、いいたいことを投稿するのではなく、「いいね」と押したくなる投稿を目指しましょう。

タイムラインに投稿できる内容

タイムラインにはテキストだけでなく、写真、動画、スタンプ、クーポンなどを投稿できます。テキストは他の要素と一緒に投稿できます。

項目	内容
テキスト	● テキスト、絵文字で投稿を作成できる。テキストは他の要素を選択しているときでも投稿できる ● 最大文字数は10,000文字
スタンプ	LINEの標準スタンプを投稿として作成できる
画像	● 最大9枚の画像を投稿できる。複数枚投稿した場合は、画像の枚数やサイズに応じて、グリッド表示される ● 推奨フォーマット：jpg、jpeg、png ● 1枚のファイルサイズ上限：10MB
動画	● 1本の動画を投稿できる ● 推奨フォーマット：mp4、m4v、mov、avi、wmv ● ファイルサイズ上限：200MB ● 動画の長さ上限：5分
クーポン	作成したクーポンを投稿できる
URL	リンクを投稿できる。リンク先にOGP（Open Graph Protocol）が設定されていると、URLから取得されたテキストが表示される
リサーチ	作成したリサーチを投稿できる

▲タイムラインに投稿できるもの

02 タイムラインとメッセージの違いと投稿のポイント

ユーザーの端末に直接届くメッセージと異なり、タイムラインは他のアカウントの投稿と一緒に表示されます。あるいは、そのアカウントの発信を知りたくて、意図的に表示することもあります。

タイムラインの特性を理解して、メッセージと使い分けよう

LINE公式アカウントのタイムラインの投稿がお客さまの目に触れるのは、お客さまが自身のタイムラインを表示しているとき、あるいはそのアカウントのタイムラインを表示したときです。なお、タイムラインに投稿を表示するかどうかは、ユーザーがオン・オフで切り替えられます。**表示をオフにされないように、お客さまが見たくなる投稿を心がけましょう**。

タイムラインの投稿の例

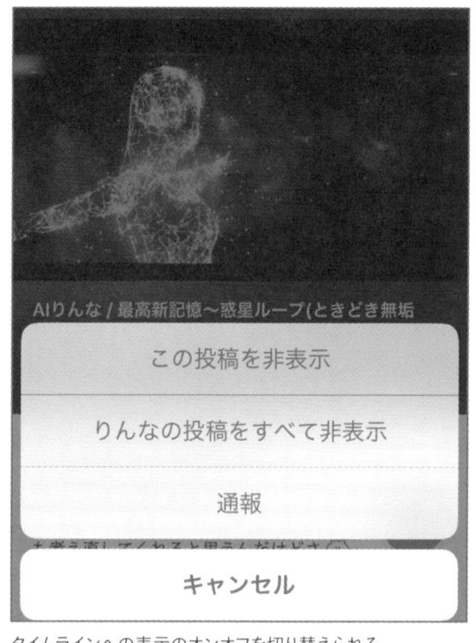

タイムラインへの表示のオンオフを切り替えられる

LINE公式アカウントの投稿は、友だち以外のユーザーも閲覧できます。友だちの追加前にプロフィールから投稿を見られるので、そこでどんな投稿をしている

のかを確認して、友だち追加するかどうかを判断することもあるでしょう。

メッセージとの大きな違いは、投稿に対してユーザーが「いいね」、コメント、シェアできることです。投稿に対してアクションすると、そのユーザーの友だちのタイムラインにも表示されます。反応のよい投稿ができれば、それだけ多くのユーザーのタイムラインに表示されやすくなるということです。

また、クーポンをタイムラインに投稿することもできます。あえて友だち以外にもクーポンを獲得してもらう機会とすることもできますし、友だち限定のクーポンを投稿すれば、入手するために友だち追加を促すこともできます。うまく活用することで、友だちの数を拡大できるでしょう。

メッセージと違って、タイムラインの投稿はどれだけ投稿しても追加料金はかかりません。メッセージの配信量の制限に達しそうなときは、タイムラインも併用しながら情報を発信すればコストを抑えることができます。

ユーザーのタイムラインには、友だちがアクションしたLINE公式アカウントの投稿が表示されることがある

Memo メッセージとタイムラインを使い分けよう

メッセージが比較的リアルタイムで開封されるのに対し、タイムラインは時間があるときにまとめて見る人もいます。そこで、メッセージでは友だち限定のお得な情報、期限がありすぐに確認する必要がある情報などを配信し、タイムラインではより一般的な情報、リアルタイム性は問わない情報を配信するなど、投稿する内容を分けて考えてみてください。

メッセージは親しみやすい雰囲気で話しかけるようにする、タイムラインは公式的なアナウンス感を出すというように、トーン・マナーを使い分けてみるのもおすすめです。ただ、タイムラインの雰囲気が固すぎると、まだ友だちになっていないユーザーから尻込みされてしまうこともあるので、絵文字や画像を加えるなどして、柔らかさも残しましょう。反応を計測しながら、仮説を持って投稿を試してみてください。タイムラインはメッセージと違い、投稿タイムラインの投稿の後に編集や削除ができます。

03 タイムラインで情報を発信する

タイムラインの投稿は、下書きとして保存や予約投稿をすることもできます。テキストだけでなく、写真や動画などを一緒に投稿することができるので、上手に発信して魅力を伝えましょう。

タイムライン投稿リストとは?

タイムラインの投稿は**タイムライン投稿リスト**から作成します。タイムライン投稿リストでは、過去の投稿、下書き投稿、予約投稿の確認と、投稿の新規作成ができます。タイムライン投稿リストの確認方法を説明します。

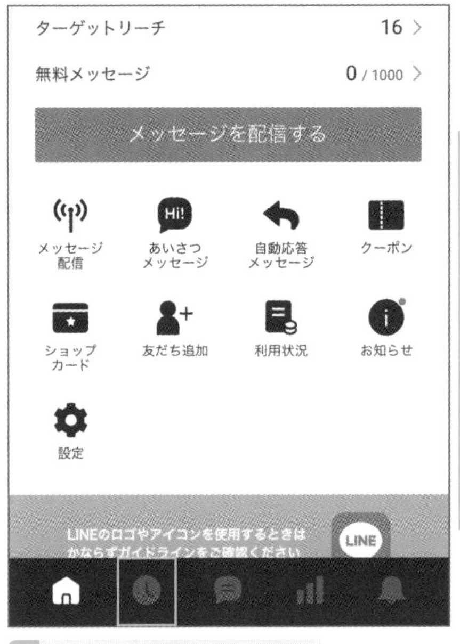

1 タイムライン [ ] をタップする

2 タイムライン投稿リストが表示される。リストを選択すると、表示される投稿を変えることができる。「投稿済み」では過去の投稿が表示される

3 確認したい投稿をタップする

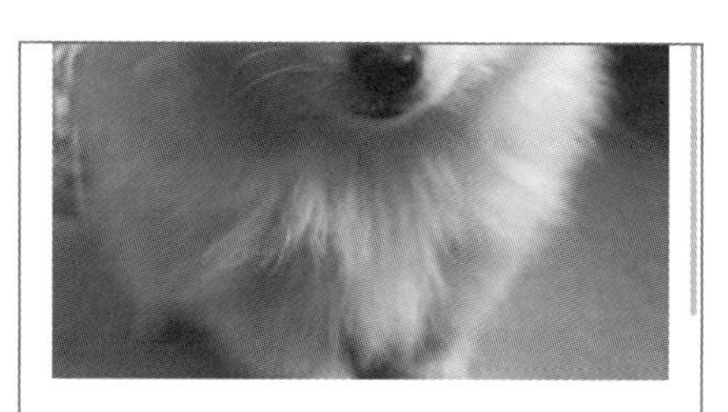

この子も新しいお家に迎えてもらったよぉ〜「フラワーママ」の子供っちポメラニアンの『ねねちゃん』みんなを幸せにする為に〜〜嫁いで行ったのだ この可愛さ、そりゃ〜〜みんな早く帰ってきちゃうよねっ また、遊びに来てね〜〜

4 **[コメントを見る]をタップすると、投稿への「いいね」やコメント、数値の分析を確認できる**

この子も新しいお家に迎えてもらったよぉ〜「フラワーママ」の子供っちポメラニアンの『ねねちゃん』みんなを幸せにする為...
もっと表示

投稿日時: 2019/08/02 23:29

インプレッション	626
クリック	0
いいね	7
コメント	1

5 **タイムラインの数値を確認できる**

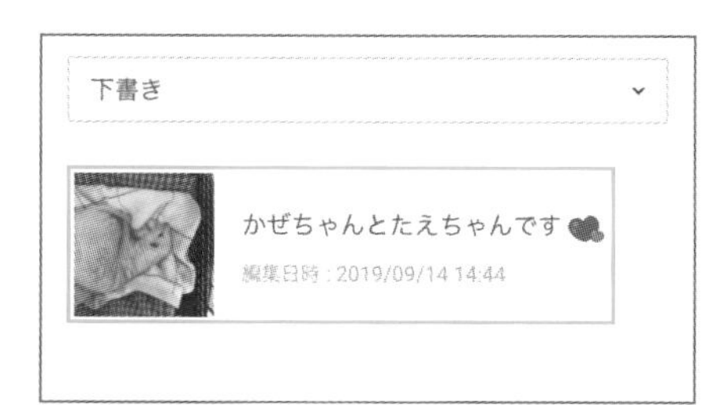

6 **「下書き」では、下書きに保存した投稿が表示される。タップすることで[編集]、[削除]が可能**

7 **「予約」では、投稿日時を予約した投稿が表示される。[キャンセル]を選択すると予約をキャンセルし投稿が下書きに移動、[削除]を選択すると投稿を削除する**

Memo **ユーザーからのコメント**

ユーザーからのコメントは「承認済み」「承認待ち」「スパム」に分かれて表示されます。

Chapter 4 タイムラインで友だち以外にも配信しよう

タイムライン投稿を作成する

タイムラインリストから投稿を作成します。

1 タイムライン［ ］をタップする

2 タイムライン投稿リストが表示されるので［作成］をタップする

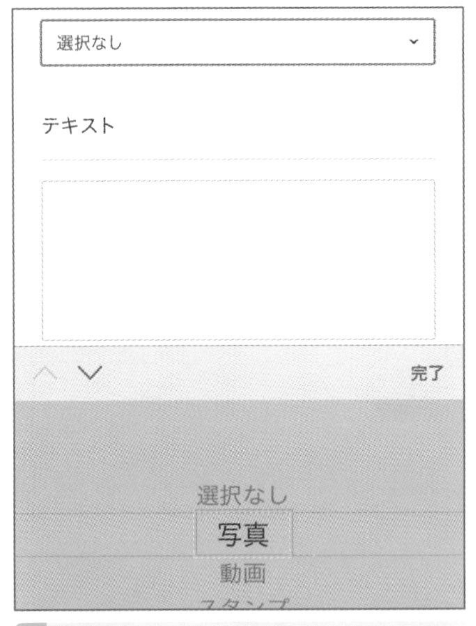

3 ［内容］で投稿する要素を選択できる。要素を選択すると、それぞれの追加画面が表示される。ここでは写真を追加するため、［写真］をタップする

4 ［写真をアップロード］をタップし、方法を選択して、写真をアップロードする

Point 写真のサムネイル表示

写真は最大9枚までアップロードできます。画像のサイズや枚数に応じて、サムネイル表示されます。サムネイルをタップすると、各画像を表示できます。ただし、複数枚投稿すると画像が小さくなりインパクトに欠けてしまうというデメリットもあります。基本は1投稿につき、画像は1枚で作成しましょう。タイムラインはいくつ投稿しても費用に影響しません。

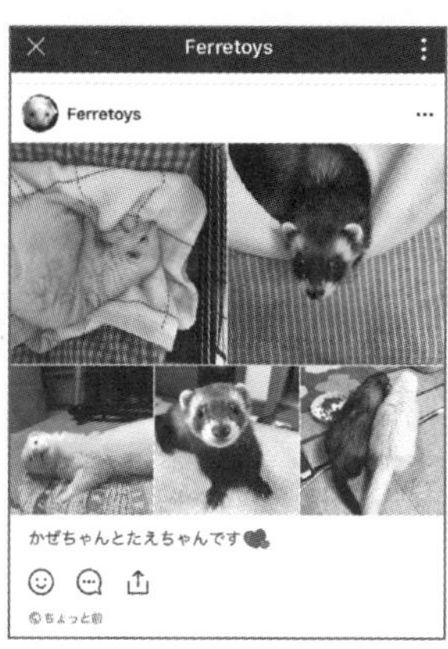

サムネイル表示

サムネイルをタップすると、各画像を表示できる

5 テキストを入力する

6 任意で［位置情報を入力］で位置情報を追加できる

Memo 店舗は位置情報を追加するとわかりやすい

店舗やイベント会場など、来訪を促す目的の場合は位置情報を入れておくと、投稿を見た人がすぐに場所を確認できて便利です。

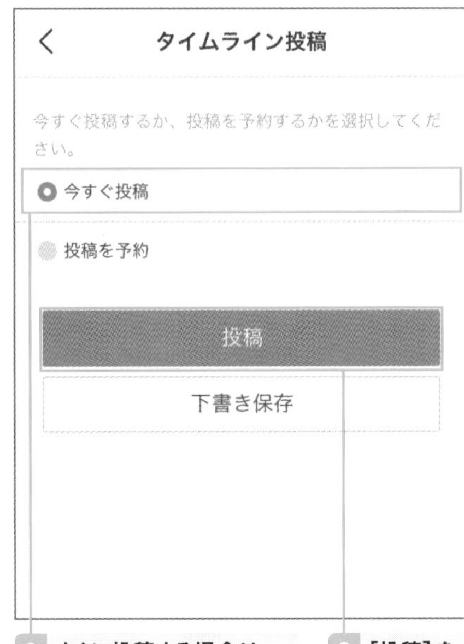

7 [次へ] をタップすると、投稿日時の設定 (すぐに投稿、予約) に進む

8 すぐに投稿する場合は [今すぐ投稿] を選択する

9 [投稿] をタップする

Memo **下書き保存もできる**

[下書き保存] をタップすると、投稿せずに、編集した内容を下書きとして保存します。これにより、タイムライン投稿リストから再編集や投稿日時の設定ができます。

Memo **予約設定の場合**

今すぐ投稿しないで後日投稿する場合は、「投稿を予約」を選択して、投稿日時を指定します。指定した時間に投稿されます。

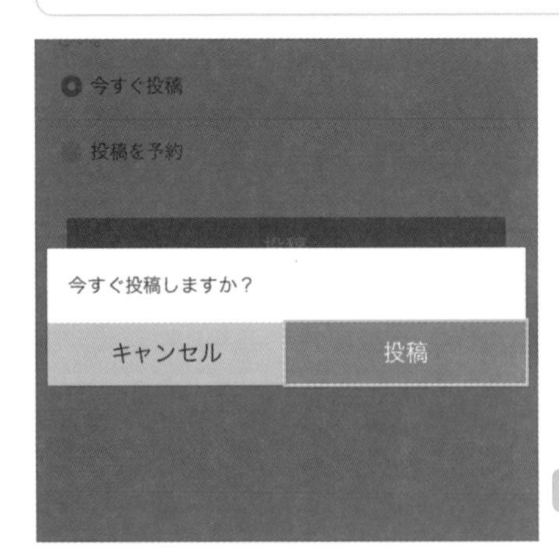

10 確認メッセージが表示されるので [投稿] をタップする

04 コメントの管理でユーザーとのコミュニケーションを図る

タイムラインでは、ユーザーが投稿に対して「いいね」やコメントを付けられますが、受け付けるかどうか、コメントの掲載に承認を必要とするかなど、運用スタイルに合わせて設定ができます。

タイムラインのユーザーインタラクションの設定

タイムラインの投稿への「いいね」やコメントの受け付け・承認設定をすることができます。デフォルトでは、コメントは承認制になっています。

1 ［設定］をタップする

2 ［タイムライン］をタップする

3 ［ユーザーインタラクション］をタップする

項　目	内　容
いいね・コメント	いいね、コメントの受け付けを選択する
コメント自動承認	オンにすると、ユーザーからのコメントがあれば即座に公開される

▲ユーザーインタラクションの内容

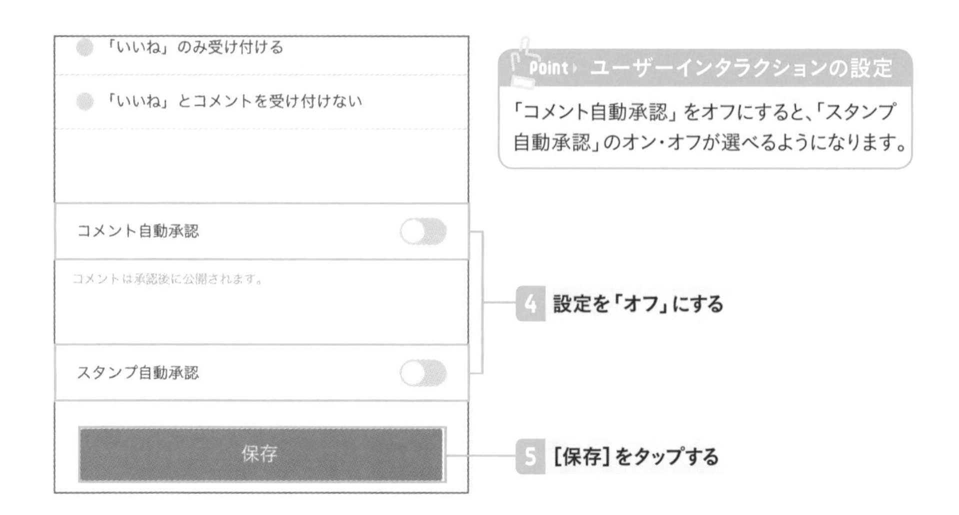

Point ユーザーインタラクションの設定

「コメント自動承認」をオフにすると、「スタンプ自動承認」のオン・オフが選べるようになります。

コメント承認の流れ

ユーザーからコメントがあったら、コメントを承認します。コメントの承認が必要な場合、ユーザーがコメントを投稿したときに、承認後に公開されるというメッセージが表示されます。

1 タイムライン[ ]をタップする

2 コメントを確認したい投稿をタップする

3 [コメントを見る] をタップする

4 「承認待ち」を選択すると、未承認のコメントが表示される。[すべて承認] をタップすると、すべてのコメントを一括で承認する

5 ユーザーの横のメニューをタップすると、コメント承認、削除、コメントのスパム設定、スパムユーザーの設定ができる

6 コメントを承認する場合は、確認画面が表示されるので、[承認] をタップする

Memo スパムユーザーの確認

スパムユーザーに登録した人は、「設定」＞「タイムライン設定」の [スパムユーザー] をタップすることで確認できます。スパムユーザーに設定したアカウントは、以降タイムラインの投稿にコメントできなくなります。

NGワードの登録

　コメントの自動承認をする場合は、アカウントのイメージが悪くなるキーワードは表示させないように「NGワード」の設定も忘れずに行いましょう。飲食店などであれば、「まずい」「不味」「まずく」などの文言を設定しておくと、自動的にスパムとして保存され、アカウントIDの確認やスパムユーザーとしての登録が行えます。

1 ［設定］をタップする

2 ［タイムライン］をタップする

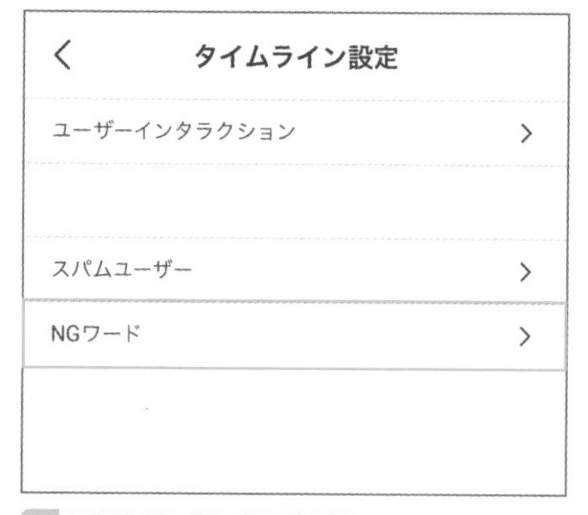

3 ［NGワード］をタップする

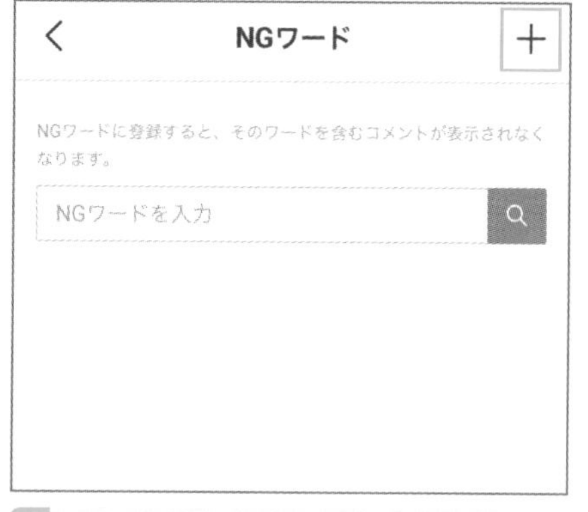

4 ［+］をタップしてNGワードを追加する

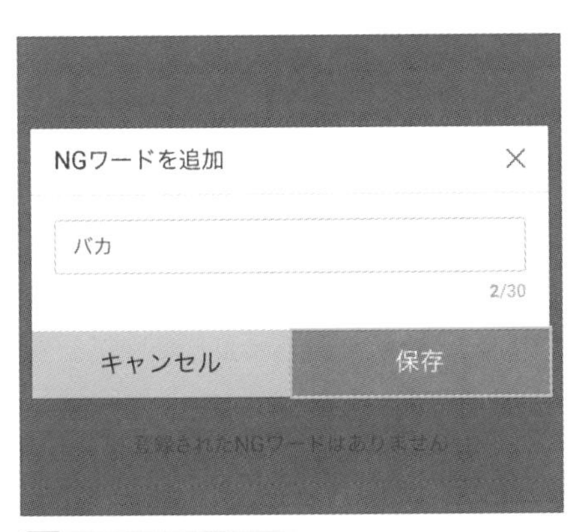

5 ［保存］をタップする

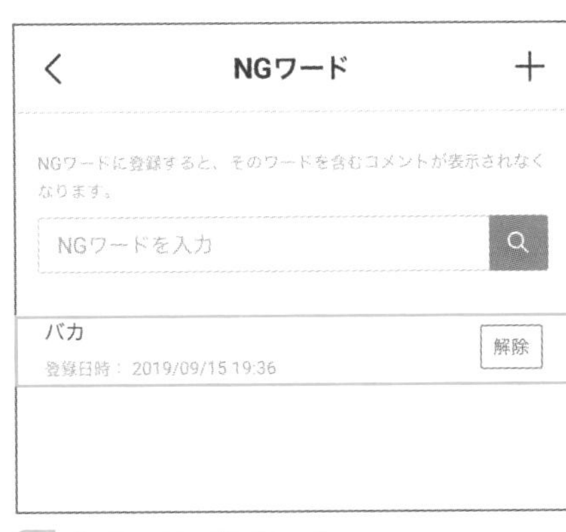

6 NGワードが登録される

ホームに届いたコメントに返事をする

お客さまからのコメントはアカウント自体を活性化させます。タイムラインでのコメントのやりとりは運営に余力があるならぜひ行いましょう。ただし、どこにコメントが入っているのかわからないので、定期的に投稿をひとつひとつ確認することをおすすめします。

1 タイムライン［ ］をタップする

2 「確認したい投稿」をタップする

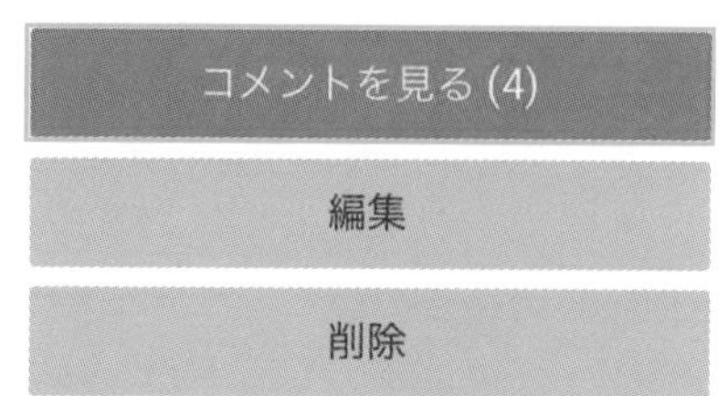

3 [コメントを見る] をタップする

4 「返信するコメント」の右上にあるメニューをタップする

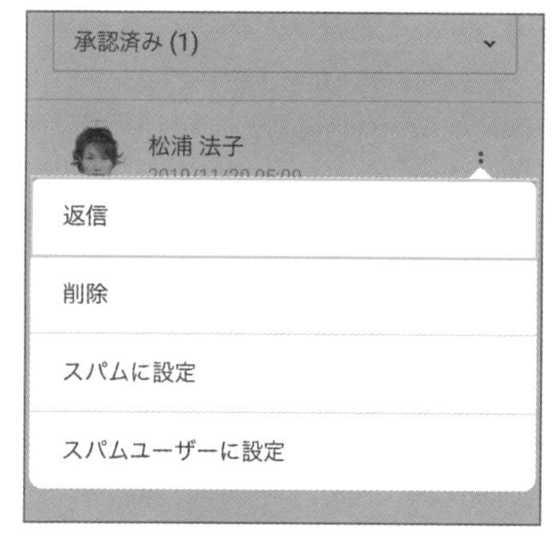

5 [返信] をタップする

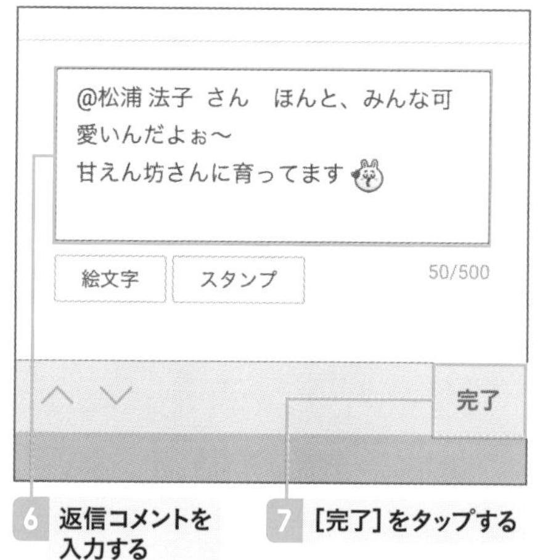

6 返信コメントを入力する

7 [完了] をタップする

Point アカウント名の後ろには「さん」を付ける

返信コメントには相手のアカウント名が入るので、アカウント名の後ろには「さん」を付けるようにしましょう。何もしないとアカウント名を呼び捨てにすることになるので、相手によっては不快に思うかもしれません。

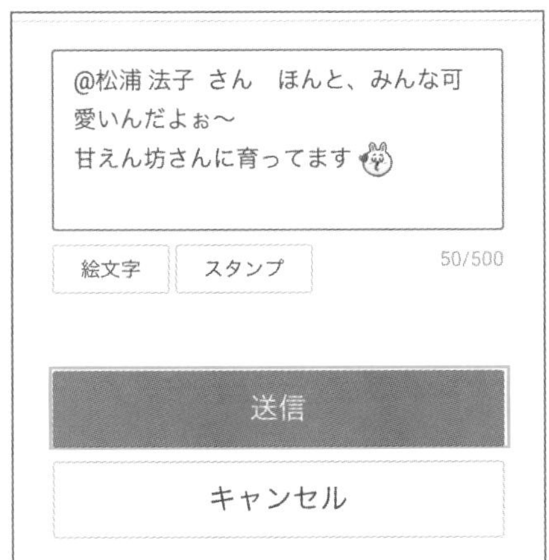

8 [送信] をタップする

9 返信コメントが投稿された

注意 タイムラインでの返信コメント

お客さまが投稿してくれた内容に返信する際、日ごろ親しい仲だったとしても、親しみを込めてLINEアカウント名とは違う「本名やニックネーム」で呼ぶのは止めましょう。名前を呼ぶときはあくまでもLINEアカウント名で呼ぶようにし、個人名を伏せているのに公開してしまうようなことだけは決して行わないようにしましょう。

Point 素早いコメント返しで、お客さまとよい関係性を築く

コメントを承認制にしておけば、運営側がコメントの承認をしてはじめて表示されるように設定できるので、タイムラインがいたずらに荒れることはありません。また、コメントをすぐに承認して返事をすることで、お客さまとのよい関係性の構築につながります。コメント欄が活性化しているアカウントは「いいね」が集まりやすい傾向があり、素早いコメント返しは大切な運用ポイントです。

COLUMN

ターゲット（属性）を絞って、パーソナライズな配信をしよう

LINE公式アカウントのセグメント配信では、公式アカウントに友だち追加してくれた人を属性ごとに区分して、その属性に合わせてメッセージを送ることができます。フィルターは複数かけることができるので、ターゲットに応じてフィルターを増やし、絞り込んでいきましょう。フィルターをかけて配信先を指定することで、メッセージの反応率を高めることが可能になります。なお、属性の絞り込み配信をするには、選択後の推計対象ユーザーが50人以上であることが条件です。

属　性	内　容
年齢	14歳以下・15〜19歳・20〜24歳・25〜29歳・30〜34歳・35〜39歳・40〜44歳・45〜49歳・50歳以上
性別	男性・女性
地域	都道府県別
OS	Android・iOS・Windows Phone・BlackBerry・Nokia・Firefoxなど
友だち期間	6日以下・7〜29日・30〜89日・90〜179日・180〜364日・365日以上

▲セグメント配信でフィルターをかけられる属性

また、配信の精度を高めるために、A ／ Bテストを行うとよいでしょう（106ページ参照）。
なお、LINE広告を利用したアカウントは「オーディエンス」による絞り込みができ、さらに精度を上げた配信が可能になります。友だち全員に向けてメッセージを配信するのではなく、届けたい情報に応じた一部の人だけに向けてメッセージを送るのが本来のコミュニケーションならびにマーケティングとしても正しい発信方法です。ぜひ挑戦してみてください。

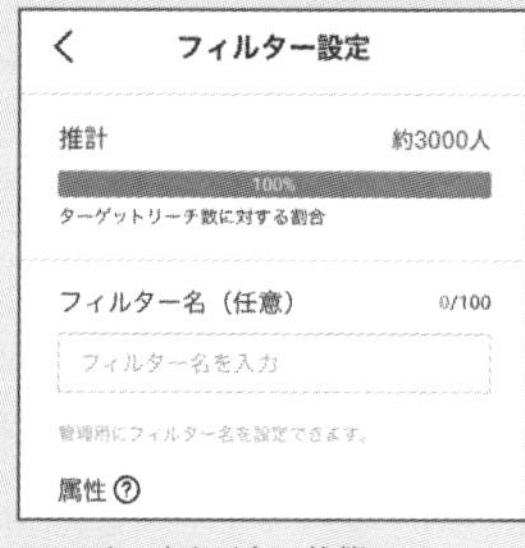

フィルターをかけない状態

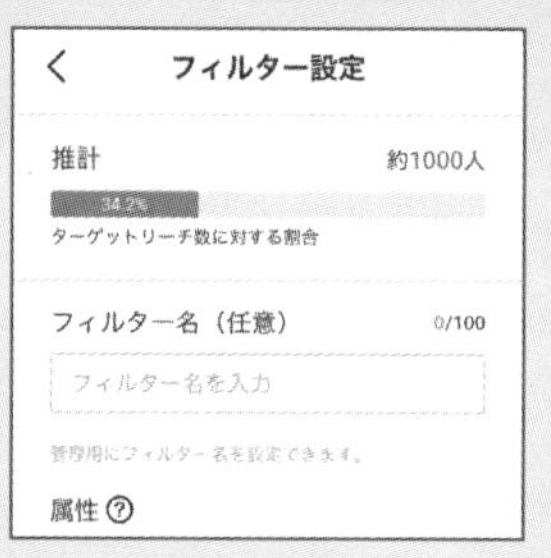

フィルターをかけた状態

「属性で絞り込み」を選択し、絞り込む

Chapter 5

あなたの思いを200%届ける配信法

メッセージは、ひと工夫することでお客さまの行動につながる内容に変わります。LINEの特性を活かしてお客さまの心に届くメッセージを送りましょう。

01 告知するために必要な考え方を知ろう

LINEの性質を理解し、お客さまに届くメッセージの作り方を考えてみましょう。より多くのお客さまに読んでもらうために必要な考え方と工夫を紹介していきます。

プッシュ通知であることを常に念頭に置く

LINEの最大の武器ともいえるのが、プッシュ通知です。あなたが配信したメッセージは、即座にお客さまの端末に通知されます。LINEはアプリを立ち上げていなくてもメッセージが届いたことを着信音やポップアップで通知し、メッセージがスマートフォンの画面に大きく表示されます。通知画面をタップすればメッセージが開きます。

このように、LINEから配信されたメッセージは、アプリを開くことなく確認できるので、興味を持ってもらえれば開封してもらえるため、反応率が高いのです。

プッシュ通知

ブロックされやすい要素

プッシュ配信には、相手にとってタイミングが悪いときでもプッシュ通知とともに届いてしまうというリスクもあります。注意すべきなのは、深夜・早朝のメッセージや、複数投稿して延々と着信音やプッシュ通知が止まらないメッセージです。これらが続けば高確率でブロックされてしまうでしょう。

また、LINE公式アカウントのメッセージは、セールスレターでありながら、お客さまの親しい友だちとのやりとりに交じって表示されます。売る気満々のメッセージばかりだと違和感が増し、敬遠されてしまいます。友だちのトークの中に交じっても違和感なく、好感を持ってもらえるような投稿を目指しましょう。

タイトルと冒頭の文字が重要！

LINEの通知でスマートフォンにポップアップ表示されるのは、タイトルや冒頭文、もしくは「○○が写真を送信しました」「○○が動画を送信しました」などといった操作内容です。タイトルや冒頭文がお客さまの興味がわく文面になるよう特に気を配りましょう。また、操作内容だけでは、お客さまへの響き方が弱くなってしまいます。操作内容しか表示されない場合は、さらに冒頭文を意識したメッセージを送ってみましょう。

カラオケまねきねこ千歳烏山店がクーポン、東進ハイスクール・東進衛星予備校が動画を送信している

送信する項目	表示内容
テキスト	冒頭文
画像	○○が写真を送信しました
動画	○○が動画を送信しました
スタンプ	○○がスタンプを送信しました
リサーチページ	タイトル冒頭26文字／ メッセージリスト冒頭32文字
リッチメッセージ	タイトル
クーポン	クーポン名

▲**送信する項目と表示内容**

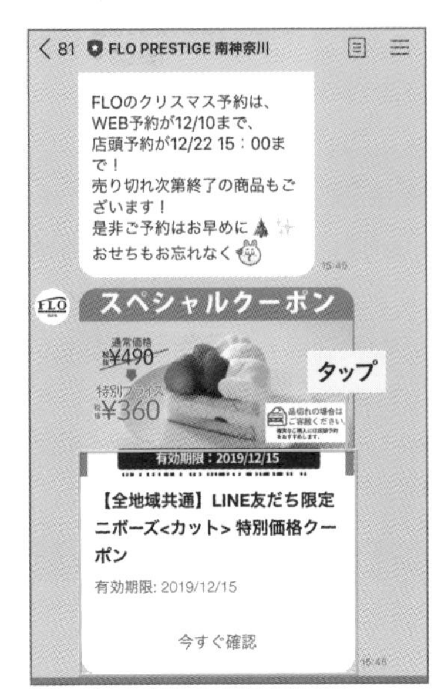

FLO PRESTIGE 南神奈川：クーポンの配布の例

クーポンの詳細

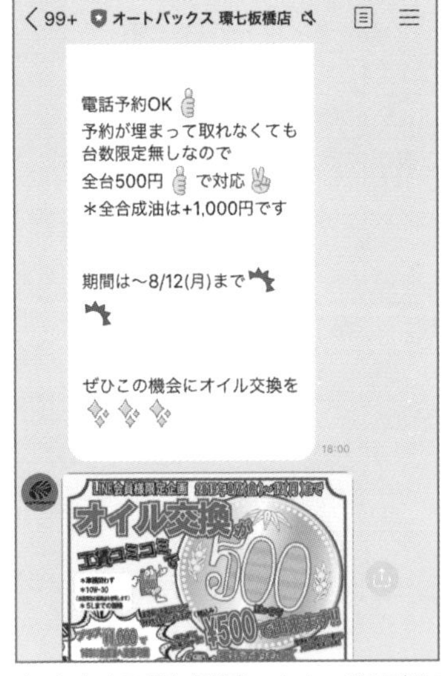

オートバックス 環七板橋店：メッセージで最初にテキスト、次に写真を投稿した例

ルルルン：リッチメッセージの例

「タイトル」の良し悪しが反応率を左右する

タイトル次第で反応率が違ってきます。LINEの友だちが多いお客さまは、通知が来てもすぐにLINEを起動しないと、着信通知が複数溜まった状態になります。

いくつもある未読メッセージの中から優先して開いてもらうためには、タイトル部分に反応率をよくする仕掛けが必要です。

Point▸ 反応率がよくなるタイトルの作り方

次の条件を満たせば、タイトルから「この続きを読みたい」と思ってもらえるはずです。興味と期待を持ってメッセージを開いてもらえるよう、テスト投稿も行い、伝わるタイトルなのか確認しましょう。

1. **メリハリがあり、簡潔でわかりやすい**　(例)【LINE限定】３００円OFFクーポン
2. **キーワードが途中で改行されていない**　(例)！新宿店限定！1ドリンクサービス
3. **明確な数字が入っている**　(例) 2１時以降限定３００％オフ
4. **自分に向けられたメッセージだと思える**　(例) 3月のLINEお友だちだけの特典！

改行、段落、絵文字でメリハリを付けたメッセージにする

あなたは文字だらけの画面を見たら、どう感じますか？　メッセージを読んでもらえるかは、第一印象で決まります。適切な改行をすることはメッセージ作成において必須です。

LINEのメッセージは絵文字を使って見栄えよく表現できます。絵文字の配色や量により、見出しや文脈にメリハリを付けることが可能です。楽しさも伝えられるので、若年層や女性向けのアカウントには有効です。しかし、男性をターゲットとしたときに絵文字だらけでは、メッセージが軽薄に映ってしまいます。男性がターゲットのときには絵文字より記号を使って演出しましょう。

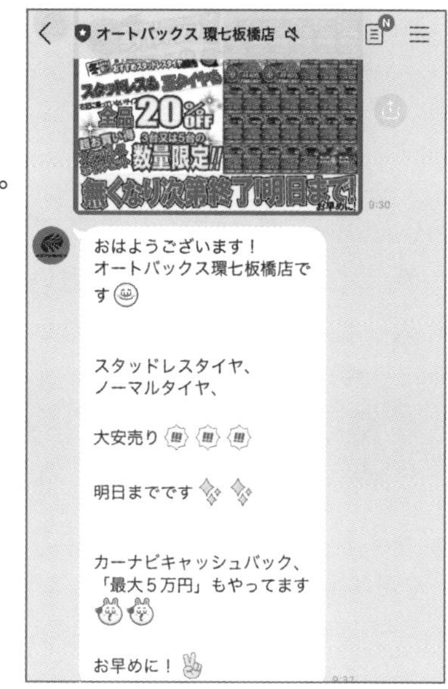

オートバックス 環七板橋店：見やすい投稿のメッセージ

Point▸ 見やすい文章やタイトルにするためのポイント

1. **大事なキーワードの途中で改行しない**
2. **数字は全角で表示する。ただし、桁数が多いものは半角**
3. **最後に全体を見直して、絵文字の量や色のバランスを調整する**
4. **記号や絵文字でタイトル部分と本文部分を分ける**

メッセージとタイムラインの表示の違いを理解しよう

メッセージとタイムラインでは複数の同じ内容を投稿しても表示結果が異なります。両者の特性を踏まえた上で投稿しましょう。

項　目	メッセージ	タイムライン
開封率	プッシュ型のため読んでもらえる可能性が高いが、ブロックされやすい	自分でアクセスしないと表示されないため読んでもらえない可能性もあるが、ブロックされにくい
表示	情報は1つずつ吹き出しで表示	情報を1つのエリアにまとめて表示
表示順	新しい投稿は画面の下方に表示される	新しい投稿は画面の上方に表示される
コミュニケーション	LINEチャットを利用すれば、リアルタイムで1対1のやりとりができる。自動応答メッセージやキーワード応答メッセージも利用可能	「いいね」やコメントでやりとりする。1対1のコミュニケーションには向かない
その他	友だち追加日より過去の投稿を見ることはできない	友だち追加日より過去の投稿を見ることができる
拡散方法	写真・動画、リンク、ファイルは、他のトークへの送信、他のアプリやタイムラインにシェアできる	他の人のトークに送信、自分のタイムラインにシェア、他のアプリへのシェアができる

▲**メッセージとタイムラインの違い**

文章量が適切かどうか

長い文章は、メッセージが届いたときに目に入った部分しか見てもらえないことが多いです。わざわざ何度もスクロールして全部の文章を読んでくれるお客さまは少ないです。先に画像を送っていても、その後の文を読んでもらえなければ意味がありません。

2回以上スクロールするような長文は、「イメージ画像（リッチメッセージ）＋テキストで概略」の組み合わせやカードメッセージを配信の基本に考えましょう。この組み合わせがディスプレイ内に2スクロール程度で収まるように、ボリュームを調整するのがコツです。

BABYDOOL：「テキスト＋リッチメッセージ」のパターンでメッセージを作成しつつ、2ストロークからはみ出さないボリュームに抑える

さらに多い情報量の場合は、Webに伝えたい情報の専用ページを設けて、「概要＋情報のURL」をテキストで表示しましょう。その

際も画像を添えることで、専用ページのイメージが伝わりやすくなります。

ビジュアルを効果的に使って反応率をアップしよう

　画像や絵文字は文章に比べ、「おいしそう」「かわいい」「おもしろい」などのイメージを一瞬で伝えられるため、反応してもらえる確率が上がります。ただし、画像は表示面積を大きく使う分、1ディスプレイ内で表示できる文章量は減るので、画像から読み取れる内容は**文章から削除して、簡素なもの**にしましょう。

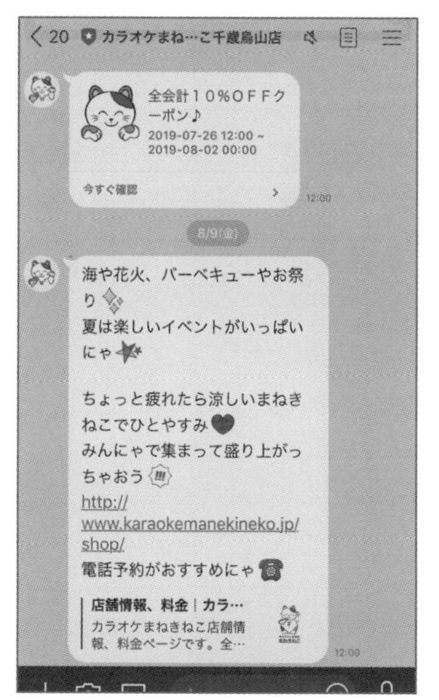

カラオケまねきねこ 千歳烏山店：絵文字と文章と改行で構成すれば、読みやすい文字量になる

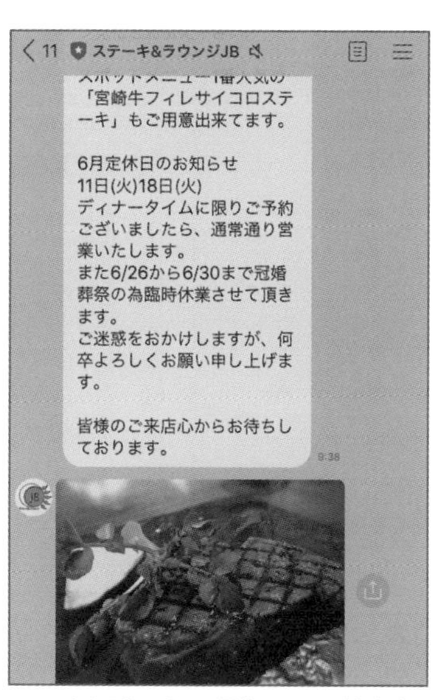

ステーキ&ラウンジJB：画像のイメージを文章にも加えると、メッセージ全体がくどくなることがある。画像とテキストの役割は分けたほうがスマートなメッセージになる

画像の向きによる表示の違いを理解しよう

　トークルームでは、システムが画像の比率に合わせて大きさを自動調整してくれます。画像をメッセージに添えることでイメージが伝わりやすくなり、反応率が上がります。

　LINE公式アカウントで投稿できる画像は10MBまでのjpg、jpeg、png形式です。

　ディスプレイで一番大きく表示できるのは、縦横比率が約4：3の画像です。ただし、縦長の画像にすると、お客さまが一目で認識できる1ディスプレイ表示エリアの別投稿（吹き出し）分が小さくなってしまいます。そのため、**画像を補うための文章量が多い場合は横長の画像に、画像に十分な情報量がある場合は縦長の**

画像にして文章量は少なくするといった具合に使い分けましょう。

注意したいのは、画像に何でも情報を埋め込めばよいものではないことです。見せるべき情報を厳選して、何より伝えたいことを画像に（最大3つを目安に）埋め込むようにしましょう。

また、投稿操作が画像より難しくなりますが、リッチメッセージのほうがビジュアルとして一番大きく表示でき、次の行動に誘導しやすい効果的な表示になります。

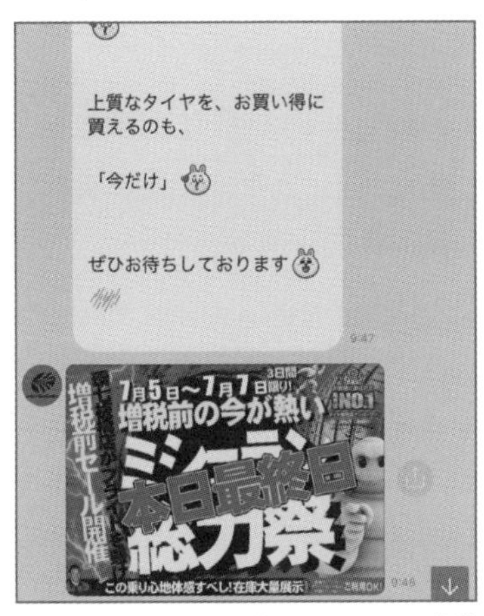

オートバックス 環七板橋店：トークルームに投稿する画像は横長のものだとコンパクトに収まる

福岡市動物園：正方形の画像を投稿した状態

東京・湯河原温泉 万葉の湯：縦長の画像を投稿した状態

池袋パルコ：リッチメッセージを投稿した状態

02 お客さまの心に響く配信をする

LINE公式アカウントのメッセージが集客や販促の焦りを感じる内容だとすぐに敬遠されてしまいます。セールスレターでありながら売らんかなの姿勢を感じさせない内容を考えてみましょう。

LINE公式アカウントのメッセージは「リピート客」向けに送る

新規顧客の獲得をLINE公式アカウントを運営する目的のひとつにしている方も多いと思います。しかし、メッセージを新規のお客さまだけに向けて配信していては、固定客・リピート客の心に響かず、ブロック率が上がってしまいます。新規のお客さまに向けてのアピールは、友だち追加まででよいのです。

メッセージはあくまでも固定客やリピート客に向けて、彼らとの距離感が近くなるような情報をメインに配信します。その姿勢ややりとりが新規のお客さまや見込み客の心をとらえ、固定客やリピート客に成長し集客につながります。

友だちだけでなく、新規のお客さまや見込み客もタイムラインを見ています。日常的な配信はタイムラインで行い、アカウントのことを理解してもらいやすくしましょう。

ECサイトが心に響く配信をするには?

LINE公式アカウントは実店舗に限らずECサイトへの誘導も可能です。実店舗とECサイトのどちらでも対応できる商品やサービス、セールの紹介など共通の内容を伝えることから始めましょう。

お客さまと対面することはないので店舗の様子やスタッフの紹介は配信しない、というのは間違いです。このお店だから、この店員さんだから購入したいと思ってもらうことは、実店舗はもちろん、ECサイトでも販売強化になります。

サイトに親しみを感じてもらい、繰り返し訪問してもらうことがLINE公式アカウントの一番の目的であることは変わりません。訪問を促すための円滑なコミュニケーションを目指していれば、ECサイトへの集客もついてくるでしょう。

実店舗がないため、これまではできなかったお客さまとのコミュニケーションが、LINE公式アカウントによって行えるようになります。これからはECサイトであっても安ければ売れるわけではなく、ブランド戦略による価値を高めることが生き残るために必要になってきます。そのために大切なのがネットであってもお客さまとのコミュニケーションを密にすることです。これを実現するために最適なツールがLINE公式アカウントなのです。

押し売りはNG

SNSでは、露骨に購入を促すのはNGです。セールスのメッセージばかりが続くと、「また売り込みか……」と思われてしまい、ブロックされる確率が上がります。セールスは商品の紹介にとどめ、その商品が欲しくなる動機付けをメッセージで発信します。

お客さまが欲しい情報や共感できたり、発見があったりする情報を提供することを心がけましょう。「買って」とお願いするのではなく、購入したくなる、あるいは来店したくなるようなお客さまの立場に立ったメッセージがベストです。

Point ブロックされやすい配信

1. **愚痴や嫌味、悪口などネガティブな内容**
2. **いつも同じメッセージ、同じキャンペーン**
3. **「おめでとうございます！」「当選しました！」など、スパムと勘違いされやすいタイトル**
4. **多すぎる配信**
5. **リンクが多く、誘導したい下心がミエミエの配信**

反応のよいメッセージを作成する

次のような点に注意すれば、反応のよいメッセージを作成できます。

新商品を紹介する

よく見掛けるのが、「本日、新メニュー○○発売開始！ 季節の味を食べに来てくださいね」のような告知です。新商品は注目されやすいので、商品の強みを積極的にアピールしましょう。写真も添えるとさらに効果的です。

商品・サービスの豆知識・情報を紹介する

商品の豆知識として、材料や使い方を紹介します。商品のイメージが膨らみ、商品への期待・購入につながります。「ずっと売り切れていた○○が入荷しました」

「残り○つで、次の入荷は1カ月待ちです」のような入荷情報は、「限定」に弱い人の心理を刺激します。

アカウントの人間性を前面に出してみる

少し高度になりますが、アカウント自体に人間性を与えて発信する方法もあります。ある程度キャラクター色を付けると演出しやすく、文章も作成しやすいこともあります。ただし、キャラクターのアクが強くなりすぎず、事務的にならないようバランスを取らなければなりません。このバランスをうまく取れれば、友だちであるお客さまとも今以上にコミュニケーションを取りやすくなるでしょう。

期間限定、地域限定を強調する

期間限定や、そこに行かないと得られない体験やサービスは注目を集めやすいです。店舗であれば「夏季休暇のため○日から○日まで生産がストップ！　○日まで購入できません」、動物園などであれば「春の赤ちゃんラッシュ」などの季節ごとの限定の情報があると、そのたびにリピート客として来店してくれるかもしれません。さらに「LINE公式アカウントの友だちだけ」とすれば、より特別感が増します。

中の人の個性を活かしたメッセージ

ステーキガストのメッセージでは、中の人（LINE運用担当者）の誕生日ということにからめて、中の人の好きなメニューのクーポンを配信していました。同時に、全店舗のアカウントのホーム投稿の合計「いいね」が1,000件集まったら、10%OFFクーポンを配信するという特別企画も実施しました。

結果、目標の1,000件には達しませんでしたが、その報告をタイムラインに投稿し、代わりのキャンペーンを行いました。それは秘密のキーワードを送信すると10%OFFクーポンがもらえるキャンペーンで、そのキーワードをタイムラインで知らせたのです。キーワードを知っている人だけに配布するので、タイムラインを見て企画に参加した人がクーポンを手に入れやすいキャンペーンとなりました。これは、キーワードによる応答メッセージを活用したクーポン配信です。

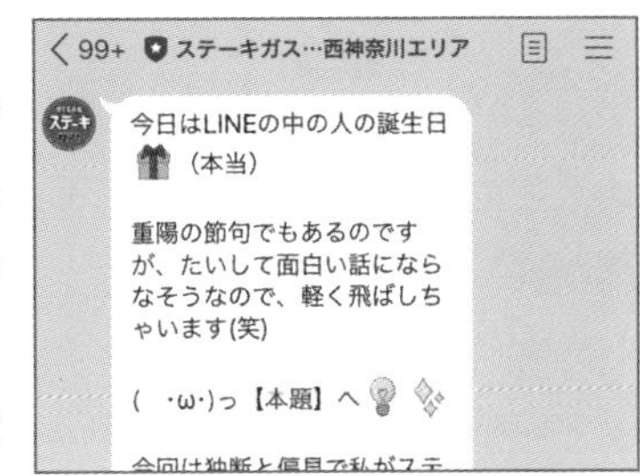

ステーキガスト 西神奈川エリア：特別企画

03 必ず読まれる配信のタイミング

メッセージは好意的に受け取られ、かつ読まれやすいタイミングでの配信を心がけましょう。不用意な送信はマナー違反となるだけでなく、ブロックや友だち削除のきっかけになります。

メッセージの配信頻度

配信の適切なタイミングと頻度はLINE公式アカウントを運営するにあたって知っておかなければなりません。株式会社マクロミルの調査によると、LINEユーザーが希望する配信頻度は週1回程度ですが、**配信する内容に合わせて頻度を設定しましょう**。たとえばスーパーのチラシやスキー場の積雪情報などは、毎日配信したほうが喜ばれます。それに対し、美容院やネイルサロンのようにお客さまの来店頻度が数週間〜数カ月に一度のお店は、配信頻度も2週間〜1カ月に一度程度に設定すると、ユーザーにとって情報過多にならず、ブロックされにくくなります。

配信する曜日・時間帯

金曜日の夕方5時になるとLINEの着信音が鳴り続ける、そんな経験のある人も多いでしょう。土日の集客のために前日の金曜日にメッセージを配信する傾向が強く、複数のLINE公式アカウントを友だちとして登録していると、すぐにメッセージでいっぱいになってしまいます。

セオリー通り、金曜日の午後に定期配信してもいいですが、お客さまの属性がはっきりしているのであれば、より適した配信日時を検討しましょう。

たとえば、子どもを持つ主婦がターゲットなら、子どもたちが学校などに行っている9〜15時の間に配信してみましょう。社会人や学生がターゲットであれば、あえて金曜日の午後を避け、平日の通勤時間や帰宅時間を狙って配信して効果を確かめてみましょう。

もうひとつ、配信に有効な時間帯が**20〜22時**です。この時間帯は、スマートフォンのパケット量が大幅に増える時間帯であることが通信キャリアの調べで明らかになっています。活発にスマートフォンを操作している時間帯に配信できれば、開封してもらえる確率はさらに高まります。

下の図を見ると、ネット以外の各メディアとも出社前の7〜8時ごろ、昼休みとなる12時前後、終業後の17時以降に利用されているのがわかります。この時間帯はどれも、メッセージの配信に適しています。

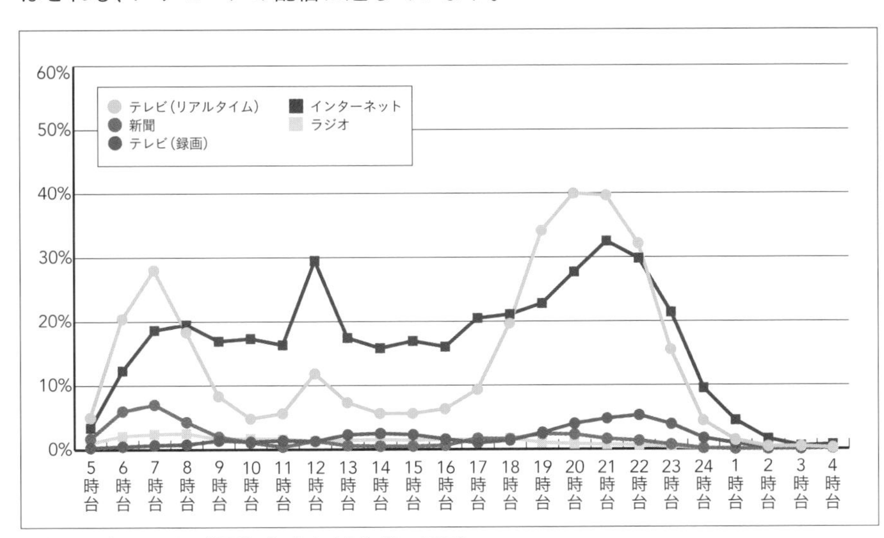

▲**主なメディアの時間帯別行為者率（全年代：平日）**
出典：総務省情報通信政策研究所「平成30年情報通信メディアの利用時間と情報行動に関する調査」

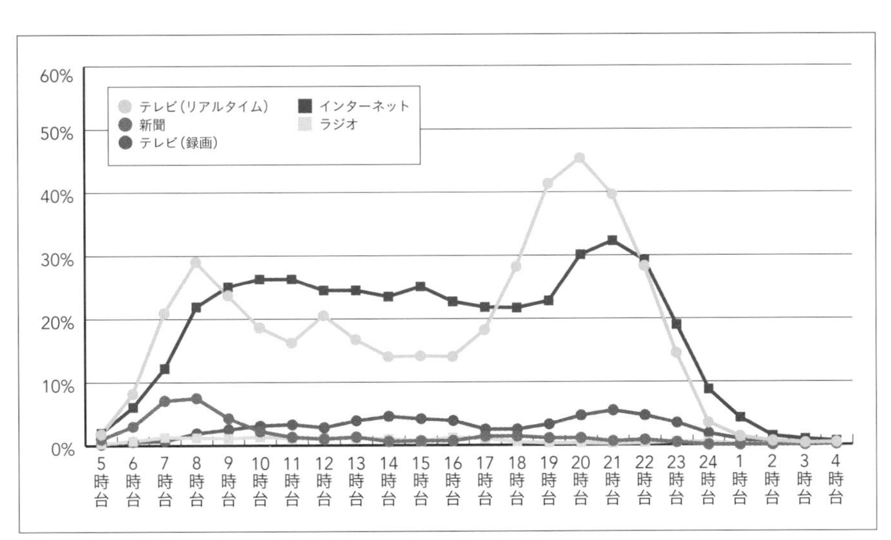

▲**主なメディアの時間帯別行為者率（全年代：休日）**
出典：総務省情報通信政策研究所「平成30年情報通信メディアの利用時間と情報行動に関する調査」

イベントの規模に応じて配信のタイミングを図る

大きなイベント（クリスマスやバレンタインなど）は、**1カ月以上前から情報を発信**しましょう。通常のイベント（週末の店舗イベントなど）は1週間前から、当日のランチやお得情報などは1～2時間前の配信が目安です。直前では予定が間に合わず、早過ぎれば「今は重要ではない」と判断されてしまいます。

COLUMN

反応のよい投稿につながるA/Bテスト

A/Bテストは、Webやネットサービスのマーケティングでよく用いられる手法です。2通り以上の打ち出し方や見せ方のコンテンツを用意して、同じ条件で一定数（たとえばユーザーの2割程度）のターゲットに送信した後、比較検証し、高い効果を上げた内容のものを、まだ送信していない他の（残りの8割）のターゲットへ配信するために用いられます。

LINE公式アカウントでは、5,000人以上の友だちがいるアカウントだけが使うことができる機能です（2020年1月現在）。

配信は重量制なので、1通ごとにお金がかかります。また、メッセージは友だちからの反応が悪ければブロックにもつながります。A/Bテストによって、1つのメッセージで大量のブロックが発生するようなメッセージの配信を防ぐことができます。友だちが5,000人以上になったら、メッセージを投稿する際にA/Bテストを使いましょう。

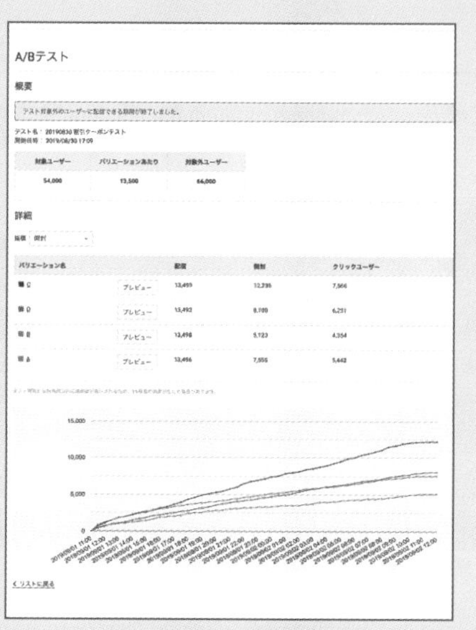

A/Bテストの結果。この場合だとCの反応がよい

Chapter 6

成功の鍵を握る友だち集めをしよう

LINE公式アカウントの運用では友だちがいないと何も起こりません。ここでは友だちを集めるためのポイントを解説します。

01 友だち追加の第一歩！まずは100人の友だちを集めよう

LINE公式アカウントは、登録されている友だちへのメッセージ配信を軸にプロモーションを行います。たくさんの友だちを早く集めてLINE公式アカウントの効果を体感してください。

なぜアカウントに友だちを増やす必要があるのか？

LINE公式アカウントの最大の特長は、自社のお客さまである友だちに対して**メッセージで一斉にサービスなどの告知を届けられる**ことです。すなわち、友だちがいなければコミュニケーションを図れず、活用できないツールでもあります。

メッセージに対して行動を起こす確率が一定であれば、メッセージを届ける友だちの数が増えると、行動を起こす友だちの数も増えることは明確です。よって、LINE公式アカウント運用の第一歩は**友だちの獲得**です。そして獲得した友だちであるお客さまに向けて、効果的なメッセージを送ることでよい関係を築き、行動してもらう確率を上げる、というステップへと続きます。友だち数の増加はLINE公式アカウントを運用する側のモチベーションアップにもつながります。まずは友だちを増やすことに全力を注ぎましょう。

まずは100人の友だち数を目標にしよう

目標としてスタンダードプランで週1回メッセージを送れる3,500人の友だち獲得を少しでも早く目指したいところですが、まずは**100人**にメッセージを送ることができれば、LINE上で友だちからの反応が感じられるはずです。

スタッフとの間で「まずは100人集めよう！」と目標を明確にすることで、友だち集めのスピードが上がりやすくなります。友だち追加をしてもらうのは容易なことではありませんが、店舗であれば100人の友だちが集まるころには、スタッフによる友だち追加への誘導も慣れてきています。慣れるまでは、スタッフ間でロールプレイングをしたり、スタッフ全員で「**成功したときの声かけの内容・タイミング**」だけでなく、「**失敗した内容**」をこまめにシェアしてください。あわせて、声かけした人数や獲得できた人数の確認を行っていきましょう。

スタートすると、声かけが得意な人と、苦手な人は必ず出てきます。しかし、苦手な人が声をかけなくなったときに、それを容認すると「それでいいんだ」という空気ができ、だんだんと声かけする人が減っていきます。LINE公式アカウントで成果を出せないアカウントは大概がここで引っかかっています。うまくいかなかったらその経験をもとに次は失敗しない方法を見つけていけばよいですし、集中してやっていくことでだんだんと精度が高くなり、次第に目標としている友だち数達成までのスピードも上がるようになります。

Memo　友だち追加への声かけで大切なこと

お店ごとのお客さまの特性によって声かけの内容やタイミングは変わりますが、大切なことは笑顔と友だちになってほしいという気持ちです。「LINE登録してください」という直接的な表現よりも、「LINEでお友だちになってください」といった気持ちのこもった表現を心がけましょう。

Point　初期の友だちとの付き合い方

LINE公式アカウントで友だちになる最初の100人くらいは、もともと店舗のお客さまであった人が多いです。こうした常連客には、日ごろの感謝を込め、まずは来店時に使える「友だち限定クーポン」付きメッセージを送るとよいでしょう。
また、メッセージ配信に慣れていない導入初期は、語りかけるようにメッセージを書いたり、文末に「文章って難しいですね！」「メッセージ見たよと声をかけてください」などと入れたりして、頑張っている様子を素直に伝えてみましょう。そうすることで温かく見守ってくれる常連客が反応してくれて、運営時の励みになります。このように、お客さまと何か会話やコミュニケーションが取れるように考えてみましょう。

友だちの数が最初の目標に達したら、次の目標として300人を目指しましょう。友だち数300人を達成するころにはLINE公式アカウントの成果を感じるようになってきます。さらなる効果を得るためにメッセージの必要性がわかるようになり、スタッフから「LINEをやってよかった」という声が上がり始めるころです。さらに友だちにどうやって配信していくべきか、対策をしていけるようにもなります。次は1,000人、2,000人、3,000人のように目標を持って友だち追加を続けていきましょう。

Point　声かけのタイミングの例

会計時や、飲食店なら待合場所で待っているとき、最初の注文時、追加の注文時、アパレルなら店内を回っているときなど、お客さまと対話するタイミングに友だち追加の案内を行いましょう。

02 リアルやネットの特性を理解して友だちを集めよう

友だち集めがLINEの成功の秘訣です。まずは友だち集めの基本を学び、どれを取り入れることができるのか検討してみましょう。

アカウントへ友だちを集める方法

どうすれば友だちの数を増やすことができるのでしょうか。何も対策をせずにいると、アカウントを作って終了になってしまうこともあります。

LINE公式アカウントの友だちは自然に集まりません。情報を届け、成果を出すには友だちを集める努力が必要です。友だちを集めるためには、**アカウントの存在をお客さまに知ってもらい、友だち追加してもらうことが必要**です。

知ってもらうための導線を考えてみましょう。導線は大きく分けて次の4つがあります。

❶来店したお客さまを勧誘する来店型導線

❷インターネットからの導線

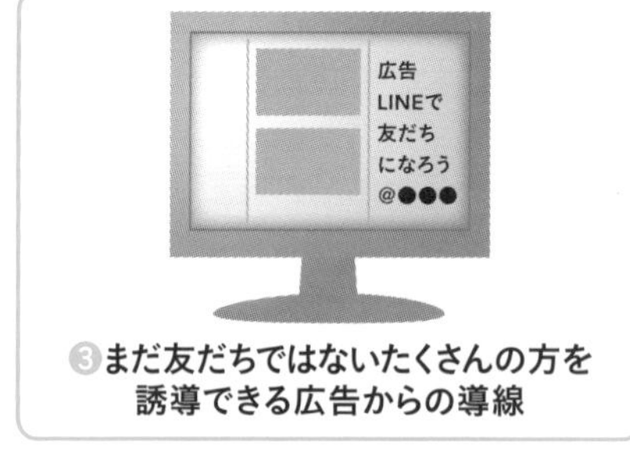

❸まだ友だちではないたくさんの方を誘導できる広告からの導線

❹LINEでの誘導

▲アカウントを知ってもらうための4つの導線

いずれもお客さまの目をひくことがポイントです。どれかにだけ力を入れるのではなく、4つの導線を使い分けてしっかり取り組みましょう。

来店したお客さまを店頭で勧誘する方法

店舗で友だちを集めるには、友だち追加用QRコードやLINE IDを告知文章とともに表示します。認証済アカウントは、登録した場所ではふるふるを使って登録できることも告知しましょう。ポスター・POP・チラシ・ショップカードやレシートなどでLINE公式アカウントの友だち追加案内をします（127ページ参照）。

ポスターは公式アカウントの管理画面から印刷できる（認証済アカウントのみ）

JAめぐみの：イベント会場での配布チラシ

中でも効果的なのは、注文時にメニュー表を見ているタイミングやレジ周辺に告知を掲示し、お会計のときにスタッフが声かけする方法です。アカウントの告知が載っているタイミングで、**ひと押しとなるスタッフの声かけ**があることで、友だち追加の確率が高くなります（124ページ参照）。

インターネット上で友だちを集める方法

インターネット上では QRコードや友だち追加ボタンを設置しましょう。自社Webサイトやブログ、SNSなどで友だち集めを行います。店舗と違い直接声かけができないので、友だちを募集していることが明確にわかり、友だち追加することで受けられるメリットを伝える必要があります。メリットを書くだけでなく、LINEやLINE公式アカウントのロゴを入れたり、LINEを彷彿とさせる緑色を使ったバナーやボタンを作成するとさらにわかりやすいものになるでしょう。

さらに、友だち登録までの流れが伝わるように、コンテンツ内にLINE登録専用ページを作ることにより、操作が不慣れで登録できない人が減ります。なかにはバナーから登録する人もいるので、ヘッダーやサイドメニュー、フッターなどにバナーを設置してLINE登録専用ページに誘導することも考えましょう。

子犬販売ポッケ：サイドメニューで全ページでアピール

JA新潟：トップページの大きなバナーをクリックすると登録専用ページへ飛ぶ

メルマガやSNSなどを活発に運用しているのなら、そこにLINE公式アカウントを開設した案内を掲載すると多くの友だち追加が期待できます。

なお、多くのSNSでの投稿は時間とともに流れていき、古い記事は見てもらえなくなるため、定期的に投稿するようにしましょう。

インターネットの向こうには計り知れない数の人が存在します。インターネットを介して接触できているチャンスを逃さず、告知し続けましょう。

広告を使って友だちを集める方法

プレスリリースによるアカウント開設の案内発信や、フリーペーパーや地域情報誌・地域情報サイト、折込チラシ、業種別ポータルサイトなどで告知します。

グリーンルームアトリエ由花：チラシで案内

A3三つ折りカタログ表紙から誘導

また手間や労力を少なく、短期間にたくさんの友だちを集める方法として、ネット広告による友だち追加は外せません。SNS広告やLINE広告のCPF（Cost Per Friends）を活用し、ネット上に作成した訴求ページへ誘導しましょう（301ページ参照）。自分たちではリーチできなかったお客さまとつながることが可能になります。

LINE内で友だちを集める方法

親しいお客さまとはプライベートでもLINEでつながっていることも多いでしょう。その場合、LINEのプライベートアカウントからLINE公式アカウントへの友だち追加の招待案内を送りましょう（132ページ参照）。

HPとして使えるプロフィール

また、アカウントが認証済アカウントの場合、LINEアプリ内での検索に表示されます。検索の傾向をつかみ、どのようなアカウントを作ったら検索結果の上位に表示されるのかを把握し、取り組んでいきましょう(121ページ参照)。加えて認証済アカウントは、LINE STOREのWebサイト内の「公式アカウント」ページにも表示され、各アカウントをクリックすると、タイムラインでの投稿内容を閲覧することが可能です。プロフィールはHPのように使うこともできます(135ページ参照)。

LINE Pay決済すると自動的に友だち追加する方法

LINE Payによる支払いでは決済完了画面で友だち追加を表示することができます。実際に購入やサービスを利用してくれた方が対象になるので、**リピート客になりやすい濃い友だちリスト**につながります。ただし、LINE公式アカウントが認証済アカウントであることと、LINE Payの管理画面(My Page)でLINE公式アカウントを紐付ける設定をしていることが必要です。LINE Pay店舗用アプリの場合は、店舗アカウントへの友だち追加がされます。オンライン決済にも対応しています。未承認アカウントの場合は、LINE公式アカウントではなく、LINE Payアカウントと友だちになってもらうことが可能です。LINE Payアプリからメッセージを送ることができます。

¥400
Y2531

加盟店	かわちどん
決済方法	LINE Pay 残高
商品価格	¥400
お支払い合計	¥400

この加盟店の公式アカウントを友だち追加して、お知らせやプロモーション情報を受け取ります。公式アカウントを友だち追加しない場合は、以下のチェックを外してください。次回からのお支払い時もチェックが外されます。

焼肉かわちどん
LINE Pay

友だちではないユーザーにはLINEアプリでの決済完了画面に「友だち追加同意」が表示される

ここでは、加盟店申込みをし、審査が下りた後に、LINE公式アカウントとLINE Payを紐づける手順を説明します。

なお、LINE Payとの連携はPC版管理画面からのみ設定できます。

1 **LINE Payのトップページにアクセスする**

2 **加盟店MyPageをクリックし、ログインする**

3 はじめてログインするときには、管理者登録が要求される。ここでは、[後で登録する]をクリックする

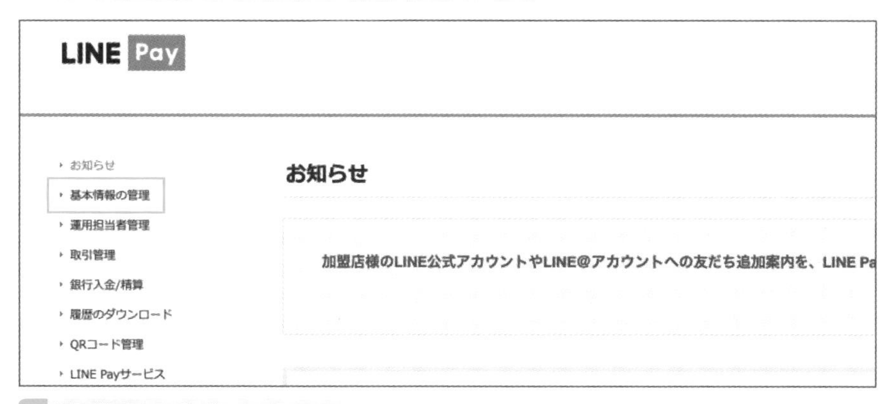

4 [基本情報の管理]をクリックする

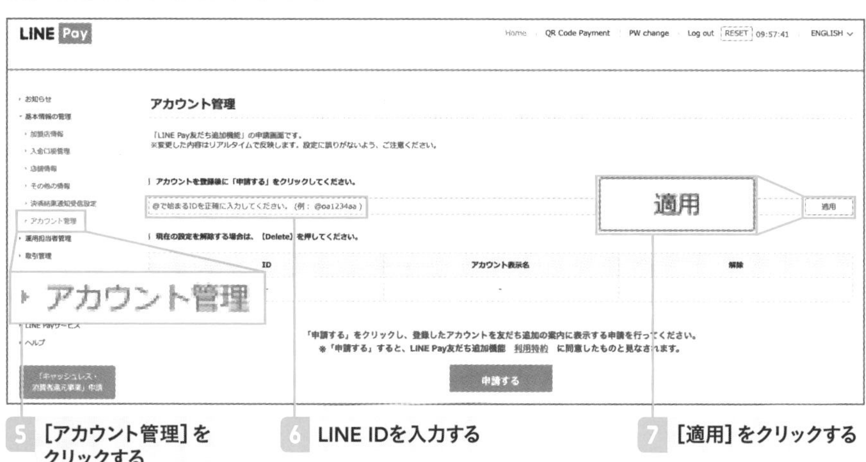

5 [アカウント管理]をクリックする

6 LINE IDを入力する

7 [適用]をクリックする

8 ポップアップが表示されるので、[OK]をクリックする

9 [申請する]をクリックする

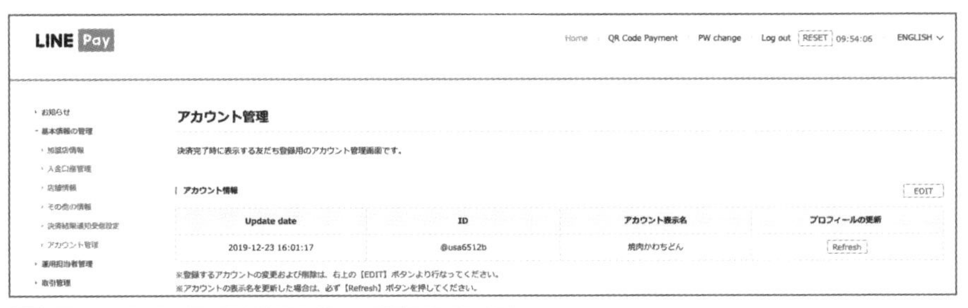

10 ポップアップが表示されるので、[OK]をクリックする

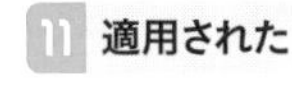

11 適用された

Memo アカウントの変更の仕方

アカウントを変更するときは、アカウント管理画面から「EDIT」をクリックしてアカウントの編集を行います。

03 友だちを集めるための販促物を用意しよう

友だち集めにどのように取り組むかを決めたら、次に自社用の告知ツールの準備に取り掛かります。告知ツールの有無で友だち集めの加速度が変わります。できるだけたくさん用意しましょう。

友だち追加ツールを使って友だちを増やそう

前述の通り、印刷物には主にLINE IDとQRコード、SNSなどのネット上のコンテンツには友だち追加ボタンや友だち追加URLを表示し、そのうちWebサイトではあわせてQRコードも掲載して友だち追加に誘導します。

LINE公式アカウントはLINEの告知物を作るための素材（LINE ID、友だち追加用QRコード、友だち追加用ボタンのHTMLコード、友だち追加用URL）と便利なツールが用意されています。媒体の特性を活かした素材を使って、友だち追加の告知物を作成しましょう。また専用管理アプリからSNSへのシェアも簡単に行えるようになっています。

まずはLINE IDを取得しよう

LINE公式アカウント管理アプリの［ホーム］を開くと表示されるアカウント名の下の文字列がLINE IDです。

Point › LINE公式アカウントのLINE IDの特徴

個人のLINEアカウントと違い、ビジネスアカウントは「@」から始まる英数字がLINE IDとなります。ランダムな数字とアルファベットで構成されます。プレミアムIDを取得すれば、サービスや社名などを含んだ好みの文字列に変更できます（036ページ参照）。

アカウント名の下にLINE IDが表示される

QRコードを取得しよう

友だち追加用QRコードは印刷物とWebサイトに必ず表示させましょう。QRコードは管理アプリ・管理画面からダウンロードできます。ダウンロードしたQRコード画像の保存先は、iPhoneでは「写真」アプリに、Androidでは「ギャラリー」「写真」「ピクチャー」のいずれかのアプリに保存されます。

保存しておけば、アカウントに友だち追加してもらえる機会に恵まれたときに、告知ツールを持っていなくても、スマートフォンがあれば、このQRコードを表示させて対応することができます。この手順は覚えておきましょう。

1 [ホーム]>[友だち追加]をタップする

2 [QRコード]をタップする

3 [QRコードを保存]をタップする

4 QRコード画像が写真フォルダに保存された

友だち追加URLを取得しよう

友だち追加の表示の仕方は、HTMLを使ったやり方と使わないやり方の2つがあります。

HTML入力できる媒体への表示でHTMLコードが理解できる人向き

ブログでHTML入力モードがある場合やWordPressやMovable Type、concrete5などのCMSを使っている場合は、友だち追加をビジュアルで示せる友だち追加ボタンの設置をしましょう。ボタンを表示させたい位置にペーストして、「友だち追加ボタン」を表示させましょう。

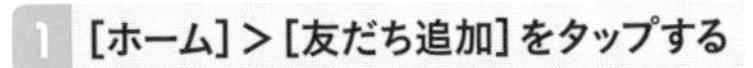
1 [ホーム] > [友だち追加] をタップする

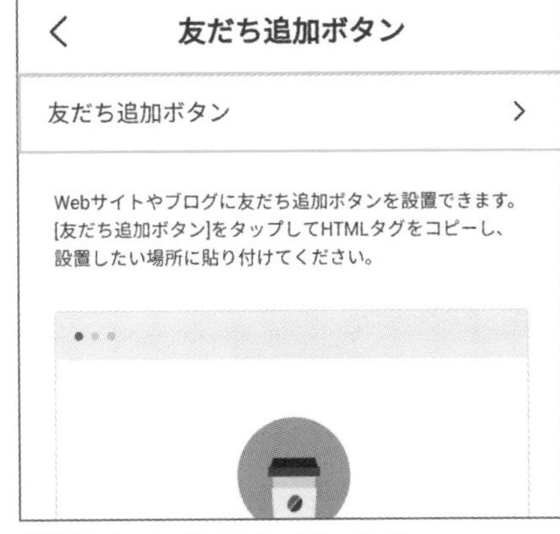

2 [友だち追加ボタン] をタップする

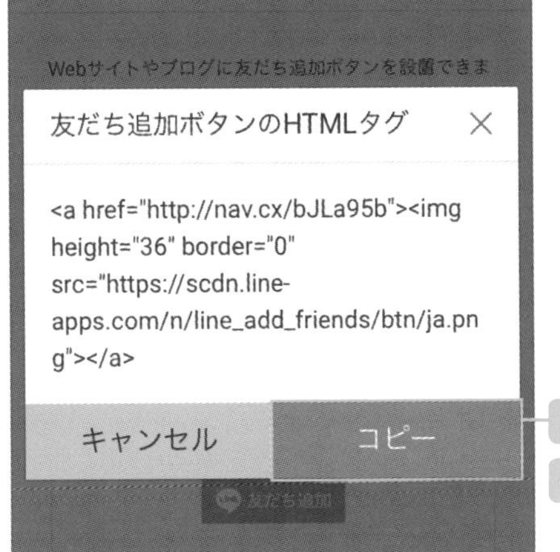

3 [コピー] をタップする

4 HTMLコードがキャッシュに保存されたので、HTML上の掲載したい位置にペーストする

HTML入力できない媒体への掲載やHTMLコードがよくわからない人向き

友だち追加表示用URLは、LINE友だち追加用ボタン設置のためのHTMLコードの張り付け方がわからない場合や、SNSやメルマガなどHTMLコードでの入力機能が存在しない媒体へ表示させたいときに使います。そして、行動を促すために「**スマートフォンからLINEの友だち追加をする場合はこちら**」と明記した上でURLを掲載しましょう。

1 [ホーム] > [友だち追加] をタップする

2 [URL] をタップする

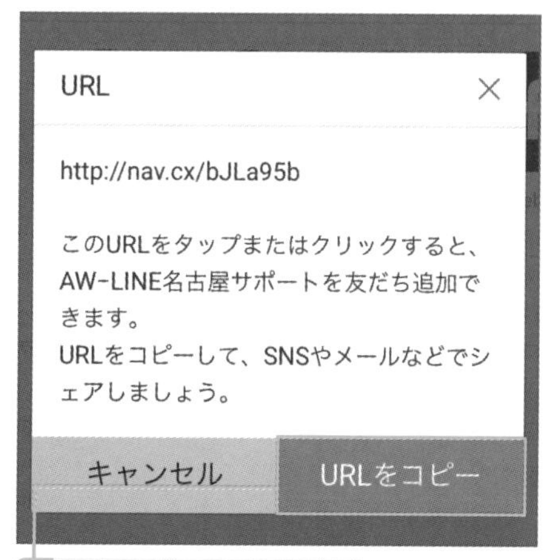

3 [URLをコピー] をタップする

4 URLがキャッシュに保存されたので、掲載したい位置にペーストする

04 アプリ内でアカウントを見つけてもらおう！

お客さま自身の興味関心から検索してアカウントを見つけられる唯一の方法はアプリ内の検索です。よりたくさん表示されるようにして、友だち追加につなげましょう。

LINEアプリで公式アカウントが表示されるタイミングを理解して表示させる

アプリ内でLINE公式アカウントが検索されたときにアカウント表示されるように設定することができます（038ページ参照）。未認証アカウントはLINE IDで検索されたときのみ表示されます。認証済アカウントは、検索したキーワードが、**アカウント名**、**アカウント申請時に登録した業種**、**LINE ID**、**ステータスメッセージ**から反応して表示されます。

LINEアプリ内で検索結果に極力多く表示させるためには、LINE公式アカウントのアカウント情報内に**ターゲット層が検索に利用しそうなキーワードが含まれている**必要があります。

アカウント名や業種のカテゴリーに入らないキーワードは、検索キーワードとして「ステータスメッセージ」（文字数20文字まで：060ページ参照）の中に含めましょう。イベントや季節などに合わせてキーワードを変更するのも戦略のひとつです。そのときどきで、自分のアカウントを選んでほしいときに使われる単語（キーワード）を含んで作成しましょう。

アカウント名、LINE ID、ステータスメッセージに含まれている文字は検索時に複数キーワードに対応します。また、LINEアプリ内では「公式アカウント」での人気ランキングや新着、位置情報から判断して「周辺のお店・施設」で表示されます。自分がお客さまならどういうキーワードで探すのか、どこで探すのか、キーワードをよく見極めて調整しましょう。

1 [公式アカウント]をタップする

2 公式アカウント検索画面でキーワードを入力する

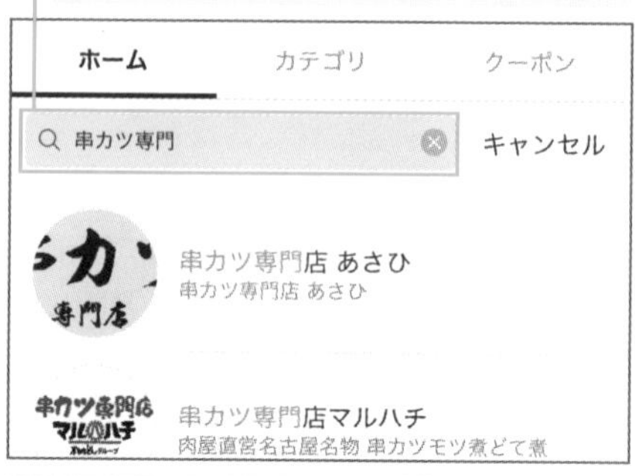

3 関連する公式アカウントが表示される

公式アカウント検索画面でキーワードを入力すると、業種とアカウント名、ひとことから表示される

注意　初期設定後に変更できないもの

「アカウント申請時に登録した業種」「(認証済アカウントの) アカウント名」については基本、変更できません。

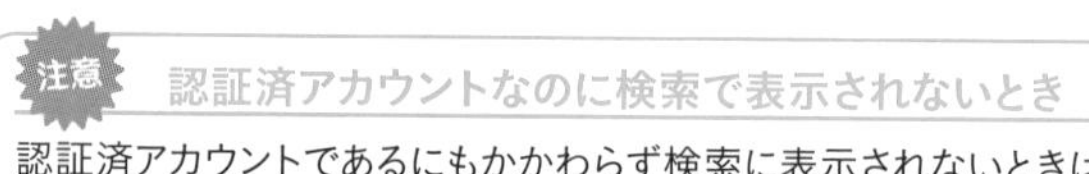

注意　認証済アカウントなのに検索で表示されないとき

認証済アカウントであるにもかかわらず検索に表示されないときは、検索結果での表示が「非表示」に設定されている可能性があります。こうしたときは「表示」に変更しましょう。

1 [設定]をタップする

2 [アカウント]をタップする

精肉店ミートショップやま田
BBQならお任せあれ！味付け焼肉が大人気
情報の公開
認証ステータス　認証済み
位置情報　愛知県名古屋市北区大我...
検索結果での表示

3 情報公開の[検索結果での表示]をオン(グリーン)にする

05 来店時は友だち追加の絶好のチャンス

来店したお客さまはすでにお店に興味を持っています。もれなく友だち追加してもらいましょう。

友だち追加のチャンスを逃さない

来店したお客さま全員が常連客になることはありません。しかし、店舗に何らかの興味を持っていることは間違いありません。そのチャンスを逃すことなく友だちになってもらい、LINE公式アカウントの配信で関係性を深めてリピーターへと育てたいものです。

店舗の場合は、実際に**スタッフがオペレーションを傍らでサポートして追加を促す**と友だち追加につながりやすくなります。確実に友だちになってもらうために、友だち追加が完了するまでの登録をサポートできるよう、いろいろな端末での登録のやり方をマスターしましょう。

友だち追加特典を付けよう

店舗が友だちの獲得を促進するためには、**定期的なキャンペーンを行うと効果的**です。このとき、LINE公式アカウントで友だちとしてつながっていることのメリットをお客さまに感じてもらえれば、友だちを止めることなく、キャンペーンを行うごとに友だちが増えていきます。

その場で使えるクーポンを発行する

友だち追加への即効性を期待するなら、クーポンなどの「**すぐに使える特典**」を用意しましょう。来店されたお客さまへの声かけのネタにもなりやすいので、友だち追加時の登録特典としてよく利用されます。

すぐその場で使える特典に期待している方は多くいます。LINE公式アカウントでは友だち追加時に自動で友だち追加あいさつメッセージを送っています。このメッセージの設定は各アカウントで自由にできるので、魅力的な特典をクーポンで用意し、メッセージに付けて配信します。新規のお客さまを獲得したいときに使ってみましょう。

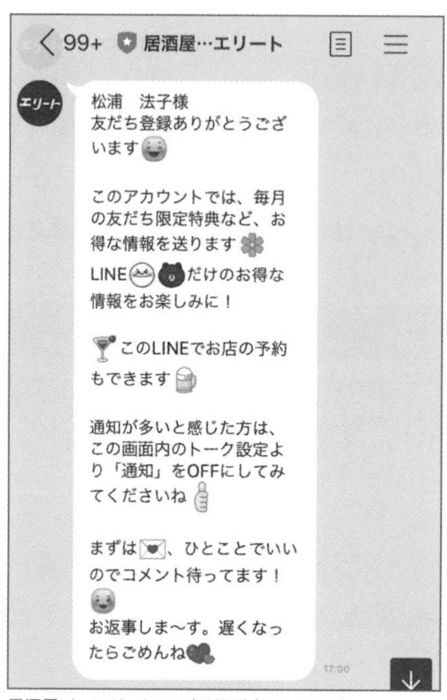

居酒屋バー エリート：の友だち追加メッセージ

居酒屋バー エリート：お友だち登録特典のクーポン

告知ツールに友だちになるとどんなメリットがあるか書く

「その場でクーポン」は、お客さまにとって「今すぐ使える」「お得である」ことから、新規の友だち獲得に効果的です。しかし、友だち追加をその場で行って、お得なクーポンを使った後に、すぐにブロックしてしまうお客さまもいます。

そうならないように、店頭の新規登録時のクーポンの告知とあわせて「いち早く、新商品や再入荷情報をLINEで発信しています」「毎月LINEの友だち限定クーポンを発行しています」など、今後アカウントがどのような配信を行っていくかを明記し、**友だちを続けることのメリットをしっかり伝えましょう**。このようにすることで、クーポン利用後の新規登録者のブロック率を減少させることができます。

Memo　友だち追加には声かけが一番！

お客さまに声かけをすると登録率が上がります。ひと声かけるためのちょっとした工夫を店舗内に配置しましょう。コミュニケーションを取ることで、お客さまも友だち追加への興味を持ってくれます。

お客さまのテーブルに告知を用意する

飲食店やサロンなどは**テーブルごとにPOPやチラシを置く**と効果的です。オーダーを取っているときにPOPを紹介して、「LINEの友だちは裏メニューが食べられますよ」「LINEの友だちには今月はアイスクリーム1皿プレゼントです」など、ひとこと添えるとさらに効果が上がります。

Cafe Saladtaberu：手作りPOPでLINE公式アカウントを紹介している

お客さまが「1人になる場所」に積極的に設置する

お客さまがくつろぐテーブルにPOPを設置するのはセオリーですが、それ以外にもPOPやポスターを設置すべき場所はたくさんあります。これらを設置する基準は「**お客さまが1人になる場所**」です。たとえばトイレなどは、お客さまが1人きりになり、完全に自分のペースで行動する場所です。ここに友だち追加を促すPOPを設置すれば、興味を持ったお客さまは友だち追加してくれるでしょう。空席待ちのウェイティングチェアの周辺なども、友だち追加を促すポスターなどを特典のようなメリットと一緒に掲示しておくと効果があります。

LINEグッズと一緒に設置しよう

ムーンやブラウン、コニーなどのLINEキャラクターはとても人気があります。店内にキャラクターのぬいぐるみなどを置いておけば、自然と反応してくれます。

声をかけるタイミングが計れない人は、**キャラクターグッズにお客さまが反応しているときがチャンス**です。話題もLINEのキャラクターの話をすればよいので、悩む必要はありません。「ムーンかわいいですよね」のような会話から友だち追加へと無理なく誘うことができます。

告知はレジ周辺が効果的

LINE公式アカウントの告知で特に効果的なのは、**レジの周辺**です。会計ですぐに使える「その場でクーポン」と組み合わせれば、より友だち追加してもらいやすくなります。使い終わったあとにすぐにブロックされないように、お礼の言葉と次回特典やキャンペーンなどの予告などをお客さまに伝えましょう。

レジ前だけでなく、レジ周りにもアカウント告知用のPOPなどを配置すると効果的です。前の方が会計をしている、誰かが代表で会計をしている、そのちょっとした待ち時間に友だち追加してくれるチャンスが生まれます。

うどんミュージアム：レジ前にメリットを明確に記している

友だちの「質」を落としたくないなら来店客のみに限定する

LINE公式アカウントは簡単にブロックできてしまいます。内容の良し悪しではなく、自分が対象外のキャンペーンや、興味がない内容の配信を見ただけでブロックしてしまう人もいます。しかし、もともと店舗のファンであれば、「大好きな店舗＝友だちから届くメッセージ」はブロックしません。何千人も集まらなくても、固定客をしっかりつかみたいという方は、オンラインではなく**来店客に絞って友だち追加の案内をする**のもひとつの手です。

LINEショップカードを使おう！

ポイントを貯めた方に特典を提供できるならLINEの**ショップカード**を使いましょう。大半の人は特典を逃すことを嫌がる傾向にあります。したがって、ポイントを貯めるために登録する必要があるのなら、積極的にLINEに友だち追加してくれるでしょう。そもそも、今まで紙のショップカードを持っていたお店なら、これまで同様特典に向けてポイントを貯めたいと思うはずです。

また、お客さまにとっても、わざわざカードを持ち歩くことが不要で、忘れることもほとんどなくなるので喜ばれます。LINEのショップカードは機能が充実しています。これまで以上にポイント制度が楽しみになる仕組みを構築できます（ショップカードについては会員特典を参照）。

06 店舗の友だち追加促進に効果的なポスターを作ろう

LINE公式アカウントの告知用にオリジナルポスターを作成し、その中で友だち追加すると得られるメリットを伝えることで、友だち追加を促進させましょう。

お客さまに好まれるオリジナルのポスターやチラシを作成する

オリジナル性の高いチラシやポスターは、店舗の雰囲気を壊さず、自由な大きさで自社ならではの強みを一緒にアピールできます。できれば友だち追加手順も明記しておくと、お客さまはよりスムーズに友だち追加が可能になります。

Point 印刷物に必ず掲載すべきLINE公式アカウント告知の内容

- LINE公式アカウントの友だちを募集していること
- LINE ID
- 友だち追加用QRコード
- 友だち追加の手順

LINE公式アカウント認証済アカウント専用友だち追加用ポスター3種（左からタイプA、タイプB、タイプC）。掲示スペースがあまりなければタイプAだけ、少しスペースがあればタイプAとC、可能であればすべて並べるとインパクトは絶大

Point QRコードはテストしよう

印刷物にQRコードを掲載した場合、必ずスマートフォンにてQRコードが読み取れるかテストしましょう。

Point 友だち追加の手順を明記する

ポスターやチラシには友だち追加方法の案内も明記しておくと、友だち追加（スマートフォン操作）への不安が軽減され、友だちに追加されやすくなります。「ふるふる」で友だち追加できることも明記すると簡単に追加できますが、ビルや大型ショッピングモールなどでは他店も表示されることがあるので、間違って他店を追加しないように注意を促しましょう。

LINEのキャラクターが入ったポスターを印刷する

認証済アカウントは、管理画面からLINE公式アカウントが用意している**キャラクター入りデザインのポスター**を自社で印刷できます。かかる費用は自社での印刷代のみです。

LINE IDやQRコードが明記されていて、告知文も管理画面で選べます。ポスターのデザインは3種類あるので、ぜひ併用しましょう。このポスターを見ながら友だち追加の案内ができるように、スタッフは追加方法を確認しておきましょう。

PC版管理画面からキャラクターの入ったポスター作成を行う

1 PC版管理画面にアクセスし、[ポスターを作成] をクリックする

2 ダウンロードしたいポスターのデザインを選択する

3 ポスターに表示させたいキャッチコピーを選択する

4 ［作成］をクリックする

5 画像の上で右クリックして［別名で保存］をクリックする

6 保存先フォルダを指定してファイルに名前を付けて保存する

7 保存したファイルをA4に印刷したら、ポスター作成完了

オリジナルアイテムで告知する際の禁止事項

オリジナルのポスターやチラシ、カードなど告知アイテムを自社で作成する場合は、その禁止事項を理解した上で、告知アイテムを作成しましょう。

● LINEキャラクターは利用禁止

LINEのキャラクターの版権は「株式会社集英社」が所有しています。キャンペーンの告知やクーポン画像にキャラクターを入れて作成したり、告知用チラシやポスターにキャラクター画像を掲載したりしている店舗を見掛けますが、これらはすべて違反行為です。メッセージや投稿の場合は、LINE株式会社より警告が届きます。故意でなければ、すぐに掲載を停止すれば問題はありませんが、何度も違反を繰り返すとアカウントが削除されるので、気を付けてください。
キャラクターを利用して画像を作りたい場合は、ぬいぐるみなどキャラクターグッズとともに写真を撮影することで、キャラクターを画像に利用できます。
ノベルティグッズを複製して利用するのも違反です。ただし、この場合も写真としてわかる内容での掲載はOKです。唯一自社で印刷して使えるのが、PC版管理画面で作成できるポスターです。これもPC版管理画面から設定・印刷したもののみOKです。

07 カードやレシートで友だちを獲得する

お客さまの持ち帰りやすい媒体であるカードやレシートで告知を行いましょう。お客さまからスタッフに声をかけてもらえる機会も増えます。

カードやレシートで友だちを獲得する

レジでの声かけは友だち獲得のための有効な手段ですが、次の人が並んでいると友だち追加を躊躇する人もいるので、ポケットティッシュやショップカード、チラシ、はがき、カード、レシートなど、**店舗から持って帰るものにLINE公式アカウントの告知を入れておきましょう**。家に帰ってから友だち追加してもらえる可能性があるほか、家族や親しい人の手に渡り、その人たちも友だち追加してくれることもあります。

特にショップカードやポケットティッシュは捨てられにくいのでおすすめです。ポケットティッシュは人から人へ渡る可能性も高いので情報の拡散が見込めます。

いじみのバーベキュー王国：のショップカード

せいろ蒸しと肉菜料理のドン：スタッフカード裏面

08 アプリ、ネット経由で友だちを獲得する

LINE公式アカウントで集客するには、Webの対策、特にスマートフォン対策は必須です。ここではWebサイトに友だち追加ボタンを設置する方法について説明します。

ブログやHPにはQRコードとLINE ID、友だち追加ボタンは必須

ブログやHPに「友だち追加」ボタンと「QRコード」、「LINE ID」を掲載することは、スマートフォン用のサイトでは必須ですが、LINE公式アカウント導入以前より運営していたブログやHPにも、友だち追加ボタンとQRコードとLINE IDの3点セットで掲載しておきましょう。

ブログやHPには、Googleなどの検索エンジンを通じていろいろなアクセスがやってきます。どこからアクセスが来ても、どのページを閲覧されても対応できるようにサイドバーやメッセージボードなど、**どのページでも表示される共通の部分にLINE公式アカウントの友だち追加情報を掲載しておきましょう**。

仔犬専門ポッケ：サイドバーにQRコードを掲載しておくとすぐにスマートフォンで友だち追加できる

友だち追加のツールに載せるための友だち追加ボタンコードを取得しよう

LINE公式アカウントでは広くアカウントを告知できるように、ブログやHPに張り付けるだけで告知ができるコードやQRコードの画像が用意されています。上手に使って友だち追加ツールを作成しましょう（取得方法は118ページ参照）。

LINEアプリからプライベートでの友だちに案内を出して追加してもらおう

LINE公式アカウントを開設したら、まずプライベートのLINEですでに友だちになっているお客さまや友人に公式アカウントの友だち追加をしてもらいましょう。

プライベートLINEのタイムラインにシェア

Android版では、公式アカウントをタイムラインでシェアすることができます。

1 [ホーム] > [友だち追加] > [LINE] をタップする

2 [タイムラインでシェア] をタップする

プライベートLINEの友だちにメッセージを送ろう

1 [ホーム] > [友だち追加] > [LINE] をタップする

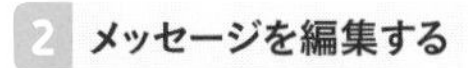
2 メッセージを編集する

3 メッセージを届ける相手を見つけやすい種類[友だち]や[トーク]をタップし、メッセージを届けたい人やグループにチェックマークを付ける（10人まで可能）。このとき、「名前で検索」に名前の一部を入れると簡単に見つけ出せる

4 [送信] をタップする

5 送信が完了した

Point 友だち追加メッセージをアレンジしよう

友だち追加メッセージにはテンプレートとして友だち追加を促す文章が入っていますが、自分らしい内容に手を加えてから送信しましょう。テンプレートでは硬い文章になるので、メッセージを送った相手が違和感を覚えて登録してくれない可能性があるからです。あなたらしい文章で送ってみましょう。

自社のWebページを利用する

自社サイトは検索エンジンの結果を通じて表示されます。店舗の情報を知るために閲覧した店舗のファンも、キーワード検索からたまたまたどり着いた新規のお客さまも、どちらもサイトを訪れてくれたお客さまに変わりはありません。サイトとはいえ、店舗に接触したお客さまとのつながりは大切にしたいものです。訪問してくれたお客さまとの縁をしっかり結ぶために、**LINEの友だちとして追加してもらえるような工夫**が必要です。LINEの友だち追加につながるような導線をWeb上でしっかり組み立てておきましょう。

自社サイトには、自由に友だち追加ボタンやQRコードを掲載できます。サイトへのQRコードや友だち追加ボタンの掲載のためのHTMLコードの取得は119ページを参照してください。

不要品回収パワーセラー：トップページやサブページから問い合わせにLINEを案内する

LINEの友だち追加のやり方を説明するページを用意する

09 ネットに不慣れな人はプロフィールページで友だちを獲得する

アカウントを紹介するプロフィールページを使って、店舗やサービスなどの魅力を伝え、何が配信されて、友だち登録をするとどんなメリットがあるのかを伝えて友だちを獲得しましょう。

一通りの情報が用意されているプロフィールページを利用する

プロフィールページは基本的な店舗情報だけでなく、ホーム投稿やクーポン、ショップカード、写真やHPのURL、店舗のサービスや商品など数多くの情報の掲載が可能です。認証済アカウントにはPC版プロフィールページがあり、アカウント名検索でインターネット検索エンジンの検索結果に表示されます。認証済アカウントはプロフィールページに固定アドレスが付与されているほか、スマートフォンに最適化されて表示されています。ですから、スマートフォン対応のHPを持っていない認証済アカウントのオーナーは、日ごろからネットでの店舗・サービスの案内にこのLINE公式アカウントのプロフィールページのURLを使えば一石二鳥で、友だち追加への誘導にもつながります。

プロフィールページには友だち追加ボタンだと明らかにわかるものはありません。まだ友だちになっていない人を友だち追加してもらうために、LINEで資料請求や問い合わせに誘導したり、友だち限定公開のクーポンを表示させたりして、友だち追加のきっかけを作るようにしましょう。

1 プロフィールページのURLを取得するためには、PC版管理画面の「プロフィール」をクリックする

2 パンくずリストの「プロフィール」をクリックしてアカウントリストを開く

3 アカウントに対するWeb版プロフィール表示がプロフィールページのURLになる

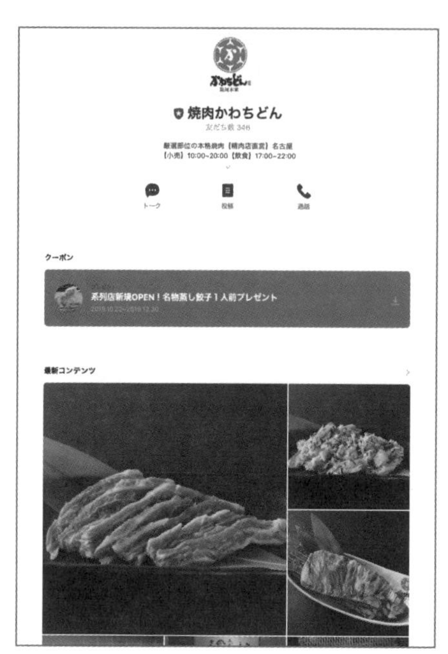

焼肉かわちどん：プロフィールページ。友だちになっていないときは、トークではなく友だち追加のボタンが表示される

Point　プロフィールページのURL

プロフィールページのURLはLINE IDと関係しています。
基本的には「https://page.line.me/」＋「LINE ID」の形で「https://page.line.me/LINE ID」となります。
プレミアムIDを持っている場合は、プレミアムIDが表示されます。
例）LINE ID　@artsweb
URL→https://page.line.me/artsweb

自社サイトはスマートフォン対応していますか？

スマートフォン用に最適化されていないサイトをスマートフォンで表示したときには、サイト全体が画面に表示され、文字が小さくて読めない、ボタンが小さくて先に進めないなど、操作性に欠ける要因が多々あります。これでは敬遠されて別の店舗にお客さまが流れてしまうのも仕方がありません。

だからといって、すぐにスマートフォン用のサイトを用意できるものでもないので、スマートフォン用サイトの準備ができるまでは、**プロフィールページで代用**しましょう。また、アカウントページにはURLを掲載できるので、自社サイトやECサイトへの誘導も可能です。店舗との接触機会を逃さないよう有効活用しましょう。なお、プロフィールページがWeb表示できるのは認証済アカウントのみです。

プロフィールページは、SEO的にはまだ弱い部分もありますが、今後強化が期待でき、プロフィールページ自体にLINEのEC機能などが拡充されると予測されます。慌てて準備しないで済むように、今からプロフィールページに慣れておくとよいでしょう。

10 SNS経由で友だちを獲得する

SNSを楽しんでいるユーザーはLINEでのコミュニケーションの取り方も上手です。うまく巻き込んで友だち追加につなげましょう。

Twitterで友だちを獲得する

Twitterで友だちを集める場合は、まずフォロワーに対して「LINE公式アカウント始めました」と案内します。Twitterの投稿は時間とともに情報が流れてしまうので、定期的にLINE公式アカウントのURLや、キャンペーン告知のスクリーンショットをツイートしていきます。Twitter内でお店を検索する人も多いため、プロフィールにLINE公式アカウントがあることを記載するのもよいでしょう。Twitterは拡散力が非常に強いので、LINE公式アカウントでクーポンを配信していることが伝われば友だちの増加が期待できます。

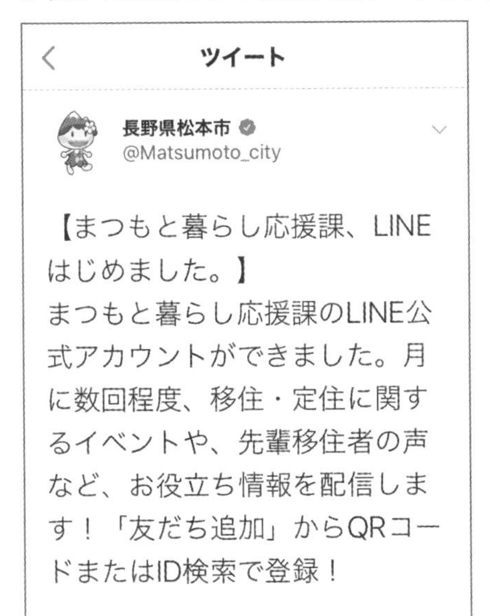

長野県松本市：TwitterでのLINE公式アカウント開設案内

東北大学祭事務局：TwitterでQRコードの画像を用いてLINE公式アカウントへ誘導

LINE公式アカウントのためにSNSを始めるなら手間は覚悟する

LINE公式アカウントをスタートさせてインターネット上に告知するためには、TwitterやFacebookを利用することはとても有効な情報拡散の方法ですが、LINE公式アカウントを始めてから新しくそれらを立ち上げて情報を拡散しようとしても、なかなかうまくいきません。なぜなら、TwitterやFacebookの情報拡散力は、フォロワーの数、友だちの数にほぼ比例するからです。作ったばかりのアカウントは、まず友だちとフォロワーを集め、他のユーザーとコミュニケーションを取る必要があります。これはLINE公式アカウントのアカウントを育てるのと同様、時間と手間がかかる作業です。それでも、まったくやらないよりは効果があります。新たに立ち上げたTwitterやFacebookのアカウントでは、友だちやフォロワーを増やすと同時に、すでにフォロワーや友だちをたくさん持っている身近な知人、友人と接触してみましょう。情報拡散力の強いアカウントを通じて、LINE公式アカウントの情報が拡散していく可能性があります。

Twitterに投稿しよう

TwitterでLINEアカウント開設のお知らせをしましょう。Twitterにログインした後、LINE公式アカウントアプリの管理画面の友だち追加から行います。

1 ［Twitter］をタップする

2 コメントとURLを入れて、［ログインしてツイート］をタップする

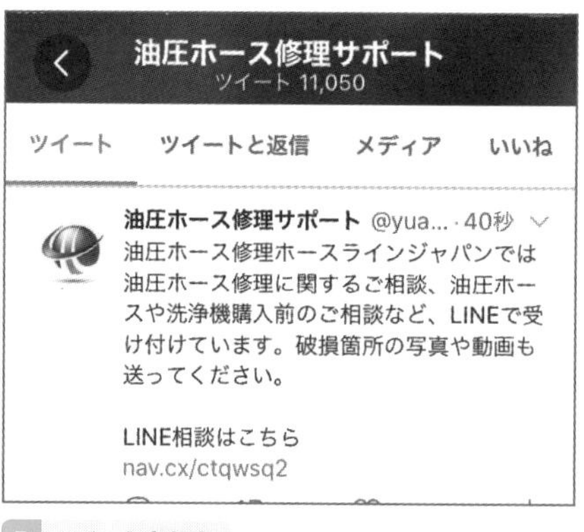

3 ツイートされた

Facebookで友だちを獲得する

Facebookページも Twitterと同じように、LINE公式アカウント開設のお知らせと定期的な配信が基本です。Facebookのチェックイン機能と連携して紹介すると、LINEの拡散力の弱さを補うことができます。

Facebookをはじめ、SNSは時間が経過するにつれて情報がタイムラインの下へ埋もれていくので、定期的な発信が必要です。しかし、同じ内容の配信では飽きられるだけでなく、嫌がられてしまいます。見せ方を変える工夫を考えましょう。

せいろ蒸しと肉料理のドン：Facebookページに投稿をアップしてLINEに誘導している

FacebookのプロフィールのE注目のコンテンツからLINEに誘導する

Facebookの投稿からLINEの友だち追加へ誘導しよう

1 [Facebook]をタップする

2 [Facebookアプリでシェア]をタップする

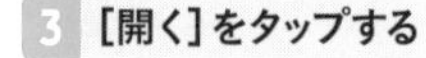
3 [開く]をタップする

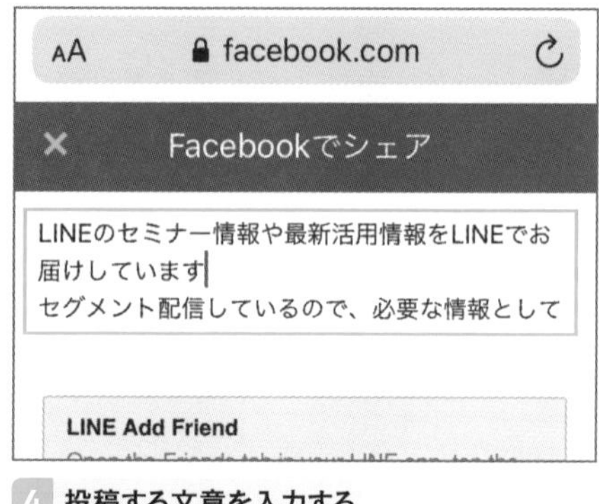

4 投稿する文章を入力する

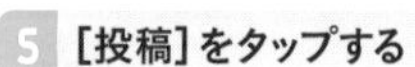
5 [投稿]をタップする

6 Facebookに投稿された

「友だち追加」からFacebookページにはシェアできない

LINEの「友だち追加」からは個人のFacebookにはシェアができますが、ビジネス用のFacebookページにシェアはできません。

Memo　Facebookを開くためには

スマートフォンからFacebookを開くには、Facebookアプリをインストールしておく必要があります。

Point　より効果の高いFacebookへの投稿方法

Facebookへの投稿はQRコードとLINE公式アカウントのロゴを合わせた画像を掲載して、メッセージの案内文にURLを添えて投稿するのがおすすめです。

Instagramから友だちを獲得する

Instagramは、「写真を見る・投稿する」ことに特化したシンプルなSNSです。写真の投稿を中心とし、各々の写真集のような媒体です。若い女性のユーザーが特に多いのも特徴です。あなたのお店の商品・サービスのターゲットが若い女性の場合はInstagramからの誘導も忘れずに行いましょう。ただし、Instagramの投稿ではリンクを張ってもリンクとして機能しない点が弱点です。その短所を補うためにもLINEを利用しましょう。販売や集客などの行動につなげたいときに、LINEでの関係が役に立ちます。

さらに、投稿で紹介する際の友だち追加の案内は他のSNS同様、LINE IDとQRコードを表示させ「LINE公式アカウント始めました！」と告知しましょう。このとき、友だち追加URLはリンクされないからと掲載しないのではなく、投稿やキャプション内に友だち追加URLを載せ、プロフィールの項目にあるURLにLINE友だち追加URLを掲載するようにしましょう。

浜名湖レークサイドプラザ：QRコードとLINE IDを明記し、特典を明確に伝えることで友だち追加に誘導する

しずおか弁当：QRコードを表示して友だち追加へ誘導。オリジナルスタンプも使って親しみやすさを伝えている

その他のインターネット媒体で友だちを獲得する

インターネット上の媒体は、ユーザー層が明確に区別されているものが多くあります。さまざまな媒体に告知し、LINE公式アカウントの存在を知ってもらいましょう。

メルマガを使って友だちを獲得する

メルマガを発行しているのなら、そこでLINE公式アカウントの開始告知をしましょう。メルマガの読者は意識が高いユーザーが多いので、つながりを長く継続していきたいものです。

しかし、近年はフィーチャーフォンからスマートフォンへの切り替えによってメールの使われ方が変化し、メルマガの購読率の減少とともに反応率も低下しています。SNSの普及により、プライベートでメールを利用しない人出てきました。

メルマガはメルマガとして続ける価値のあるものですが、LINEでつながっておいても損はありません。メルマガとLINE公式アカウントは並行して運用し、両者に登録されている状態をキープできるよう配信していきましょう。

メールで友だちへ誘導しよう

メールで友だち追加の誘導を行いましょう。メーリングリストを持っているなら、そのメーリングリスト宛にメールを送りましょう。

1 [メール]をタップする

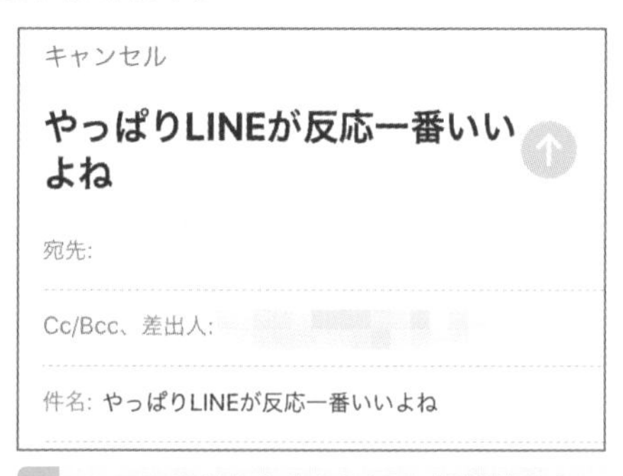

2 メールの宛先と本文を入れて、[送信]をタップする

文章に迷ったら「サンプル」を使って友だちへ誘導しよう

メッセージは、お客さまに向けた自分の言葉で書くのが一番ですが、迷ったときのためにLINE公式アカウントでは文例のサンプルが用意されています。ただし、サンプルはシンプルなので、この文章をベースにして自分らしさのある内容に書き換えるほうが相手に届きます。

1 ［サンプル］をタップする

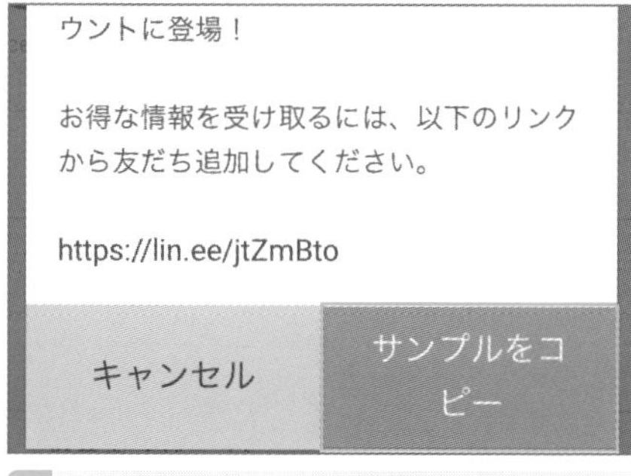

2 ［サンプルをコピー］をタップし、文例をコピーする。掲載するところで張り付ける

YouTubeで友だちを獲得する

YouTubeでLINE公式アカウント開始の告知をする際は、「スタッフみんなでお客さまの来店を楽しみに待っている」ように伝えると店舗への興味につながります。タイトルにLINE IDを、詳細にアカウントページの案内URLもしくは友だち追加URLを掲載してみましょう。

mmmスパルタ英会話：動画の帯にLINE IDを明記。動画の終わりにはQRコードも表示させて友だち追加に誘導する

Point メルマガ広告で告知してもらう

メルマガを運営している人に、LINE公式アカウント開始の紹介を依頼してみましょう。数万人規模で読者を抱えているメルマガの多くは、有料で広告を掲載できます。店舗の業種と関連したテーマを扱うメルマガを探すのが反応がよくなるコツです。

12 タイムラインやホームから友だちを獲得する

FacebookやTwitterに比べて拡散性は劣りますが、LINEでも友だちの間での拡散は可能です。友だちの協力を得て友だちをさらに増やしましょう。

タイムラインの拡散性

タイムライン上では「いいね」や「コメント」でコミュニケーションが図れ、コミュニケーションを取ってくれた**友だちのタイムラインに投稿記事**が流れます。LINEは親しい仲の友人でやりとりしていることが多く、趣味嗜好に共感してくれる人が友だちの周りに存在します。

したがって友だちのタイムラインに投稿記事が流れると友だちの友だちにも共感され、「いいね」や「コメント」をしてもらえることがあります。そうやってどんどん拡散されていくと、これまで接触できなかった方にも投稿記事を見てもらえるようになり、友だち追加につながります。

友だちの「いいね」によって、友だちではないアカウントの投稿がタイムラインに表示されている

投稿の反応には、写真の魅力やクーポンの中身など投稿内容の魅力が大きく関係しています。ホーム投稿では、画像に営業的キャッチコピーを載せてガツガツ行きたいところですが、タイムラインは友だちがその友だちの情報を自主的に見にいっている状態でも馴染むようにしましょう。友だちの情報としてふさわしいネタ、商材・サービスの魅力が伝わる情報や写真になるように心がけてください。

Memo 自分の個人アカウントで自社の投稿を確実に表示させる方法

タイムラインで自社の投稿を見つけ、「いいね」をタップしたから、自分の友だちにシェアされていると思っていても、実はシェアされていないことがあります。こうしたときには、別のスマートフォンからシェアされているかどうかを確認しましょう。シェアされていない場合は、「タイムラインにシェアする設定」になっていない場合があります。

［いいね］を長押しすると、右の「タイムラインにシェア」にチェックが入っているかを確認できる

タイムラインのクーポンで友だちを獲得する

「友だち限定クーポンだから、誰でも見ることができるタイムラインには表示させたくない！」と、クーポンをメッセージでしか配信していないことはありませんか。これは非常にもったいないことです。

タイムラインにクーポンを投稿すれば、それがシェアされて興味を持つ人が出てくることもあります。また、検索などでアカウントのホームに訪れたときに、興味深いクーポンが目に入ればそれをタップしたくなります。そして、そのことが友だち追加にもつながります。実は、友だちになっていないユーザーがクーポンをタップすると、クーポンが開くのではなく、友だち追加を促すポップアップが表示されます。そのため、クーポンを入手したい人は友だちになる必要があるのです。このように、ホームやタイムラインからの友だち追加を促すために、クーポンは有効な手段のひとつです。

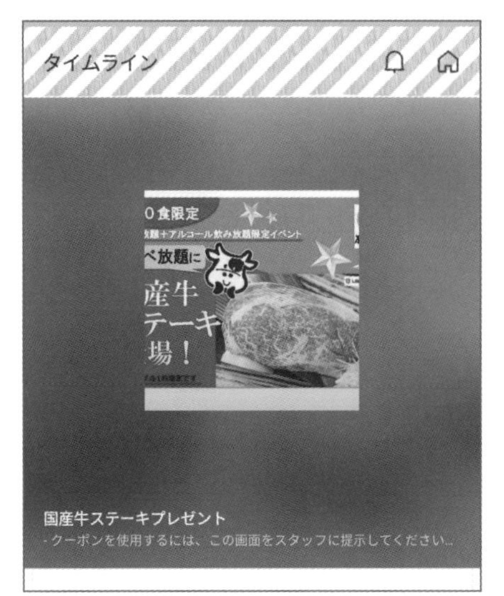

焼肉かわちどん：タイムラインに投稿された国産牛ステーキプレゼントクーポン。クーポンであることがわかるので、友だち以外の目に触れた場合も興味を持ってもらえる

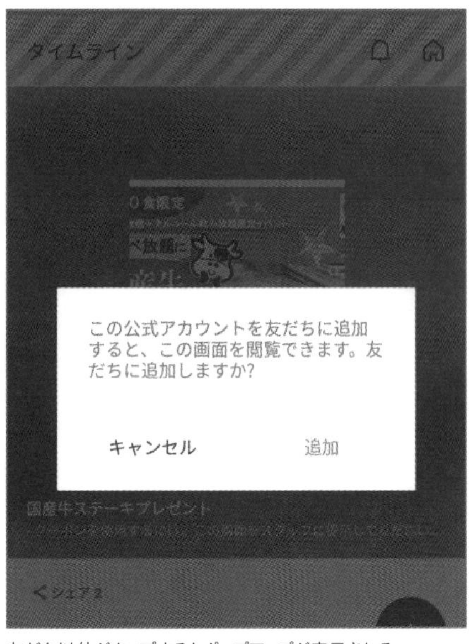

友だち以外がタップするとポップアップが表示される

COLUMN

メッセージからタイムラインに誘導しよう

タイムラインは見てもらえないと感じている方もいるかもしれませんが、それはタイムラインで何を発信しているのかを友だちが知らないだけの場合があります。メッセージの中で発信している内容を伝えると、タイムラインを定期的に見てもらえるようになります。

タイムラインでは、1投稿ごとに1つURLが付与されます。そのタイムラインのURLをメッセージに載せ、タイムラインに誘導しましょう。なお、タイムラインのURLは長いので、短縮URLを取得するとよいです。

前述の通り、タイムラインはどれだけ投稿しても無料です。一度だけでは覚えてもらえませんので、定期的にメッセージからタイムラインに誘導してみましょう。

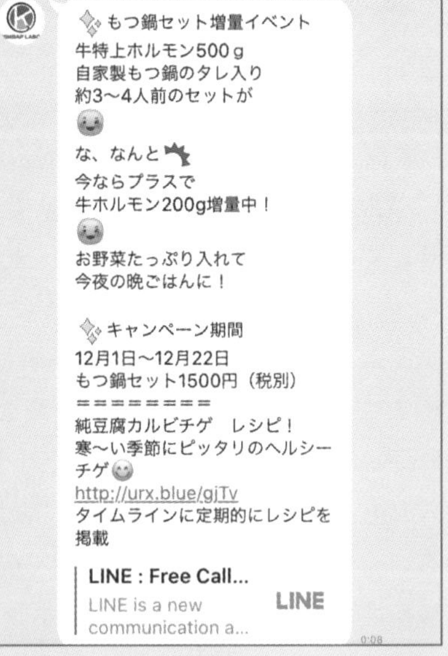

キンパラボ：メッセージの最後にタイムラインの投稿を掲載してくれる

13 友だち獲得スピードを上げるために CPF (Cost Per Friends) を活用する

LINEのプラットフォームに広告を出稿することが可能です。いち早く多くの友だちを獲得するために広告は効率的です。

友だち追加課金型のサービスを利用して早く効果を出す

CPF (Cost Per Friends) はLINE広告の友だち追加専用の広告出稿サービスです。主にタイムラインやLINE NEWSに広告表示されます。

友だち追加にいたるまでの流れは、まず属性指定したユーザーのタイムラインやLINE NEWSに広告として表示されます。そのユーザーが友だち追加ボタンをタップすると友だち追加されます。また、画像や広告タイトルをタップすると案内文が表示され、友だち追加をタップすると友だち追加されます。

友だち追加された広告には、「友だち追加済み」と表示され、再度、画像や広告タイトルをタップしても案内文が表示されます。

CPFを使うメリットとしては次の7点です。

- **友だちへの追加率が高い**
- **表示だけではコストは発生せず、友だち追加したときにコストが発生する課金であり、追加率の高さやコストを抑えた友だち増加を見込むことができる**
- **ランディングページなどが必要なく、ワンクリックで友だち追加となる**
- **スタッフの労力を本業に向けることができる**
- **これまでのネット広告でリーチできなかったターゲット層に接触できる**
- **属性を絞って広告が出せ、興味の属性などもあるため、反応がよい友だちリストを集めることができる**
- **自社だけで頑張るよりも友だちの増え方が圧倒的に早い**

デメリットは次の5点です。

- **数万以上の費用が発生する**
- **未認証アカウントは出稿できない**
- **利用できない商材・サービスがある（情報商材や出会い系など）**
- **よりよい結果を得るために、業者がサポートに付くほうが結果が出やすい**

CPFを利用すると友だち数が圧倒的に増えるので、出稿後の投稿に対する反応数が大きく変わってきます。友だち集めのために膨大な労力を使わずに済み、その分の時間を本業に振り分けることができます。

これまでの運用結果から、LINE広告はその他のネット広告と比べ、ほとんどの業界・業種において友だちの獲得率が桁違いに大きいことがわかっています。特にこれまでネット広告で新規フォロワー獲得に努力されてきて現在頭打ちを感じているWeb担当者は、LINE広告に挑戦してみる価値はおおいにあります。

なお、LINE広告自体、友だち集め以外にも販売ページやサービスページへの誘導、アプリインストールなど、ネット集客でよく抱えるお悩み解決にも効果的です。

Chapter 7

コミュニケーションのプチ自動化ができる自動応答メッセージ

LINEはコミュニケーションツールです。語りかけたり、問い合わせをしてきたりした友だちへの応え方次第で、友だちとの関係性が強いものに変わります。

01 基本返信となる自動応答メッセージを設定しよう

友だちとのコミュニケーションをシステムに任せることができます。LINEはコミュニケーションが大切です。チャット対応をしない場合は必ず自動応答機能を使って返事を送りましょう。

自動応答メッセージには自社情報を付け加える

自動応答メッセージは、友だちからメッセージが届いたときに「システムに設定したメッセージ」を自動的に返信します。自動応答メッセージには、デフォルトメッセージが1つ設定されています。デフォルトのまま使っても構いませんが、できることならば、**自社情報を付け加えてオリジナリティのあるメッセージ**にしましょう。

JA三重中央：デフォルトの自動応答メッセージ

JAめぐみの：オリジナリティのあるメッセージ

自動応答メッセージには、友だちからのメッセージが「特定のキーワード」だった場合、そのキーワードに対して定まったメッセージを返す「キーワード応答メッセージ」もあります。たとえば、友だちからの「こんにちは」というメッセージには自動的に「こんにちは」と返答することができます。やり方は、自動応答メッセージの設定にキーワードを設定するだけです。キーワード応答メッセージを利用すれば、簡単なFAQやナビゲーションをLINEに実装できます。

自動応答メッセージは**複数のメッセージを設定すること**ができます。そして、お正月には「あけましておめでとうございます」、クリスマスには「メリークリスマス」や、朝は「おはようございます！」「今日もいい日になりますように」、夜は「こんばんは」「おやすみなさい」のように、メッセージに日にちや期間、時間（毎日）指定のスケジュールを設定することもできます。返信するタイミングが重なるメッセージは、システムがランダムに選んで配信します。返信するメッセージは複数設定できるため、友だちと言葉遊びや豆知識などによるコミュニケーションを楽しめます。

また、LINE公式アカウントは従量課金制なので、メッセージの配信数に気を配らなければなりません。しかし、自動応答メッセージ・キーワード応答メッセージは**通数にカウントされず**、無料で何回でも送れます。

自動応答メッセージの機能を利用して、いろいろな情報（キャンペーン情報や他メディア情報、別問い合わせ先）を伝えたり、ナビゲーションとして使ったり、ゲーム的に使って親しみを感じてもらったりと、友だちに対してさまざまなコミュニケーションを図りましょう。

焼肉かわちどん：デフォルトを変更して、自社情報を伝える

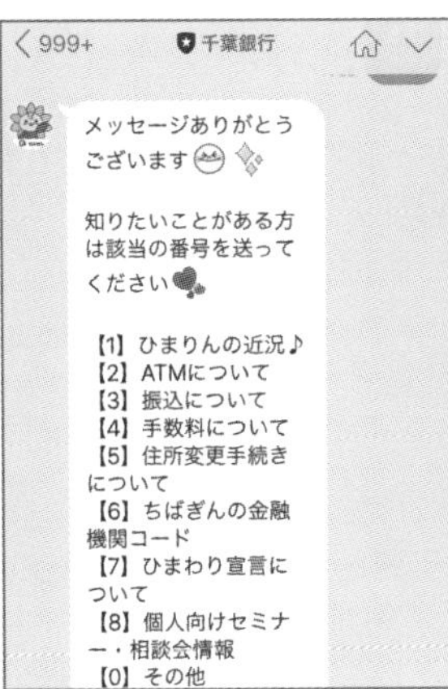

千葉銀行：キーワード応答メッセージを使って、銀行の案内をする

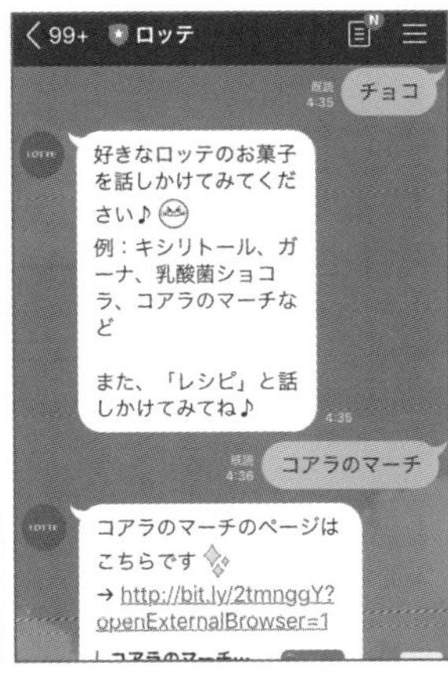

ロッテ：自動応答（上部）、キーワード応答を使って商品のファンに答える（下部）

項　目	内　容
期間	設定された期間は時間問わず、いつでも返答で返す
時間	設定された時間だけ年中いつでも返答で返す

▲スケジュール設定の種類

設定期間	メッセージ
1月1日〜1月5日	あけましておめでとうございます。 本年もよろしくお願いします。
キャンペーン期間	●日まで、売り尽くしセール ▼詳細はこちら https://サイトイベントページURL
夏季休業中	●月●日〜●日まで　夏季休業です。この期間はチャット対応おやすみです。●日よりチャット対応いたします。
12月24日〜12月25日	Merry Christmas！

▲設定期間を利用したメッセージの例

設定時間	メッセージ
5〜10時	おはようございます！ 今日もよい1日になりますように。
22〜5時	おやすみなさい！ゆっくり休んでくださいね。
19〜10時	お問い合わせありがとうございます。この時間はチャットでお返事ができません。後ほどお返事差し上げますね。

▲設定時間を利用したメッセージの例

Memo 利用できるメッセージの応答方法

LINE公式アカウントは、メッセージの応答方法は、「チャット」か「自動応答メッセージ」であるBotのどちらかしか基本的に使えません。決まったキーワードだけでなく関連した幅広いキーワードで反応する「スマートチャット」でAIが一部の内容について返答できるようになりました（163ページ参照）。「スマートチャット」では、トークルームのメッセージに応じて簡単にモードを切り替えながら、まるで「チャット」と「自動応答メッセージ」を併用しているかのように使用することができます。

02 LINEにコミュニケーションをお任せ！　自動応答を活用する

LINEはコミュニケーションが重要です。そのコミュニケーションをLINEのシステムに任せることで友だちへの素早い返信が可能になります。

自動応答メッセージ・キーワード応答メッセージを設定しよう

キーワード設定を行うことにより、自動応答メッセージがキーワード応答メッセージに変わります。

1 ［ホーム］>［自動応答メッセージ］をタップすると、自動応答メッセージ設定画面が開く

2 ［メッセージを作成］をタップすると、「作成」画面が開く

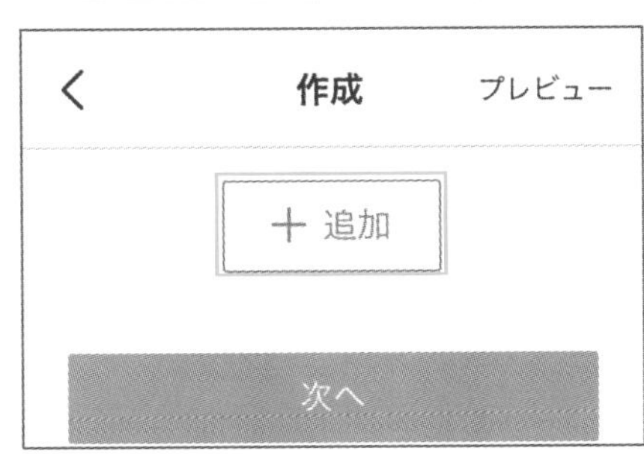

3 ［＋追加］をタップする

4 メッセージの種類を選択する（この例では「テキスト」を選択する）

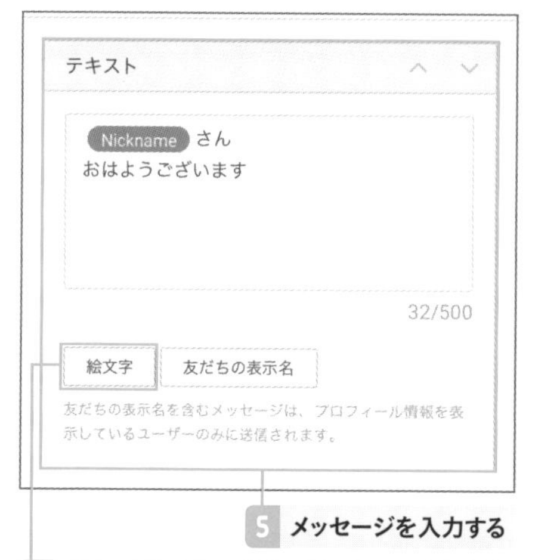

5 メッセージを入力する

6 文章内に絵文字を入れたいときは、絵文字を挿入したい位置にカーソルを置き、[絵文字]をタップする

7 挿入したい絵文字を選ぶ

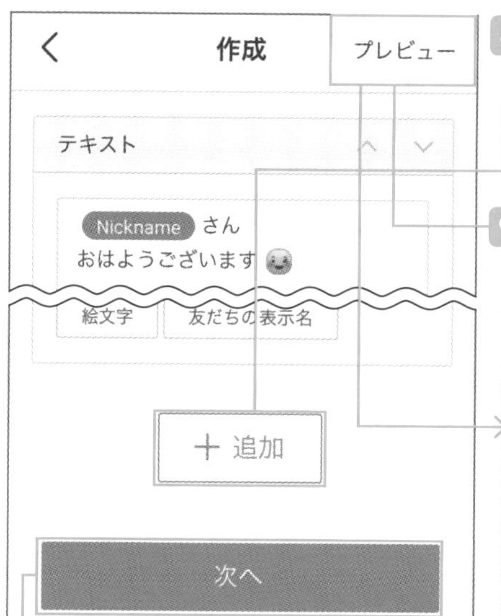

8 同時にメッセージとして届ける吹き出しを複数作りたいときは、[+追加]をタップし、メッセージの種類（テキスト、スタンプ、写真、クーポン、リッチメッセージ、リッチビデオメッセージ、動画、ボイスメッセージ）を選択してメッセージを作成する

9 表示確認したいときは、[プレビュー]をタップする

10 [×]をタップすると編集画面に戻る

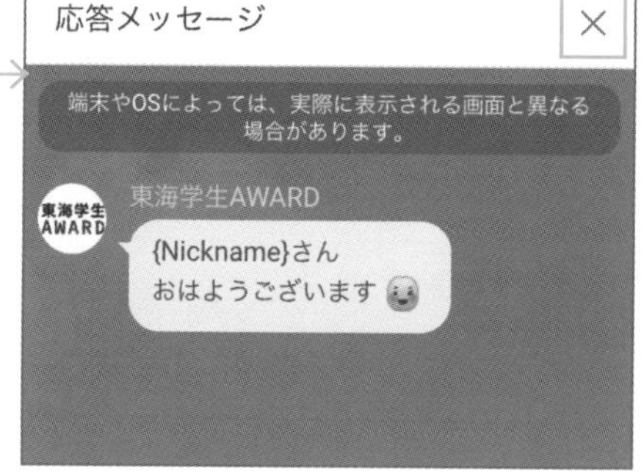

11 メッセージを編集後、[次へ]をタップして、編集画面を開く

Point 友だちの名前で語りかけよう

自動応答メッセージでは、友だちの名前を文章内に入れることができます。これにより、メッセージを受け取った友だちは、自分への応答だと理解し、メッセージをしっかりと見てくれるようになります。
仮に管理側が友だちの名前をわかっていなくても、システムが友だちのプロフィール名を自動的に表示してくれます。「友だちの名前を表示」するには、メッセージ内で友だちの名前を表示させたい位置にカーソルを置き、[友だちの表示名] をタップするとメッセージ編集画面に緑背景で「Nickname」と表示されます。友だちにメッセージが届くときには、友だちの名前が自動的に差し込まれて表示されています。
友だちの名前の後ろに「さん」や「様」を入れることを忘れないようにしましょう。

友だちの名前を表示する自動応答メッセージの作成画面

Memo 「友だちの表示名」について

友だちの表示名は、「話しかけてきた友だちの現時点のプロフィール表示名」をメッセージに表示させます。ただし、グループトークの場合は、「友だちがメッセージを送った時点での表示名」がメッセージに表示されます。

12 タイトルを設定する

Memo タイトルの入力

タイトルは自動応答メッセージ一覧で表示される「メッセージタイトル」になります。どんな内容のメッセージなのか、管理しやすい名前を20文字以内で設定します。なお、タイトルは友だちには表示されません。

13 配信可能な状態かどうかステータスを設定する

Memo ステータスの設定

ステータスがアクティブ（ステータスバーが緑）のときは配信され、配信の「スケジュール」の条件を満たしていれば配信されます。非アクティブ（ステータスバーが白）のときは、日時設定など配信条件にかかわらず、配信できません。このステータスは設定後、いつでも自動応答メッセージ一覧から変更が可能です。

14 **特定の日（期間もしくは時間）に配信するのか、いつでも配信したいのかというような、スケジュールを設定する**

Memo スケジュールの設定

スケジュール設定をアクティブにすると、期間・時間の設定が表示されます。アクティブ（ステータスバーが緑）のときは、スケジュール対応のメッセージとなり（日時に反映させるタイムゾーンも指定可能）、非アクティブ（ステータスバーが白）のときは、いつでも配信するメッセージとなります。

管理アプリの期間設定画面

管理アプリの時刻設定画面

Androidでは時計での時間設定も可能

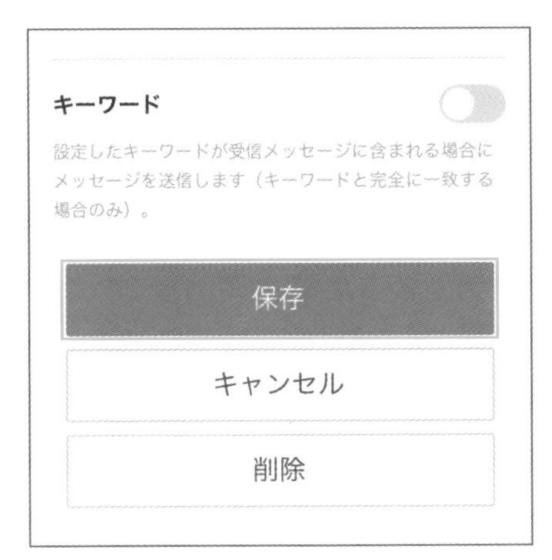

15 設定し終えたら、[保存] をタップして設定を完了する

16 自動応答メッセージの設定が完了した。保存後は一覧から確認や編集が可能になる

画像をメッセージで送るときのポイント

配信する画像や動画を友だち側で「保存」や「Keep」をさせたくない場合は、画像ならリッチメッセージ、動画ならリッチビデオメッセージを使って配信しましょう。ただし、リッチビデオメッセージは、サーバー側保存期間が2カ月程度なので、作成日時と配信日時を確認してください。作成してから配信まで時間が空くと、友だち側が数日後に表示させた場合、保存期間切れで、画像が表示されないことになります。

Point Keepとは？

「Keep」は、基本的にトーク画面上に表示されているテキストや写真、動画、音声メッセージをバックアップできる機能です。LINEスタンプや位置情報といったものは対象外で保存できません。操作方法は、次の通りです。

(1) トーク画面で保存したい写真や文章を長押しする
(2) 表示されたメニューから「Keepに保存」を選択する
(3) 保存内容を確認後、[保存] をタップする

ちなみに、保存させる機能として、ノートやアルバムもありますが、アルバムなどは同じトークルームの人と共有して保存するのに対し、Keepは自分だけで保存します。

キーワード応答メッセージを設定しよう

キーワード応答メッセージは友だちからのメッセージ内容が、設定しているキーワードと一致すれば、特定のメッセージを返信します。反応するためにはメッセージ文自体がキーワードとなります。

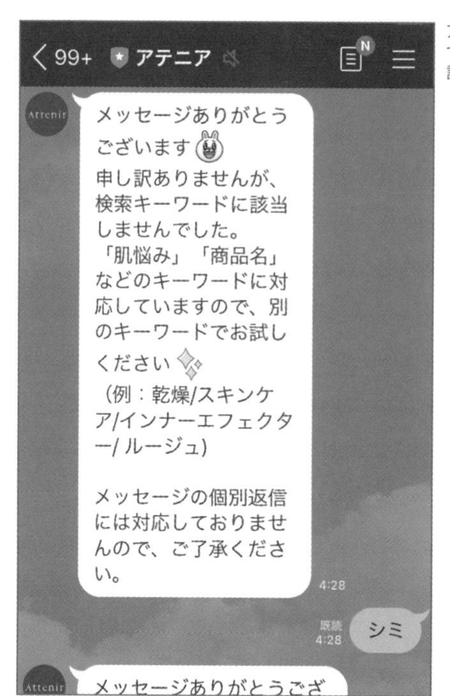

アテニア：自動応答メッセージで友だちからキーワード応答を誘導する

注意　キーワード応答メッセージの適用範囲

部分一致ではなく全一致なので、一文字でも違えば反応しません。1返信メッセージに対して複数（52個）の反応するキーワードを設定することができます。たとえば、駐車場の住所と地図画像を返信するメッセージを作った場合、キーワードに「駐車場」「駐車場はありますか」「駐車場はありますか？」「駐車場はどこですか」「駐車場はどこですか？」「駐車場はどこ」「駐車場はどこ？」のように反応するキーワードを複数設定します。設定後、変更ができるので、キーワードを追加・調整していき精度を上げていきましょう。

また、自動応答と併用して使うことで友だちにキーワード入力で便利に使ってもらうことができます。キーワード応答以外のメッセージが届いたときは、自動応答メッセージで　例に挙げて誘導するとよいでしょう。

キーワード応答メッセージは、自動応答メッセージ設定の最後に、キーワードの設定を行うことで機能します。

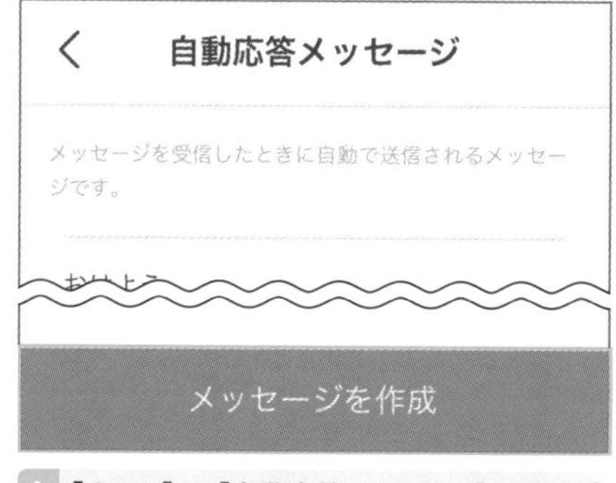

1 ［ホーム］>［自動応答メッセージ］をタップし、自動応答メッセージ画面の［メッセージを作成］をタップする

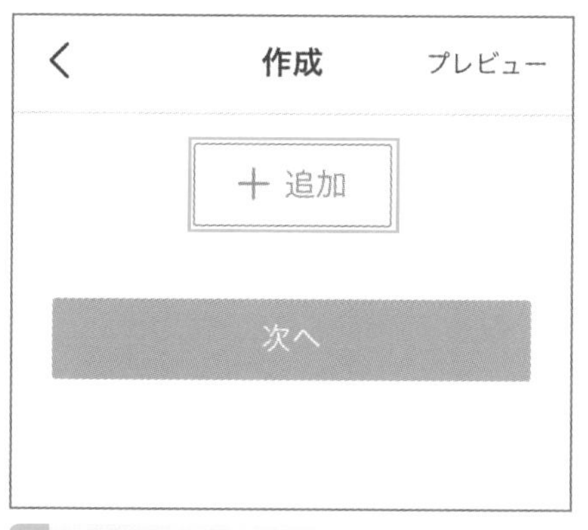

2 ［＋追加］をタップする

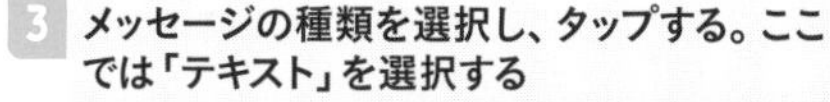

3 メッセージの種類を選択し、タップする。ここでは「テキスト」を選択する

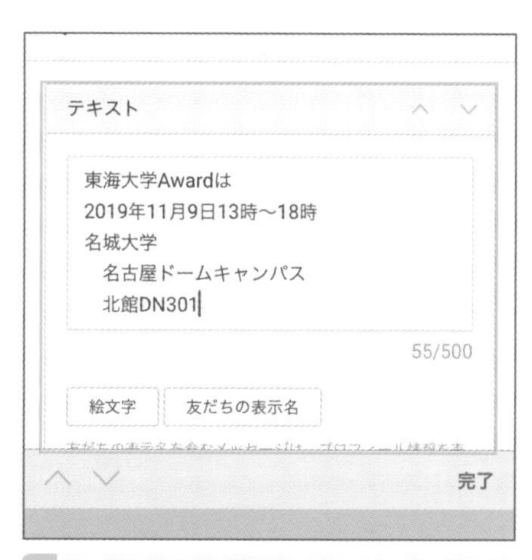

4 メッセージ作成画面のテキスト入力エリアにメッセージを入力する

5 ［完了］をタップする

6 吹き出しを複数作るときは［＋追加］をタップして、3〜5の操作をする

7 メッセージを作ったら［次へ］をタップする

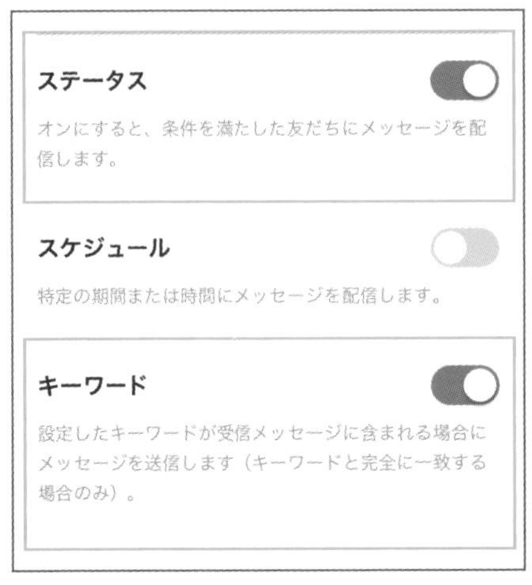

8 「ステータス」と「キーワード」をアクティブにする

9 [作成]をタップする

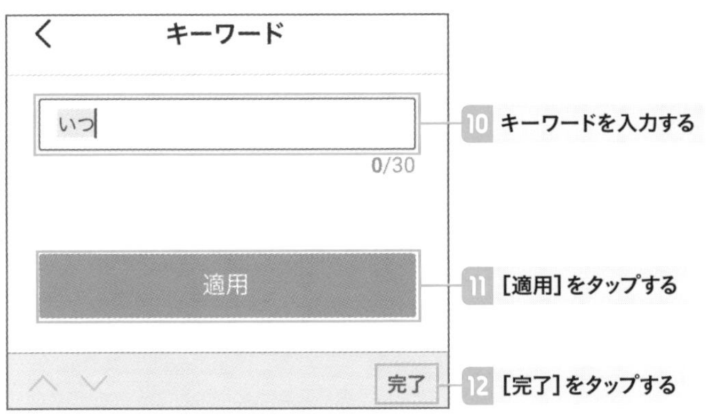

10 キーワードを入力する

11 [適用]をタップする

12 [完了]をタップする

13 メッセージを反応させるキーワードが複数あるときは、反応するキーワード分、2～12を繰り返す。キーワードの設定がすべて完了したら[<]をタップして応答メッセージ管理画面へ移動する

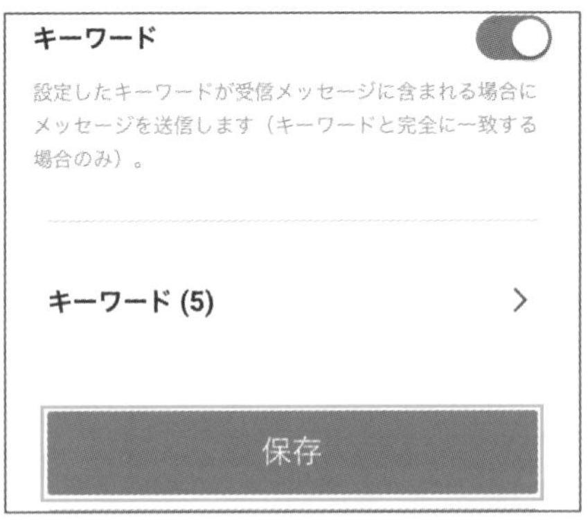

14 すべてのキーワードを設定したら、[保存]をタップする（キーワードの後ろにあるカッコ内の数字はキーワード設定数を表している）

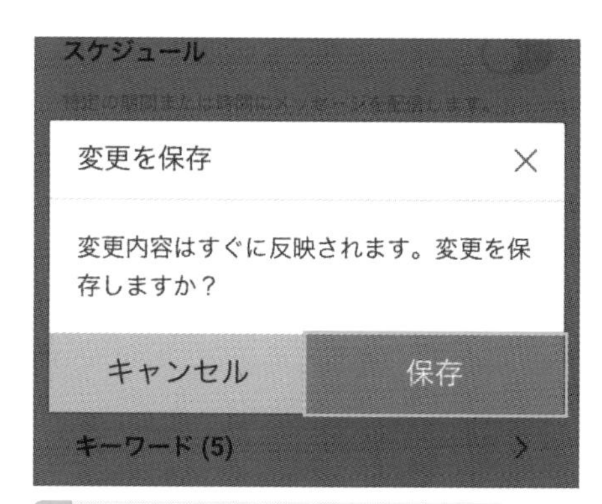

15 変更の保存を確認する。問題がなければ［保存］をタップする

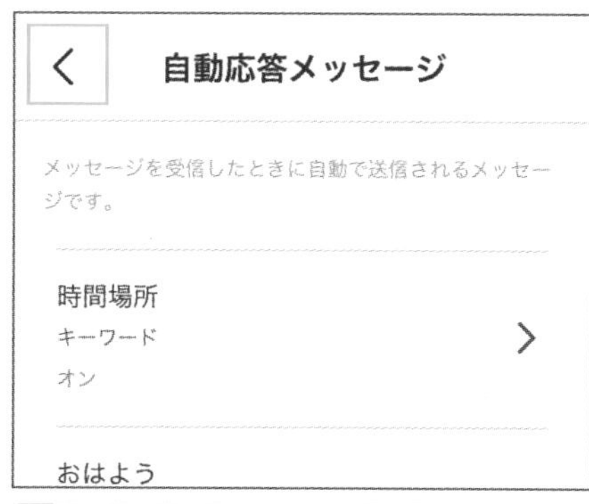

16 キーワード応答メッセージの設定が終わったら、[<]をタップしてホーム画面へ戻る

Point 自動応答メッセージの配信優先順位

友だちからのメッセージに対して、設定されている自動応答メッセージのいずれが返信されます。その優先順位は、❶キーワード応答メッセージ➡❷スケジュール適応自動応答メッセージ➡❸条件付きではないメッセージの順です。つまり、キーワード条件に一致した場合は、キーワード応答メッセージが優先して返信されます。次に、スケジュールで時間指定している時間帯のメッセージが優先して返信されます。これらの設定がないときは、条件付きではないメッセージを返信します。

Memo Bot（自動応答）とチャットを切り替える方法

チャットと自動応答を切り替える設定は［ホーム］＞［設定］＞［応答］をタップして応答設定を開きます。自動応答にする場合は、Bot設定を「非アクティブ（ステータスバーが白）」から「アクティブ（ステータスバーが緑になる）」に切り替えます（242ページ参照）。もしくは、「応答モード」で切り替えを行うこともできます。
応答モードでは、[Bot]を選択すると自動応答やMessaging API（241ページ参照）を利用したメッセージ配信ができますが、チャットができなくなります。

Point 定期的にチャットのメッセージを確認しよう

自動応答にしていても、友だちからチャットが入っていることがあります。もちろん、自動応答で返信をしていますが、友だちからのメッセージを確認して、キーワード応答文を増やしたり、修正することで自動返信の内容を充実させましょう。
また、友だちからのメッセージには貴重な意見が含まれている場合があり、新しいサービスや業務改善のヒントにもなります。

応答・キーワード応答メッセージを修正・削除しよう

一度設定した自動応答・キーワード応答メッセージは修正や削除をすることができます。

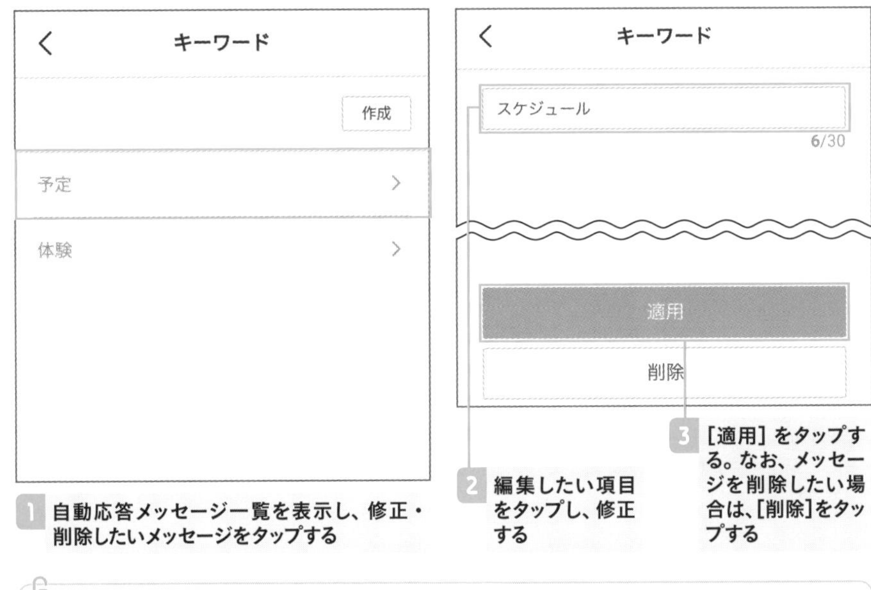

1 自動応答メッセージ一覧を表示し、修正・削除したいメッセージをタップする

2 編集したい項目をタップし、修正する

3 ［適用］をタップする。なお、メッセージを削除したい場合は、［削除］をタップする

> **Memo　メッセージのステータス**
>
> メッセージのタイトルの下にステータス設定かどうか、その下にキーワード自動応答の種別が表示されます。

03 スマートチャットを使って チャットモードで自動返信しよう

スマートチャットでは、手動でAI応答メッセージとチャットを切り替えて使えます。スマートチャットで、お客さま対応の手間を軽減し、より汎用的に自動返信を行いましょう。

AIで判断して、チャットなのにシステムが返信する「スマートチャット」

スマートチャットでは、基本的なやりとりはAI応答メッセージで自動的に返信し、複雑なやりとりは手動のチャットで個別に返信できます。

キーワード応答メッセージを活用すれば、お客さまのメッセージに応じた返信をすることができます。ただし、届いたメッセージが一字一句異なることなく、完全一致した場合にのみ対応が可能です。

しかし、AI応答メッセージを活用すると、友だちのメッセージから関連したキーワードを含んだ文章をAIが自動で判断し、あなたの代わりに返信してくれます。

これまでは自動返信といえば、自動応答メッセージやキーワード応答メッセージでした。しかし、その2つと異なり、スマートチャットは自動返信とチャットモードを併用しているのに近い状態になるため、トークルームでお客さまからのチャットを見ながら、場合に応じて手動で切り替えられ、チャットとAI自動応答を併用しているかに近い状態にでき、LINE公式アカウントの応答機能はますます便利で汎用的になりました。

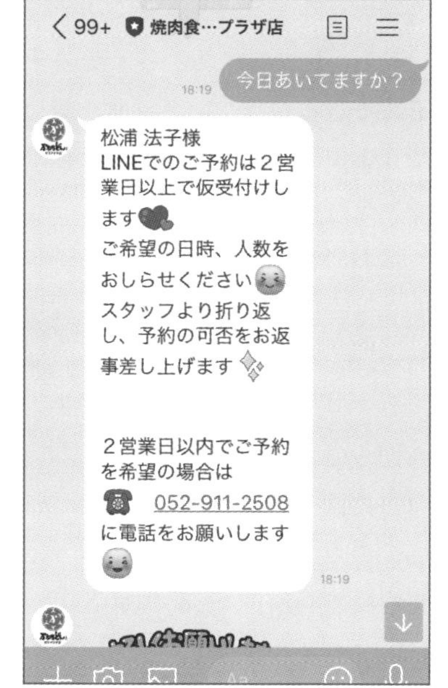

焼肉食べ放題かわちどんガスプラザ店：スマートチャットによる自動返信

シンプルQ&Aとは?

スマートチャットは、AI応答メッセージで使える機能です。LINE公式アカウントの応答モードがチャットモードのときでも、友だちからのメッセージに対してAIが認識・判断して返信することができます。

シンプルQ＆Aは、チャット機能です。よって、個別のトーク画面でチャット内容を確認できます。これまでの自動応答モード時は、友だちからのメッセージが届いていても通知が来ず、設定を自動応答モードからチャットモードに切り替えたときにはじめて、メッセージが届いていることを知り、内容を見ることができました。しかし、スマートチャットはAIが自動で返信し、個別のトークルームの内容をいつでも確認することができます。さらに、スマートチャットを利用していても、トーク画面から手動のチャットに切り替えることができるので、AIでは答えることが難しいメッセージを見つけた場合には、チャットで返信することができます。AI応答メッセージ中に必要に応じて手動メッセージに切り替えてチャットを行いましょう。

なお、Webの管理画面とスマホアプリの両方からチャットが行えます。

シンプルQ&Aを設定しよう

シンプルQ＆Aは名前の通り、シンプルな質問・回答ができる機能です。友だちからのメッセージを「シンプルな質問である」とAIが自動判定した場合、カテゴリーに振り分けて、自動でシンプルな回答を返信します。「おすすめ」や「予約」など、特定のカテゴリーに関するメッセージを受信した場合は、AIが質問のカテゴリーを自動で判別し、質問に対応して設定されているメッセージを返信します。

とても便利なスマートチャットですが、LINE公式アカウントのスマホアプリ上では設定することができません。PC版管理画面からシンプルQ＆Aの設定を行います。

実際にスマートチャットの運用を始める前にスマートチャットの性能を確認することをおすすめします。具体的には、よくある質問に対して返信が正しく行われているかを確認しましょう。ご自身が使っているアカウントにお客さまから届くと予想されるメッセージを入力して回答を見てみるのもひとつの手です。

AIが認識して答えるメッセージはデフォルトでテンプレートが設定されていますが、回答についてはより適切なものに変更することができます。そして、定期的にお客さまとのやりとりを見て、お客さまがそのキーワードに対してどのような答えを求めているのか、どう返すのが一番よい返信になるのか、メッセージ内容を修正しながら返答メッセージの精度を高めていきましょう。

カテゴリー	質問タイプ
一般的な質問	あいさつ、使い方、お礼、応答不可、クレーム、お問い合わせ
基本情報	営業時間、予約、支払い、予算、住所、最寄り駅、Webサイト、電話番号、Wi-Fi、コンセント、座席、禁煙・喫煙、駐車場
業種カテゴリー別	• 選択した業種に合わせて質問タイプが異なる • 業種カテゴリーの選択画面で質問タイプの確認が可能
予約	予約、キャンセル、変更、遅れ

▲シンプルQ&Aのカテゴリーと質問タイプ

プロフィール情報の反映

［プロフィール］＞［基本情報］の設定を更新した場合、情報の反映に数十分程度かかる場合があります。

シンプルQ&Aの回答を設定しよう

スマートチャット利用時にシンプルな質問に対するシンプルな回答メッセージを作成します。回答メッセージはアカウントページの設定情報（住所や電話番号・営業時間などの基本情報）を元に作成された「テンプレートメッセージ」が用意されています。

プロフィールの各基本情報を公開状態であれば、テンプレートメッセージにプロフィールの情報が反映されます。テンプレートメッセージは編集できませんが、オリジナルに変更できる「カスタムメッセージ」の設定が可能です。テンプレートのまま利用してもよいですが、テキスト、スタンプ、画像、クーポン、リッチメッセージを使ってメッセージを作成できるので、せっかく問い合わせてくれたお客さまに多くの情報や気持ちも伝えられるよう、できることならメッセージの追加がおすすめです。

シンプルQ&Aの応答内容をテスト確認・調整した後に、シンプルQ&Aを使えるように機能をON に切り替えましょう。ただし、2019年12月末時点では応答モードをチャットモードに切り替えなければ、シンプルQ&Aのメッセージの内容を「設定」できません。テンプレートの内容では不十分と感じる方は、お客さまのLINEの利用時間を見て、あまり利用されていない時間帯に設定を切り替えるか、

「LINEのメンテナンス中ですので、利用を●時まで控えてください。」などのように案内をしておくとよいでしょう。

シンプルQ&Aをオンにする

Botモード時は、業種カテゴリーの設定やメッセージの編集ができません。以下の手順を参考にして、チャットモードに設定を変更してください。

1 [AI応答メッセージ] > [シンプルQ&A] をクリックする

Memo メッセージの編集

右上に緑の［設定］ボタンが表示されていない場合はメッセージの編集ができません。

「Botモード時はこの機能を利用できません。応答モードを変更」の［応答モードを変更］をクリックして設定をチャットモードへ変更を行ってください。

Point 営業時間に合わせて応答モードを切り替えるには？

営業時間に合わせて応答モードをチャットか自動応答かで切り替える場合には、「営業時間」をオンにし、営業時間内は「スマートチャット」を選択します。営業時間外に設定するなら営業時間外の「AI応答メッセージ」をオンに変更しましょう。なお、応答方法の詳細設定は「営業時間」をオンにしているときのみ表示されます。

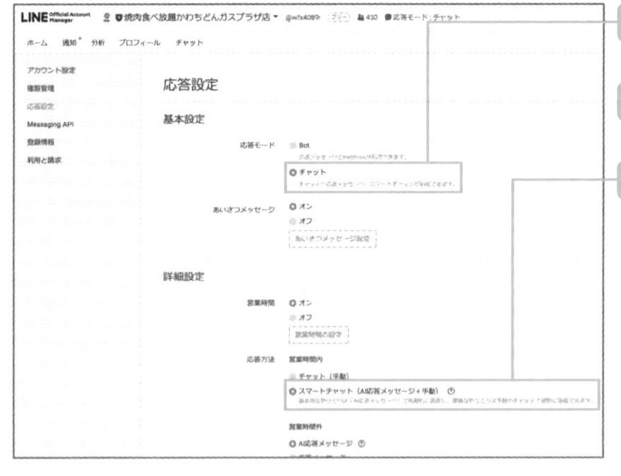

2 応答モードで［チャット］を選択する

3 ポップアップが表示されるので［変更］をクリックする

4 詳細設定の応答方法の「スマートチャット」をオンにする

基本項目を設定する

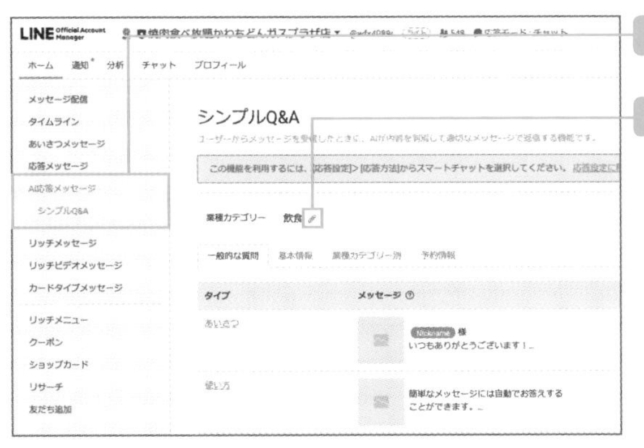

1 [AI応答メッセージ] > [シンプルQ&A] をクリックする

2 [✎] をクリックする

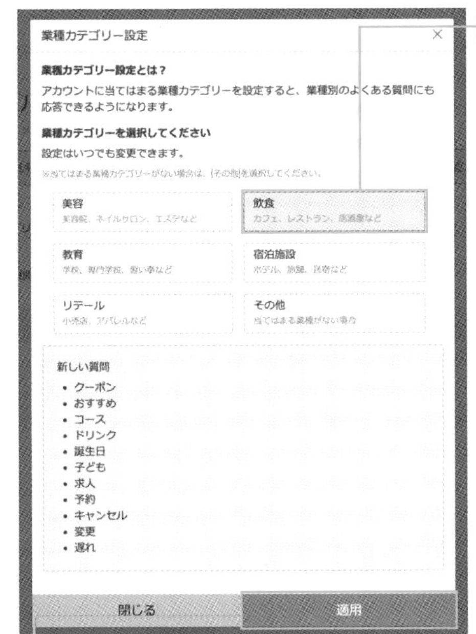

3 自分に当てはまる業種をクリックする

4 [適用] をクリックする

Memo 業種カテゴリーを設定するとできること

業種カテゴリーを設定すると、業種別のよくある質問に応答できるようになります。飲食なら、「クーポン、おすすめ、コース、ドリンク、誕生日、子ども、求人、予約、キャンセル、変更、遅れ」が設定できます。業種はいつでも変更できます。

業種カテゴリー	業種
美容	美容院、ネイルサロン、エステなど
飲食	カフェ、レストラン、居酒屋など
教育	学校、専門学校、習い事など
宿泊施設	ホテル、旅館、民宿など
リテール	小売、アパレルなど
その他	当てはまる業種がない場合

▲業種カテゴリーと適した業種

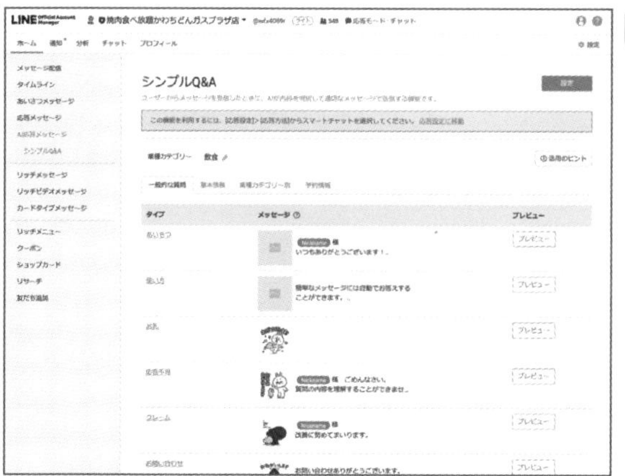

5 業種カテゴリーが設定された

カスタムメッセージを編集する

1 [AI応答メッセージ] > [シンプルQ&A] をクリックする

2 編集したいメッセージのタイプをクリックする

3 メッセージの内容を編集する。500文字まで自由に回答メッセージ入力エリアに入力できる。
デフォルトメッセージを編集したい場合は、[テンプレートメッセージを使用する] のチェックを外す

Memo カスタムメッセージ文を効率よく編集しよう

テンプレートの内容を利用して編集したい場合は、先にテキストをコピーしてメッセージエリアにペーストして編集するとよいでしょう。また、友だちの表示名を表示することもでき、絵文字やスタンプも使えるので内容に応じてメッセージを装飾しましょう。

Point テンプレートメッセージの吹き出しを増やすには？

吹き出しを増やす場合は［+追加］をクリックして吹き出しを増やします。テキスト、スタンプ、画像、クーポン、リッチメッセージを送信できます。

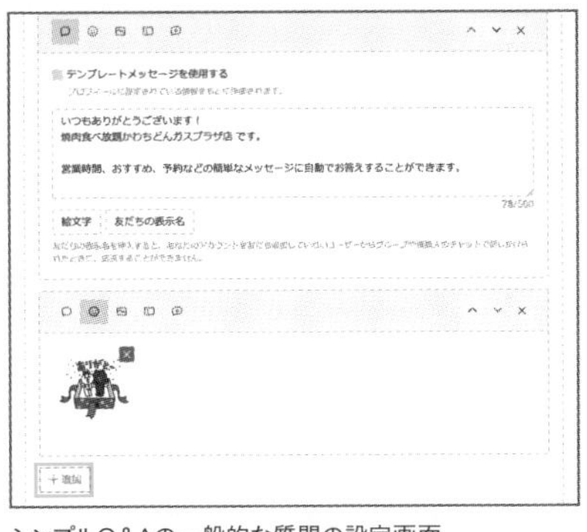

シンプルQ&Aの一般的な質問の設定画面

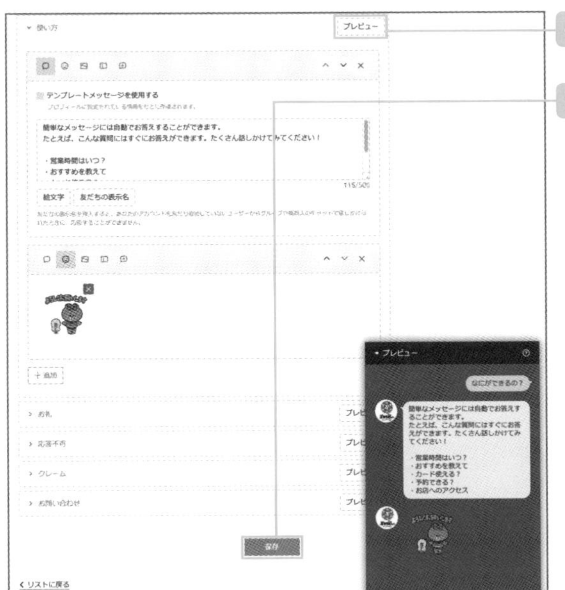

4 ［プレビュー］をクリックすると表示イメージが確認できる

5 ［保存］をタップする

Memo シンプルQ&Aの反映

スマートチャットが反応するには少し時間が必要です。少し時間を置いて、イメージ通り表示されるかテストも行いましょう。

スマートチャットと手動のチャットを切り替える

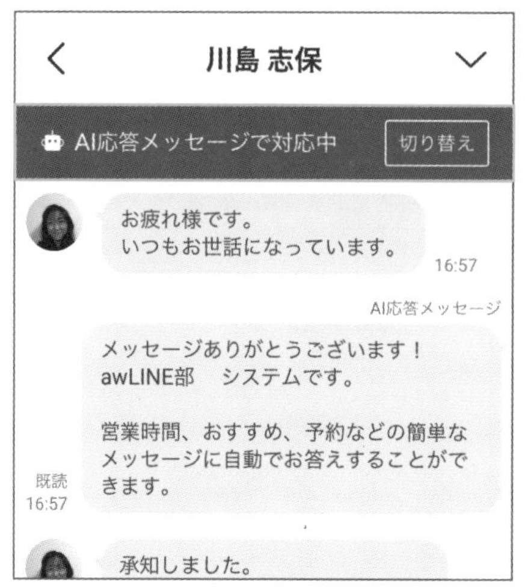

1 「AI応答メッセージで対応中　切り替え」の[切り替え]をタップする

2 手動のチャットに切り替わり、入力エリアが表示される

Point チャットが終わったら設定を元に戻す

チャットのやりとりが終わったら、「手動のチャットで対応中　切り替え」の［切り替え］をタップし、AI応答モードに切り替えてシステムに対応を任せます。

Memo チャットとAI応答メッセージの表示の違い

チャットで返信したメッセージは緑色の吹き出しで表示され、複数人で管理している場合は、吹き出しの上に返信した担当者の名前が表示されます。
AI応答メッセージで返したメッセージは、灰色の吹き出しで表示され、吹き出しの上には「AI応答メッセージ」と表示されます。自動応答メッセージで返したメッセージや、営業時間の設定をしている場合に営業時間外に自動応答メッセージで返したメッセージには、吹き出しの上に「応答メッセージ」と表示されます。

チャットでの返信画面

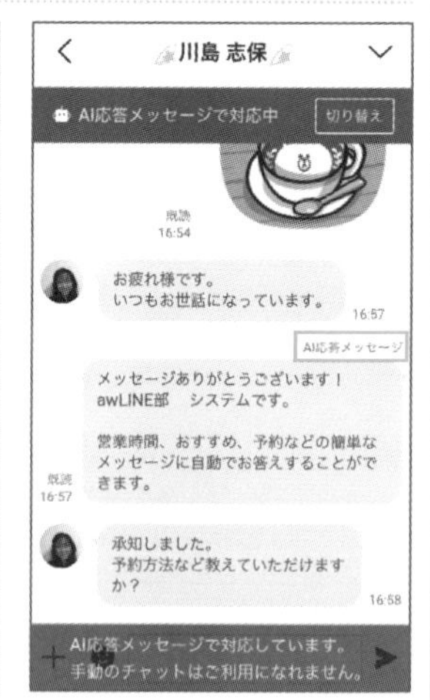

AI応答メッセージでの返信画面

Chapter 8

結果につながりやすいクーポンで効果倍速！

割引やプレゼントなど、もらってうれしいクーポンは、LINE公式アカウントの醍醐味ともいえるもの。クーポンの内容や配信方法を工夫して、友だちを楽しませ、来店したくなるようなコミュニケーションを取りましょう。

01 アイデア次第でいろいろ使える、LINEクーポンとは？

割引やプレゼントを提供するクーポンは、店舗であれば来店や購入のきっかけを作ることができます。お客さまのメリットを考えてクーポンを作成しましょう。

集客に効くLINE公式アカウントのクーポン

LINE公式アカウントのクーポンは、集客に絶大な効果を発揮します。クーポンは、割引やプレゼント、キャッシュバックなどさまざまなタイプのものを自社に合わせて作成できます。クーポンがあることで、リピーターにとっては再来店につながりますし、新規のお客さまには友だち追加や来店のきっかけになります。

クーポンの配信方法は大きく3つあります。1つ目は、メッセージとして配信する方法です。通常のメッセージとして配信するほか、友だち追加時の最初のメッセージとともにクーポンを送ったり、特定キーワードのメッセージが送信されたときの自動応答の返信で配信したりできます。2つ目は、タイムラインで公開する方法です。タイムラインは友だち以外にも表示できるので、クーポンの公開範囲を友だちのみに設定すれば、タイムライン上のクーポンを獲得するために友だち追加が必要になり、友だち追加の動機づけになります。3つ目は、プロフィールにクーポンを追加する方法です。プロフィールは、友だち追加前にチェックすることが多いので、こちらも友だち追加の動機づけになります。

抽選に当選した人にのみクーポンを配布することもできます。抽選クーポンの場合は、ユーザーはクーポンをメッセージやタイムラインで受け取った後、クーポン詳細画面で[抽選にチャレンジ]をタップして、当選したらはじめてクーポンを利用できるようになります。クーポンの作成時に当選数や当選率などを設定できます。いろいろなアイデアで楽しませながらクーポンを配信してみましょう。

オートバックス 環七板橋店：タイムラインでのクーポン

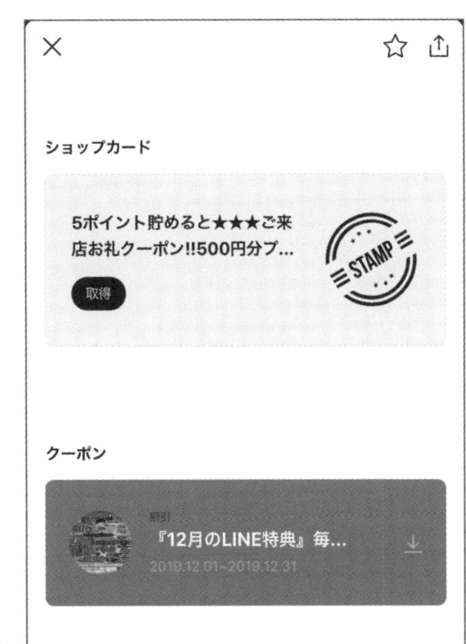

プロフィールページでのクーポン

事例で見る使いたくなるクーポンとは？

多くのLINE公式アカウントがクーポンを配信しています。まずは配信されているクーポンを調べて、どんなクーポンなら使いたいか、来店や購入のきっかけになるかを考えてみましょう。

「魚がし日本一」は、友だち追加時のメッセージとして、すぐに使えるクーポンを配信しています。来店したときに友だち追加の動機になります。

「すしざんまい」のクーポンは、リッチメッセージでクーポンのメニューをタップすると、クーポンのキーワードを送信し、自動応答のメッセージとして、クーポンを獲得できるタイプです。月ごとにクーポンの内容を変えています。

抽選クーポンの事例では、「横浜みなとみらい 万葉倶楽部」で、当選すると入館料が割引になるクーポンが配信されていました。1,000円以上の割引は魅力的です。また、当選することではじめて得られるクーポンなので、使ってみたいという気持ちになります。

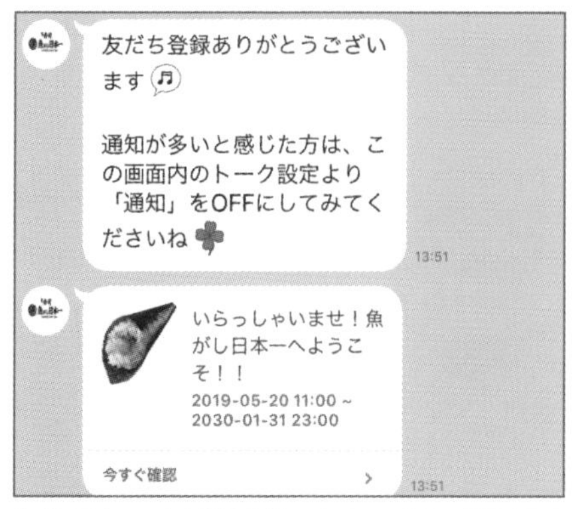

魚がし日本一：友だち追加時のメッセージとして配信されるクーポン

すしざんまい：自動応答メッセージでクーポンを配信

横浜みなとみらい 万葉倶楽部：抽選クーポンは［抽選にチャレンジ］をタップして抽選に参加する

抽選に当選するとクーポンを獲得できる

今すぐ使えるクーポンのアイデア

ここでは今すぐ実践できる、クーポンのアイデアを紹介します。どれも手間なく実践できるものなので、ぜひ試してみてください。

雨の日クーポンを月初めに配布

雨の日の来店者にクーポンを使ってもらいます。雨が降った当日にクーポンを配布するのもいいのですが、月初めに「今月は雨の日300円引き！」といったクーポンを配布してみましょう。お客さまはその月の雨の日は常に来店を意識するようになります。

このキャンペーンを開催するときは、利用回数制限をなしにして、有効期限をその月に限定して配布します。

まとめ買いがお得になるクーポン

割引クーポンは、店舗側が割引サービスをする分、売上げが下がってしまいます。そこで、平均客単価をアップさせるようなクーポンを配布してみましょう。

たとえば、8,000円以上お買い上げの方にハンカチプレゼント、セットでお買い上げの方に特別割引5%など、一定金額以上の支払いがある方に向けたクーポンを用意します。この場合はクーポンの使用条件に利用の制限を明記します。

お得感を出して過剰在庫を販売する

小売店などでは、発注ミスや、期待通りの販売ができないことなどで過剰在庫を抱えてしまうことがあります。こんなときは在庫処分セールなどを開催する前に、LINE公式アカウントの友だちだけに向けたクーポンを配布してみましょう。

LINE公式アカウントの特別なクーポンであることを示すために、在庫処分セールよりもお得な金額を提示する、特別な条件を付けるなどして、通常のセールとは異なるお得感を伝えましょう。

割引をしないクーポン

クーポンの利用方法は割引だけではありません。本格的に販売する前に、サンプルとしてお客さまに無料で配って感想を聞いてみるというプレゼントキャンペーンも可能です。「LINE公式アカウントの友だち限定」という特別感を出してモニターとして協力してもらうことで、お客さまと一緒に店舗を盛り上げていくことができます。

有料のオプションサービスを無料で提供

サービス業などにおすすめなのが、施術料、入館料などの基本料金はそのままで、有料のオプションサービスを無料で提供するクーポンです。オプションを無料にすることで、そのオプションを体験してもらうことができ、気に入ってもらえればその後の利用も期待できます。

02 クーポンを新規作成する

クーポンの作成では、タイトル、画像、クーポンタイプ、有効期限、使用回数、使用条件などを設定し、保存します。クーポンの運用スタイルに合わせて、設定を使い分けましょう。

クーポンは目的や運用スタイルに合わせて設定する

クーポンは配信する前に作成、保存します。クーポンの作成では、クーポンの**内容や有効期間、使用回数、使用条件**などを細かく設定できるので、クーポンの**目的や運用スタイル**に合わせて設定しましょう。

なお、クーポンを作成後に保存してあるクーポンは、クーポン一覧画面から編集／コピー／削除ができます。クーポンを削除すると一覧から消え、利用できなくなります。削除したクーポンの復元はできません。

1 [クーポン]をタップする

クーポンを作成してみましょう。作成したクーポンはプロフィールに表示することができ、チャットルームやタイムラインで友だちに送ることができます。

作成

2 [作成]をタップする

3 クーポンの設定をする

4 [保存]をタップする

Memo クーポンのプレビュー

作成したクーポンはクーポンの一覧からタップすると編集ができます。クーポンの作成画面、編集画面でプレビューをタップすると、配信したときのプレビューを表示できます。

Point 有効期間の効果的な設定方法

有効期間付きのクーポンは配信する日時に気を付けましょう。クーポンの場合は利用期間をあえて短く設定することで、お客さまに「クーポンが来たらすぐに開封しなければ！」という意識を持ってもらうことができます。クーポンが定期的に送られることがわかれば配信通知をONにしてくれた上で、メッセージが届いたときに毎回チェックしてもらえる可能性が高くなります。

注意 クーポン利用時間と有効期間の設定方法

クーポンを前もって配布するときは、開始日時は配布開始時間と合わせましょう。配布したときに開始時間になっていないと、クーポンを開くことはできません。せっかく開こうとしたのに、クーポンを見ることすらできないとお客さまはがっかりします。開始日時と配布開始時間が異なるクーポンの場合は、利用ガイドや画像に使用できる時間を明記するなどひと工夫しましょう。

項目		内容
❶クーポン名		• メッセージの吹き出し、クーポン詳細画面などに表示されるタイトル • 最大文字数は60文字
❷有効期間		• クーポンの有効期間を設定する • トークの吹き出しなどに表示される（期間を過ぎたクーポンは「有効期限切れ」と表示される）
❸タイムゾーン		クーポンを配布する地域のタイムゾーンを選択する
❹写真		• メッセージの吹き出しとクーポン詳細画面に表示される画像 • 1ファイルサイズ上限は10MB（ユーザー環境を考慮し1MB以下を推奨）
❺利用ガイド		クーポンの利用制限や利用条件、その他の注意事項などの詳細を記載する
❻詳細設定	抽選	クーポンを抽選とする場合は、抽選をタップして当選確率や当選者数の上限設定をする
	公開範囲	クーポンの公開範囲の設定ができる ▶全体公開：誰でもクーポンを獲得できる。クーポンを受け取った人は、タイムラインやチャットルームでクーポンをシェアできる ▶友だちのみ：友だちのみクーポンを獲得できる。シェアはできない ▶友だちのみ（シェア可能）：友だちのみクーポンを獲得できるが、シェア可能。シェアされたユーザーはクーポン獲得のためにLINE公式アカウントの友だち追加が必要
	使用可能回数	•「1回のみ」／「上限なし」を選択する •「1回のみ」を選択した場合、クーポン詳細画面の下部に「使用済みにする」ボタンが表示され、これをタップすると「クーポンコード」の箇所が「このクーポンはすでに利用済みです」という表示に変わる
	クーポンコード	•「表示しない」／「表示する」を選択する •「表示する」を選択した場合、クーポン詳細画面の上部に表示される • 任意の16文字まで設定可能
	クーポンタイプ	次の5種類の中から適切なものを選択する。タイプによってクーポンのヘッダー部分が色分けされる その他／割引／無料／プレゼント／キャッシュバック

▲クーポンの設定項目

Point 開封してもらえるクーポンのタイトルの付け方

クーポンがメッセージで届いたときに、まずは画面をタップして詳細を確認してもらう必要があります。クーポンのお得感が伝わるタイトルや興味を持たれるようなタイトルを付けて開封率をアップさせましょう。

タイトルの例

- **緊急告知！　3日間限定スペシャルクーポンプレゼント！**
- **非売品！　先着300名様にオリジナルグッズプレゼント！**

Memo 効果を高める公開設定の仕方

「全体公開」にすると、ユーザーのシェアによるクーポンの拡散が期待できます。シェアにより、まだ友だちになっていないユーザーの友だち追加の効果を期待する場合は、「友だちのみ（シェア可能）」に設定してください

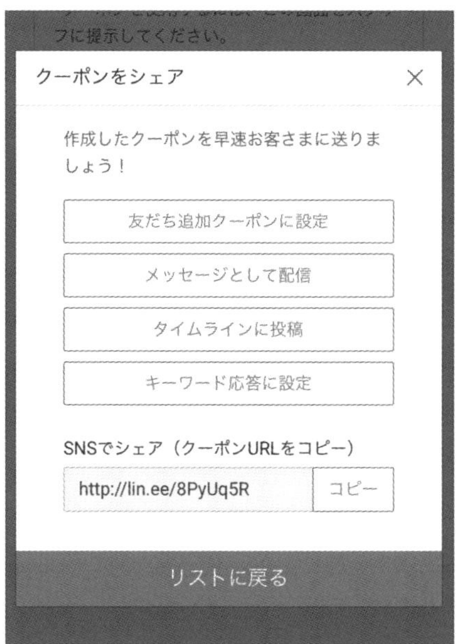

5 クーポンのシェア先が表示されるので、シェアする場合は選択する。選択すると、各機能の設定画面が表示される

Point 利用ガイドの記入例

クーポンの利用にあたって、制限がある場合は必ず「利用ガイド」で明記しておきます。利用ガイドの例を紹介します。

- **クーポンのご利用はお一人様１回限りです**
- **他の割引券、クーポンとの併用はできません**
- **特別期間中（お盆など）はご利用いただけません**
- **5,000円以上お買い上げの方が対象となります**
- **換金はできません**
- **ご登録店舗でのみご利用いただけます**
- **スクリーンショットの画像ではご利用いただけません**
- **ご自分で間違って「使用済み」にしたクーポンはご利用いただけません**

なお、飲食のクーポンの利用ガイドでは、「店内でのご飲食時のみ、ご利用いただけます」のように明記し、持ち帰りはできないことを伝えましょう。

03 クーポンを配信する

作成したクーポンは、メッセージ、タイムライン、プロフィールで配信できます。メッセージでの配信方法は、通常のメッセージ、友だち追加時、自動応答返信での配信の3つがあります。

クーポンの配信方法には3つのやり方がある

作成したクーポンをメッセージとしてすぐに配信してみましょう。メッセージを作成して、「クーポン」を選択することで配信できます。あいさつメッセージとして配信する場合は、あいさつのメッセージの後に、クーポンを追加するとよいでしょう。

キーワードの自動応答メッセージとして配信する場合は、自動応答メッセージの配信設定で「クーポン」を選択してキーワードを設定します。キーワードは完全一致の必要があるので、「クーポン」などわかりやすいものにするか、リッチメニューの1つにメッセージを配信するメニューを入れておくことで、ユーザーはワンタップでクーポンを獲得できます(204ページ参照)。

タイムラインの投稿では、クーポンを選択して投稿すれば完了です。

メッセージとして配信するときはクーポンを選択する

クーポン一覧から配信するクーポンを選択する

04 クーポンの編集と削除、統計の確認

クーポンは、作成後に編集できます。また、クーポンをLINE以外のSNSやブログなどでシェアするとき、パラメーターを設定することでどこからのアクセスなのかを確認できます。

クーポンの編集と削除をするには?

クーポンは内容の編集、削除ができます。メッセージで配信済み、公開済みのクーポンはユーザーがすでに開封していると編集が反映されない場合があります。クーポンの内容の変更はトラブルになる可能性もあるので、注意してください。

管理画面からクーポンを削除しても、配信済み、公開済みのクーポンは削除されません。削除する場合は、メッセージ、タイムラインからそれぞれ削除してください。また、クーポンを削除したこと、その理由などを説明しましょう。

クーポンを編集する

1 クーポンの一覧から編集するクーポンをタップする

2 編集後、[保存]をタップする

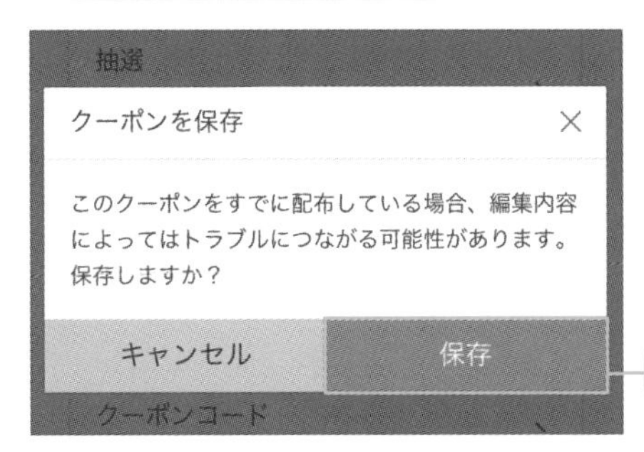

3 確認画面が表示されるので[保存]をタップする

Memo 作成済みのクーポンをコピーする

[コピー]をタップすると作成済みのクーポンと同様の内容でクーポンを作成します。このクーポンを編集して、新規のクーポンを作成できます。

クーポンを削除する

1 クーポンの一覧から［編集］をタップする

2 削除するクーポンを選択する

3 ［削除］をタップする

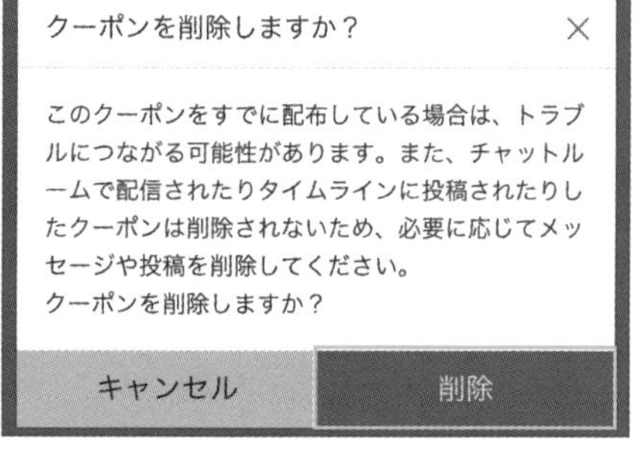

4 確認画面が表示されるので［削除］をタップする

クーポンにパラメーターを設定してシェアする

Twitter、Facebook、Instagram、ブログなど、LINE以外のSNSやWebサイトでLINEクーポンのURLをシェアできます。これにより、すでに友だちになっている人以外にもクーポンを紹介できるメリットがあります。クーポンの配信効果を検証したい場合は、URLにパラメーターを含めることでどこからクーポンが表示されたかを確認できます。

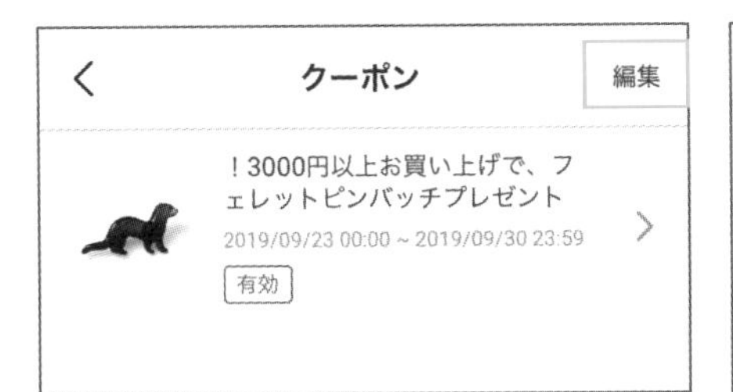

1 クーポンの一覧で［編集］をタップする

クーポン
完了
！3000円以上お買い上げで、フェレットピンバッチプレゼント
2019/09/23 00:00 ~ 2019/09/30 23:59
有効
コピー
シェア
削除

2 シェアするクーポンを選択し、［シェア］をタップする

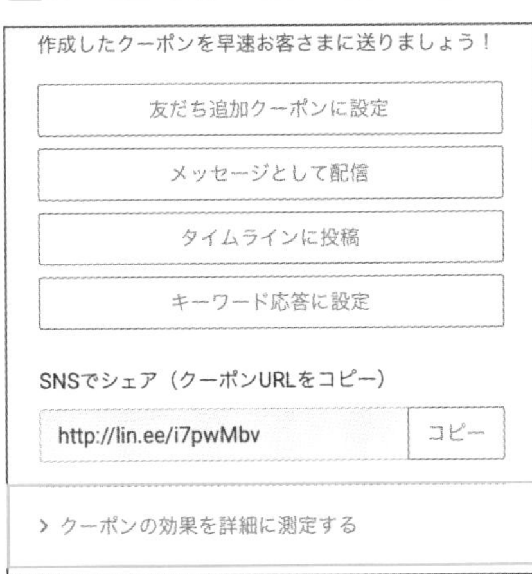

3 ［クーポンの効果を詳細に測定する］をタップする

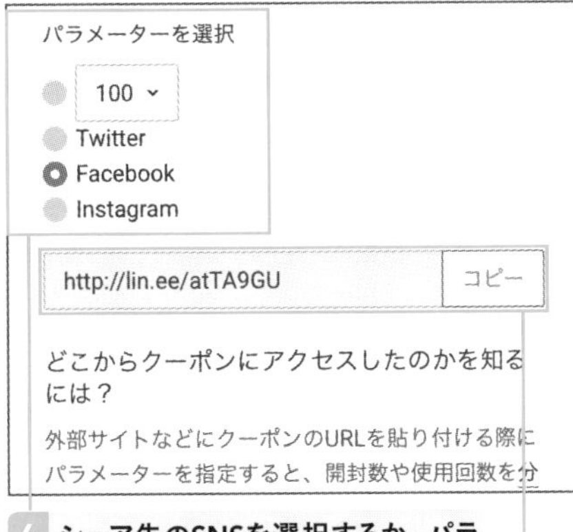

4 シェア先のSNSを選択するか、パラメーターの数値（ブログ、Webサイトなどでシェアする場合）を選択する

5 URLをコピーして、該当するページでシェアする

Point クーポンの配信結果の確認

管理画面の下メニューからグラフアイコン（分析）をタップして、［クーポン］をタップすると、クーポンの開封ユーザー、ページビュー、獲得ユーザー、使用ユーザーの数を配信結果として確認できます。配信結果を見て、次のような振り返りができます。

- **開封ユーザーは多いが使用数は少ない**

➡クーポンの内容が魅力的ではないため、行動につながらなかったと考えられます。使いたくなるようなクーポンを考えてみましょう。

- **開封数、ページビューは少ないが、使用率が高い**

➡クーポンの内容は魅力的なのに、タイトルや画像で伝えきれていない可能性があります。後日、同内容のクーポンを作成し、タイトルや画像を変更してみて、開封率が変化するか見てみましょう。

- **開封ユーザー、獲得ユーザー数は多いのに、使用ユーザーが少ない**

➡獲得とは、クーポンの「Get」をタップして保存したユーザー数です。クーポンは魅力的で使いたいと思ったのに、結果として使われなかったことが考えられます。利用期間が短すぎたり、利用の条件が厳しすぎたりしないかどうか確認し、ユーザーが使いやすくする工夫をしましょう。

05 クーポンを配信したら従業員に周知する

クーポンを配信した後は、実際に店舗やショップでクーポンのサービスを提供する必要があります。現場で働くスタッフにもしっかり運用方法を伝えましょう。

クーポン配信をスタッフに伝える

クーポンを配信したら、**全スタッフにLINE公式アカウントのクーポンを配信していることを周知しましょう**。お客さまがせっかくクーポンを見せたのに、対応した従業員がクーポンの存在を知らなかったのでは店舗の信頼も下がりますし、お客さまがそのことを周囲の友だちに伝えるかもしれません。悪いクチコミは広まりやすく、影響力も強いものです。きちんと共有しておきましょう。

クーポンを使用済みにする

クーポンが1回限りの利用である場合、クーポンを使用済みにする必要があります。クーポン画面の一番下には［使用する］というボタンがあります。このボタンをタップするとスタッフに提示するように促すメッセージが表示され、ボタンが［使用済みにする］に切り替わります。スタッフは、このボタンをタップして使用済みにします。

スタッフが［使用済みにする］をタップする

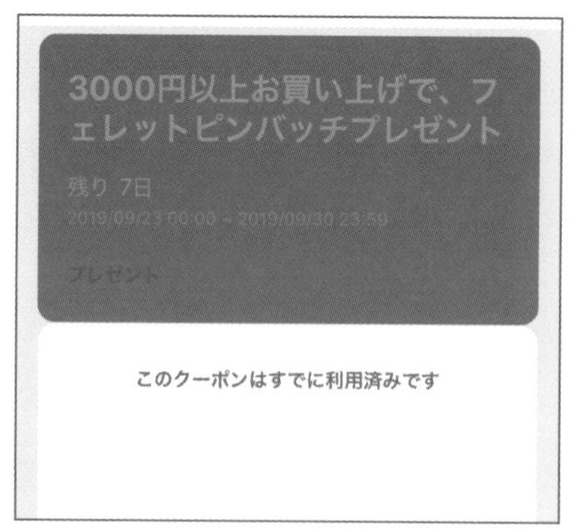

使用済みクーポンの例

Chapter 9

リッチコンテンツを使って反応率を上げよう

ビジュアルで視覚に訴え、お客さまの心をつかみ、テキストだけのメッセージよりも行動につながりやすいリッチコンテンツ。大企業のほとんどは、このリッチコンテンツを駆使しています。リッチコンテンツをマスターして反応のよいプロモーションを目指しましょう。

01 視覚的にわかりやすく、行動につながるリッチコンテンツ

画像や動画を使ってビジュアルで情報を伝えることができるリッチコンテンツでは、友だちの心をつかみやすいプロモーションが行えます。

リッチコンテンツには3つの種類がある

リッチコンテンツでは、画像や動画にリンクやクーポンなどのアクションを付けることで、友だちであるお客さまを目標のサイトに誘導できます。リッチコンテンツには、**リッチメッセージ**、**リッチメニュー**、**リッチビデオメッセージ**の3種類が用意されています。通常のメッセージより情報が伝わりやすいだけでなく共感も得やすいため、**遷移先への誘導率が高く**なります。

リッチメッセージはトークルームに大きく表示される画像に最大6個のアクション、リッチメニューはトークルーム下のオリジナル画像メニューに最大6個のアクション、リッチビデオメッセージは情報量が圧倒的に多い動画をトークルームの横幅いっぱいに大きく表示させ動画終了後にアクションを付けることができます。反応率の高いこれらリッチコンテンツを上手に使えるように、この章で詳しく説明していきます。

項　目	形　態	表示位置	アクション数
リッチメッセージ	画像	トークルーム	6つまで
リッチメニュー	メニュー	トークルーム下部	6つまで
リッチビデオメッセージ	動画	トークルーム	1つ

▲リッチコンテンツの違い

グリーンルームアトリエ由花：ワークショップへの案内のリッチメッセージ。きれいな画像で参加希望者をWebサイトの詳細ページへ誘導している

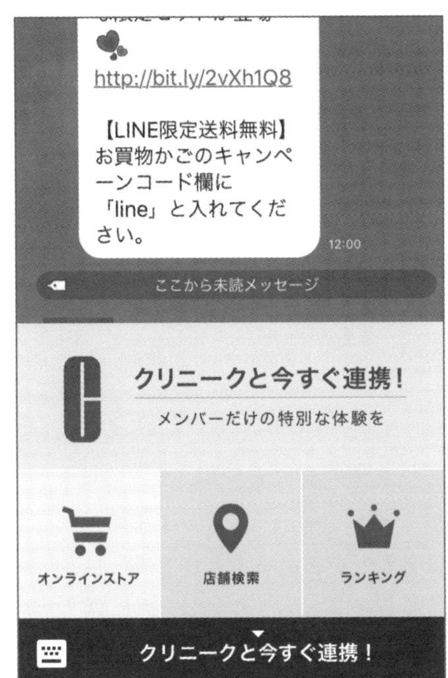

クリニーク：LINE ID連携を促す内容が一番に見えてくるリッチメニュー。アクセス数の多いコンテンツや問い合わせの多い内容へも誘導している

ミスタードーナツ：「もっと見たい」と感じさせる短いリッチビデオメッセージ。[詳細はこちら]で外部のCMへと誘導している

cecile：リッチメニューとリッチメッセージで1枚のチラシのように見えるように表示され、メニューバーまで一連の流れで設計されている

02 反応率が高いリッチメッセージで目的の場所へ誘導する

メッセージで視覚的に伝えたいなら、リッチメッセージは有効な方法です。簡潔でわかりやすくユーザーの視覚に訴えることで反応率を上げることができます。

リッチメッセージで情報をアピールする

リッチメッセージは、**複数のビジュアルやテキストを1枚の画像にまとめて配信する**メッセージです。文字や絵文字しかない普通のメッセージに比べ、画面のほとんどを占める大きさで情報を視覚的に伝えることができ、訴求力が高まります。

リッチメッセージでは、現代の「文章を読む習慣がなくなった層」や「画面全体で文字を感覚で読み取る層」に対しても、効果的なプロモーションを行えます。

効果が高い証拠として、大手企業のLINE公式アカウントで、リッチメッセージを配信していない企業はないといっても過言ではありません。

そしてメッセージの背景となる画像にリンクやクーポンのアクションを割り当てることができるので、普通のメッセージより誘導率が高くなります。

ただし、1枚の画像に情報をまとめて制作しなければならないので、画像を作るという点で配信に手間がかかります。

特に新商品の発売やキャンペーン、セール開催や、イベントなど、社を挙げるアピールしたい商品やサービスがある場合は、画像の作成を外注してでも、リッチメッセージを配信するようにしましょう。

リッチメッセージの例

03 訴求力の高いリッチメッセージを作ろう！

リッチメッセージを送るには、先にリッチコンテンツを作成する必要があります。ここでは、用意していた画像を使ってリッチメッセージを設定し、メッセージを配信するまでの手順を紹介します。

リッチメッセージの作り方

リッチメッセージはPC版管理画面からのみ登録ができます。

メッセージでリッチメッセージを配信する際には、リッチメッセージとして機能するコンテンツを前もって準備する必要があります。リッチメッセージは**1枚の画像を背景として設定し、背景画像に対して最大6個のエリアを割り当てます。**ここで使う背景画像の設定方法には、縦1,080px × 横1,080pxの定型サイズの画像を用意する方法と、PC版管理画面で背景画像を作成する方法の2パターンがあります。PC版管理画面からでも簡単にきれいな背景画像を作れますが、レイアウトにこだわり抜いたリッチコンテンツを作りたい方は、画像処理ソフトを使うとよいでしょう。

ここでは、用意した画像を使ってリッチメッセージを作る方法を解説します。

用意した背景画像からリッチメッセージを作成する

1 [リッチメッセージ]をクリックする

2 [作成]をクリックする

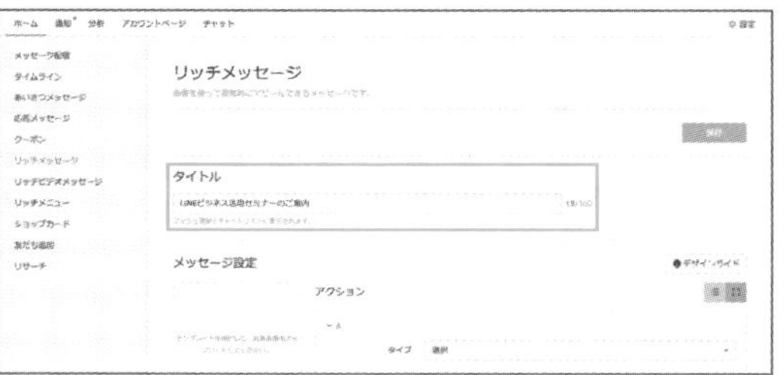

3 [タイトル]を入力する。タイトルは最大100文字まで入力できる

Point リッチメッセージのタイトルの付け方

リッチメッセージのタイトルはプッシュ通知の見出しやLINEアプリ内のトークリスト、リッチメッセージ非対応端末などにアカウント名と一緒に表示されます。表示する際にタイトルの文字数が少ないときは、項目の詳細の冒頭文が自動的に追加表示されます。社内でわかる管理上のタイトルではなく、友だちが遷移先に飛ぶように、リッチメッセージからのリンク先での効果や情報をチラ見せするキャッチーなタイトルを付けましょう。

トークリストにタイトルと冒頭文が表示される

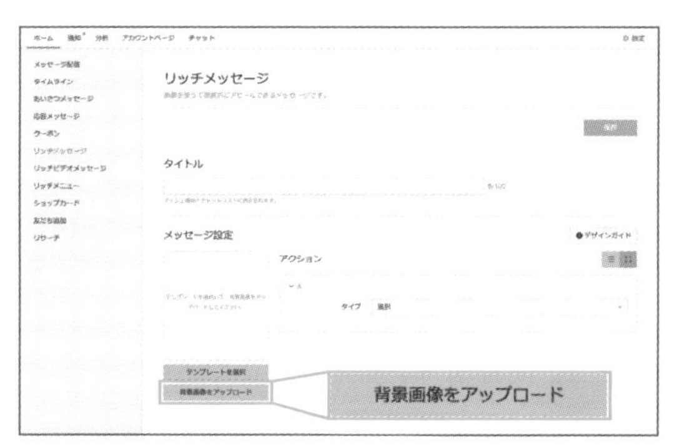

4 ［背景画像をアップロード］をクリックする

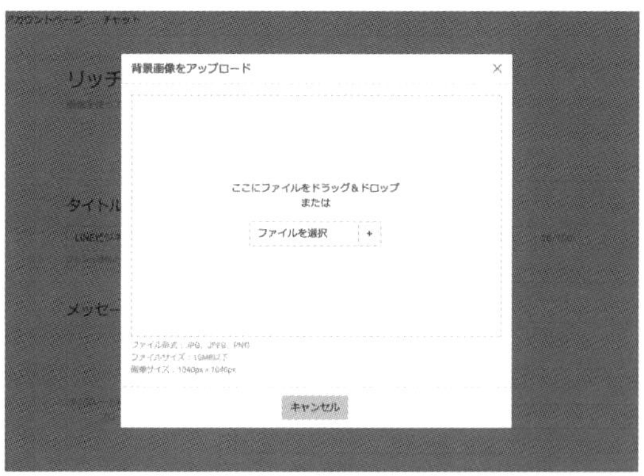

5 準備しておいた画像をアップロードして背景画像に設定する。画像ファイルを「ドラッグ＆ドロップ」するか、「ファイルを選択」をクリックしてフォルダから画像を選択する

6 ［テンプレートを選択］をクリックする

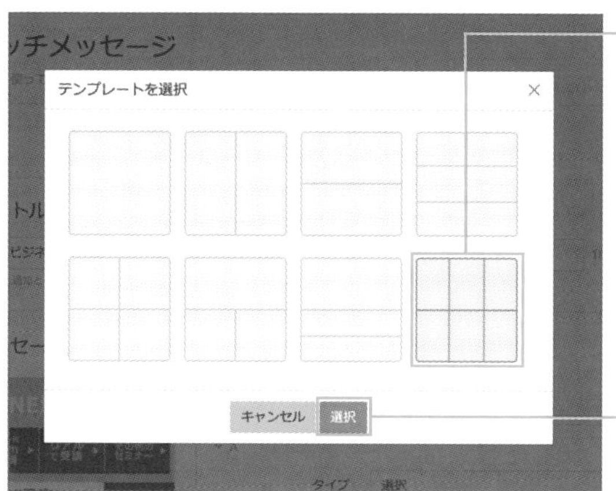

7 テンプレートを選択する。画像にエリアを割り当てるため、テンプレートから配信したいエリアの分割タイプを選択する。ここでは、使用する画像に合わせて6分割のテンプレートをクリックする

8 ［選択］をクリックする

Point テンプレートの効果的な選び方

テンプレートは、作成した画像で各エリアが反応できるものを選びます。テンプレートにないエリア配置でも、画像の工夫次第で要素を目立たせることができます。たとえば、画像を作成するときにわざと変形で作成し、2つのエリア分で1つの遷移先に飛ぶような画像を作成して、2つのエリアに同じ遷移先を設定することも可能です。

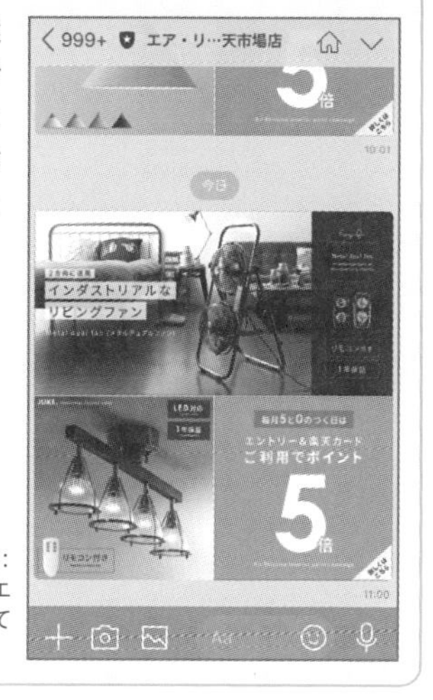

エア・リゾーム　インテリア楽天市場店：4分割のリッチメッセージ。上段の左右エリアには共に同じ遷移先URLを設定している

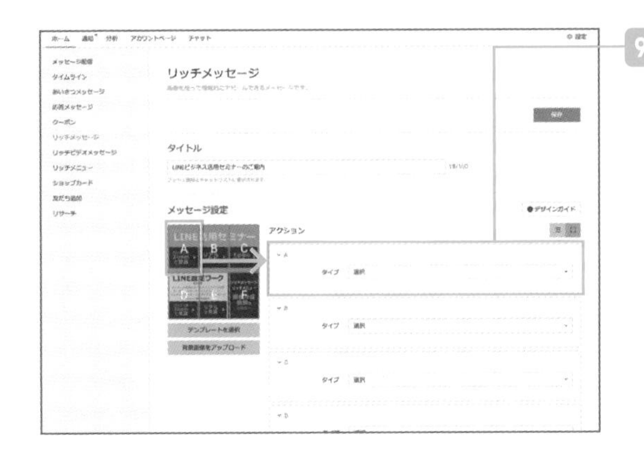

9 誘導アクションを設定するエリアに、遷移するときの誘導アクションを設定する。ここでは、アクションのタイプから「リンク」または「クーポン」を選択する

項　目	内　容
リンク	● 遷移先のHPやSNS、タイムラインなどのURLが設定できる ● 1アクションごとのURLの文字数は1,000文字まで ● 遷移先として電話番号も設定可能
クーポン	クーポン選択画面から設定したいクーポンを選ぶ

▲**誘導アクションの種類**

Point タップすると電話がかかる設定にするには？

リンクとして電話番号を設定します。電話番号の前に「tel:」を付けることで、タップすると電話が自動的にかかるように設定できます。電話番号に「-（ハイフン）」は不要です。

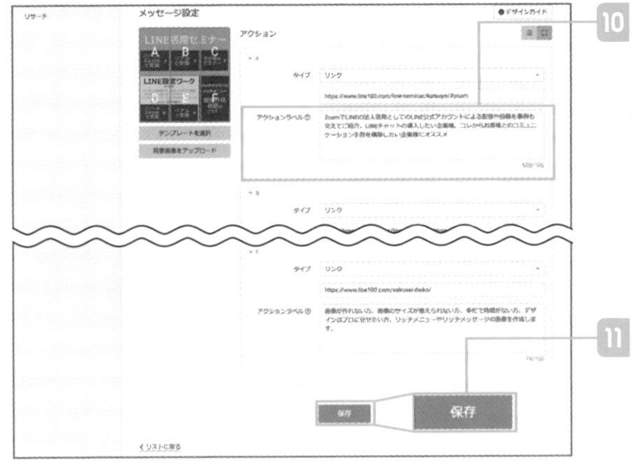

10 アクションラベルを入力する。アクションラベルは音声読み上げ機能に使用されるため、タップするとどうなるのかを明記する

11 すべてのエリアに対して、同様の設定を行う。完了後、[保存]をクリックする

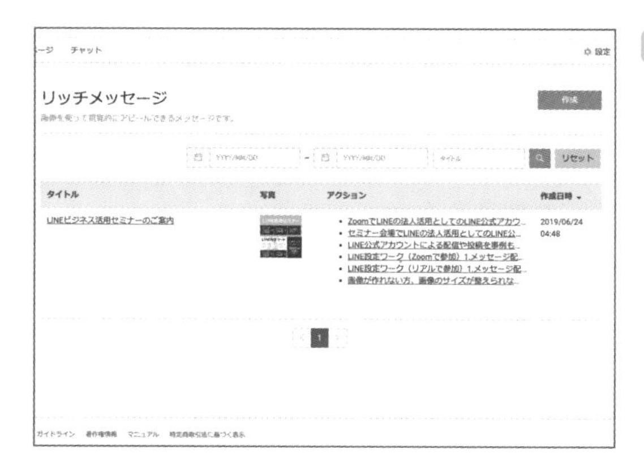

12 リッチメッセージ一覧画面に遷移すると、一覧に設定したリッチメッセージが表示されている

リッチメッセージのテスト配信で動作確認をする

リッチメッセージを作っただけでは、遷移先が本当に正しいかチェック・確認はできません。メッセージを作成し、テスト配信して自分の端末で動作確認を必ず行いましょう。

Point デザインガイドを活用して画像を作ろう

リッチメッセージの画像サイズは縦1,040×横1,040pxです。画像はpngとjpg形式のみアップロード可能です（jpg推奨）。サイズとファイルの種類の両者の条件を満たさなければリッチメッセージの背景として設定できません。
デザインガイドの［テンプレートガイドをダウンロード］をクリックすると、サイズが明記されたサンプル画像がダウンロードされます。サンプル画像を編集することで、1,040pxというサイズと大きさがわからなくても、この元画像を書き換えて作成すれば1,040pxの画像が完成します。

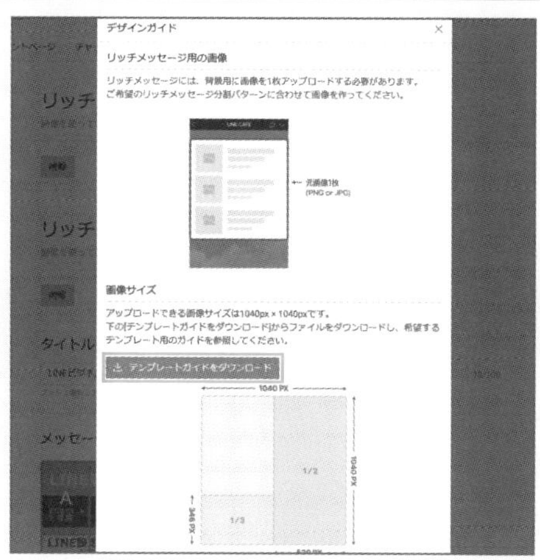

デザインガイドを表示すると、テンプレートガイドがダウンロードできる

リッチコンテンツの画像を作成する

　リッチメッセージやリッチメニューで背景として設定できる画像を、PC版管理画面で用意された編集・加工ツールを使って簡単に作成できます。このツールを使えば、リッチメッセージやリッチメニューを使いたいけれど、「画像の作成ができない」「テンプレートのサイズに合わせた画像を作ることができない」といった悩みを解決できます。ここでは「4分割された画像」を作成します。

> **Memo リッチメニューの背景画像の作成方法**
>
> ここではリッチメッセージ用の画像の作り方を作成しますが、リッチメニューも基本的な操作方法は同じです。リッチメッセージ・リッチメニューのそれぞれの「画像作成」からスタートすれば、それぞれに適したサイズで作成できます。なお、リッチメニューについては204ページで詳しく解説します。

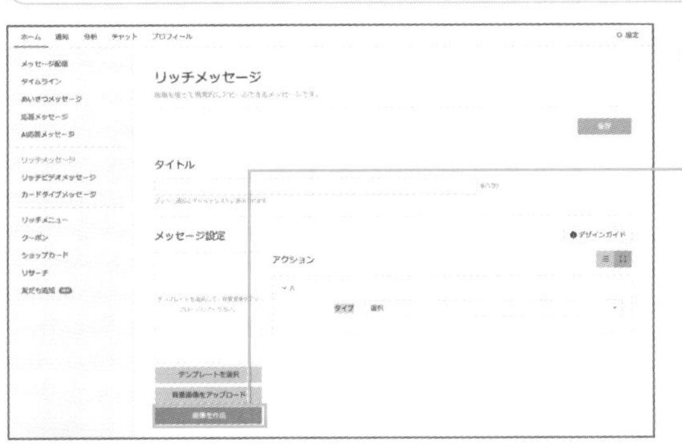

1. PC版管理画面にアクセスし、[リッチメッセージ] > [作成] をクリックする
2. [画像を作成] をクリックする

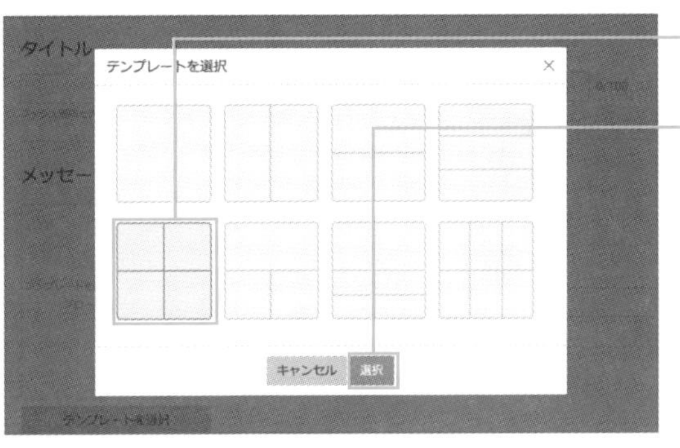

3. テンプレートを選ぶ。ここでは、「4分割のテンプレート」を選択する
4. [選択] をクリックする

> **Memo プレビュー画面を見ながら作成できる**
>
> テンプレートの選択後は、編集・加工画面が開き、プレビュー画面を見ながら画像の編集・加工ができます。指定したテンプレートに合わせて、エリア画像を背景に指定したり、背景色を設定したり、テキスト追加した画像を作成することが可能です。

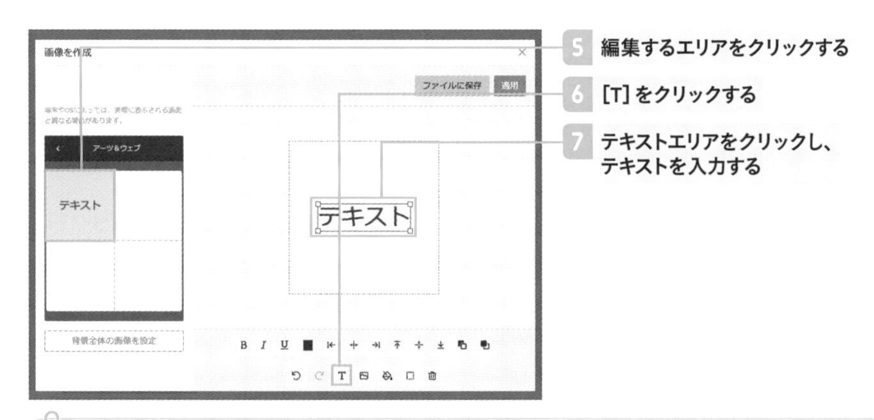

5 編集するエリアをクリックする

6 [T] をクリックする

7 テキストエリアをクリックし、テキストを入力する

Memo 文字サイズを変更する

文字サイズを変更するにはテキストを入力した後、エリア外をクリックします。再度テキストをクリックしてテキストエリアの4隅を選択して、サイズを調整します。

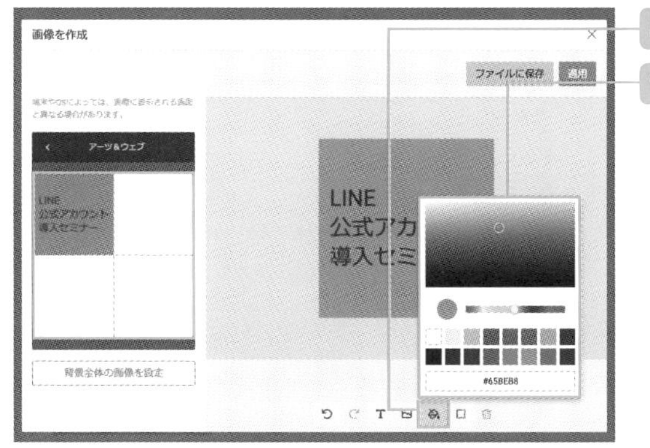

8 背景色 [] をクリックする

9 背景色を選択する

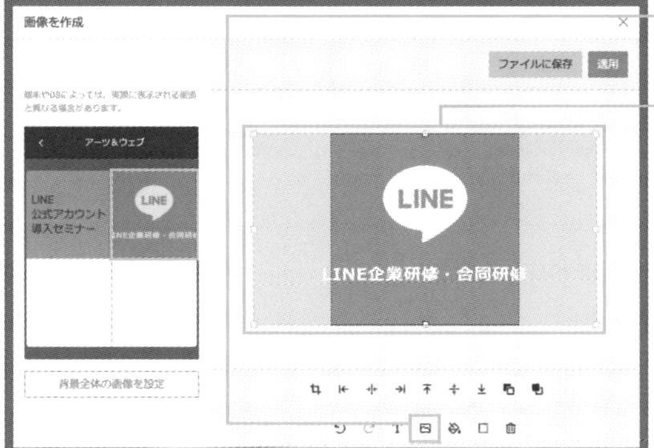

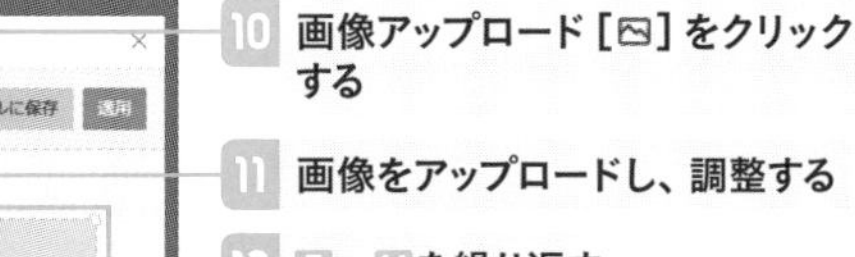

10 画像アップロード [] をクリックする

11 画像をアップロードし、調整する

12 5～11を繰り返す

Memo 画像作成の際に使用できる画像

背景画像の作成の際に、使用できる画像はjpg、jpegもしくはpng形式のファイルです。アップロードした画像は分割エリア内でサイズの変更が可能です。

注意 「適用」した後は画像を保存できない

「ファイルに保存」せずに作成した画像を「適用」すると、画像をファイルに保存することができなくなります。必ず、画像を「ファイルに保存」してから[適用]をクリックするようにしましょう。

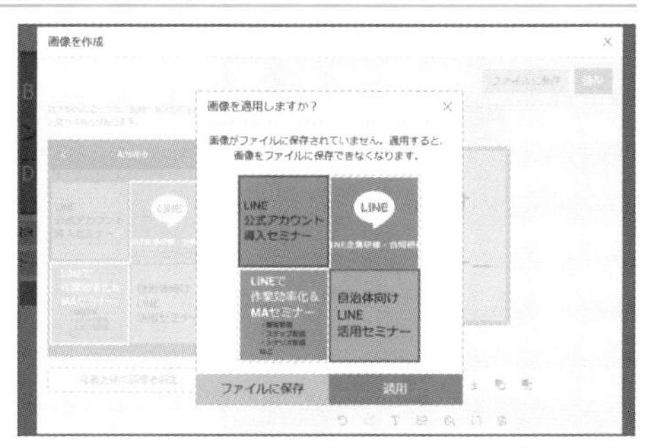

「ファイルに保存」をせずに[適用]をクリックするとポップアップが表示される

反応のよい画像を作成する

反応率を上げるために、「詳細はこちら→」の文字でタップを促し、遷移先に誘導できる画像の作成方法を解説します。この例ではテンプレートは1分割のテンプレートを選択しています。

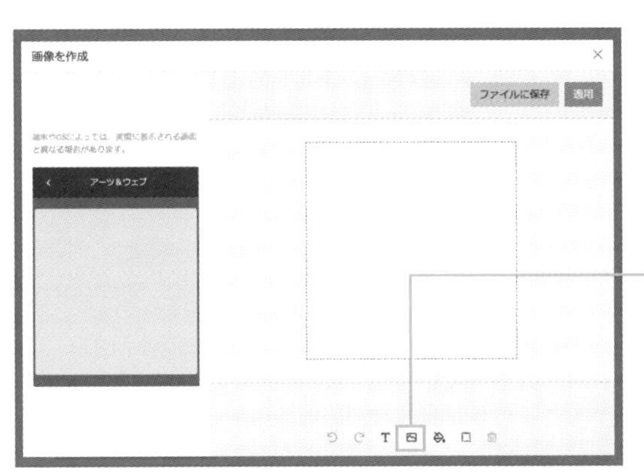

1 PC版管理画面にアクセスし、[リッチメッセージ] > [作成] をクリックする

2 [画像を作成] → [テンプレートを選択] → [1枚画像] を選択 → [選択] をクリックする

3 画像をアップロード [🖼] をクリックする

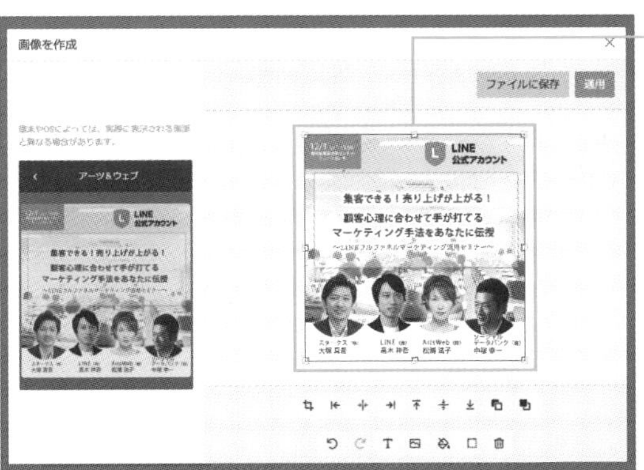

4 下部に文字を配置できるよう、画像サイズと位置を調整する

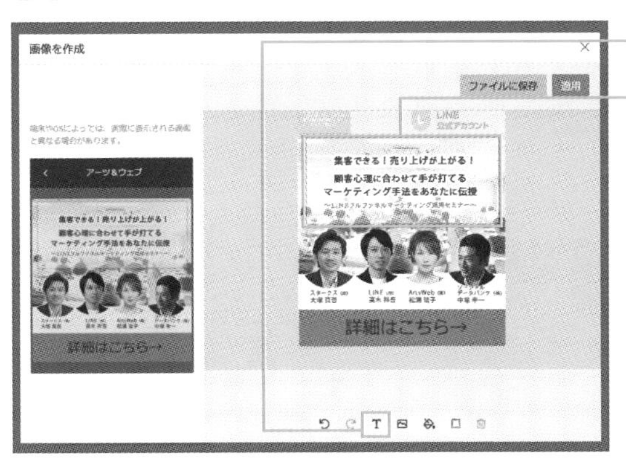

5 [T] をクリックする

6 テキストエリアをクリックする。テキストを入力し、テキストの位置を調整する

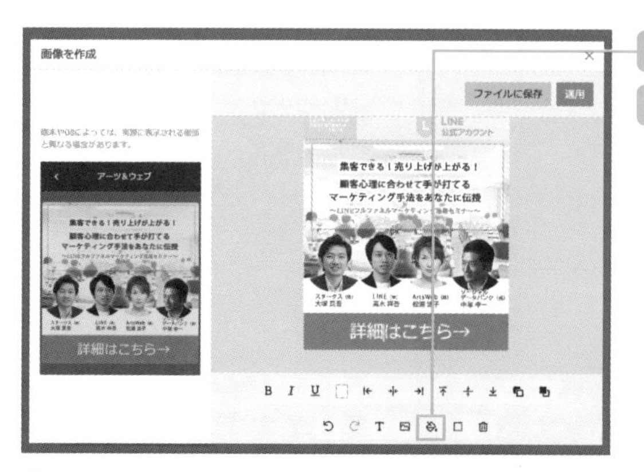

7 背景色［🪣］をクリックする

8 背景色を設定する

9 調整する。ここでは、文字色を白色に変更する

10 ［ファイルに保存］をクリックする

11 ［適用］をクリックする

Memo より凝った画像を作成するには？

画像の作成では、画像の上に別の画像を重ねて配置することができます。より凝った画像を作成したいときは、ぜひ利用しましょう。

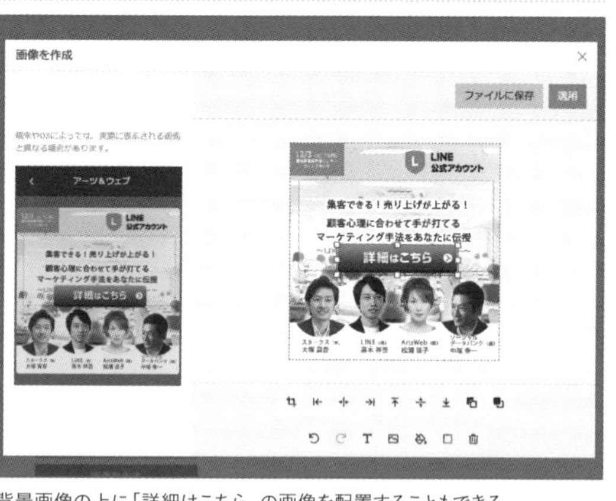

背景画像の上に「詳細はこちら」の画像を配置することもできる

リッチメッセージを配信する

作成したリッチメッセージを、メッセージとして配信します。

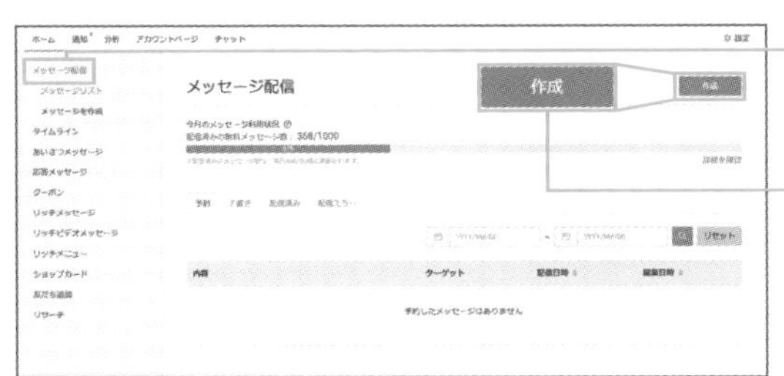

1 ［メッセージ配信］をクリックする。メッセージ一覧が表示される

2 ［作成］をクリックする。新規メッセージ作成画面が表示される

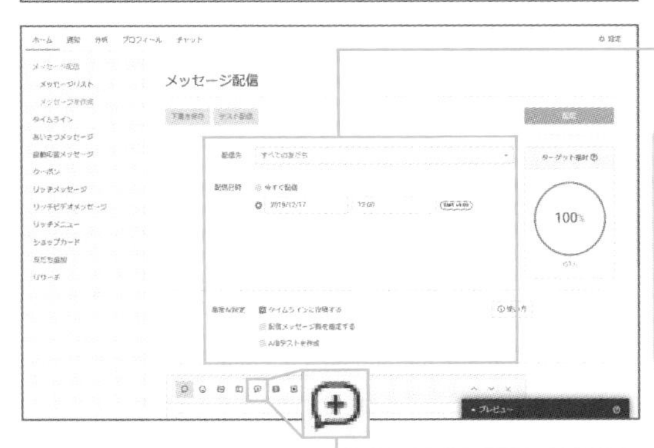

3 メッセージの配信条件を設定する

Memo 配信条件を設定する

「配信先」を選択し、必要に応じて「配信メッセージ数」と「配信日時」の設定をしましょう。また、タイムラインに投稿するなら「タイムラインに投稿する」にチェックを設定します。

4 メッセージのタイプから「リッチメッセージ」を選択するとリッチメッセージのリストが表示される

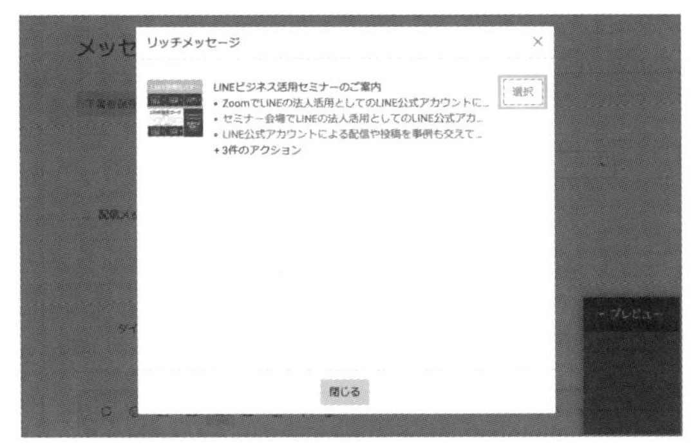

5 リッチメッセージのリストから、配信するリッチメッセージの［選択］をクリックする。リッチメッセージ情報がメッセージエリアに、プレビュー画面にリッチメッセージが表示される

6 メッセージ欄にリッチメッセージが適用され、プレビュー画面にもリッチメッセージが表示された。内容を確認して［配信］をクリックする

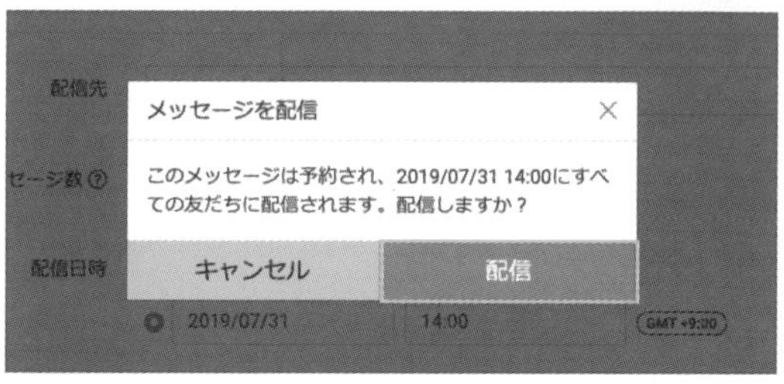

7 メッセージ日時および配信セグメント（ターゲット。このときはすべての友だち＝全員）を確認して、［配信］をクリックする（ここでは予約投稿したので、メッセージ配信の予約日時が確認される）

基本的にはテスト配信してから配信しよう！

配信時間までに余裕がない場合を除いて、いきなり配信するのではなく、メッセージを下書き保存しリンク先に遷移しているか、リッチメニューで読めなくなっていないかなど、テスト配信して動作確認をしましょう。

8 リッチメッセージの配信予約が完了した

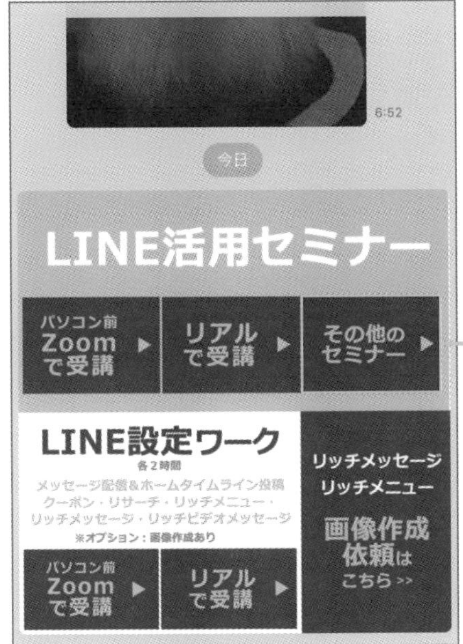

メッセージでリッチメッセージが配信された

タップでWeb表示される

リッチメッセージを編集・修正する

リッチメッセージの配信内容を修正・変更できます。メッセージが配信された後のリッチメッセージは、修正・変更しても内容が変わることはありません。リンク先を間違えていたなど、ミスがあって修正・変更をした場合は、再配信しましょう。

1 [リッチメッセージ] をクリックする

2 リッチメッセージ一覧が表示されるので、修正・編集したいリッチメッセージのタイトルやアクションをクリックする

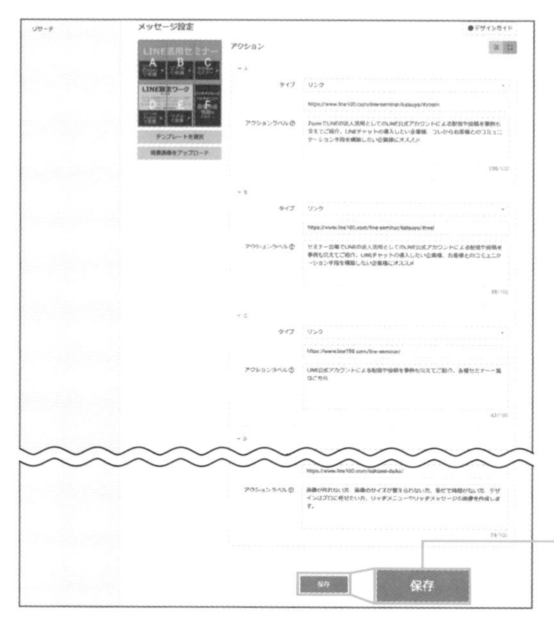

3 編集・修正したい項目を編集する

4 ［保存］をクリックすると修正・編集が完了し、リッチメッセージ一覧が表示される

リッチメッセージを削除する

管理上、修正・編集するのではなく、削除して新たにリッチメッセージを作ることもあります。一度でも配信すると統計情報として累積されるため、情報として不要であれば削除してしまいましょう。

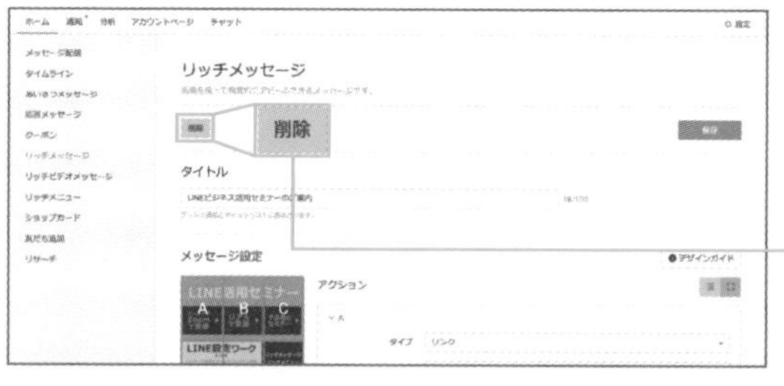

1 リッチメッセージを削除するときは、［リッチメッセージ］＞リッチメッセージ一覧表示＞削除したいリッチメッセージを選択して編集画面から行う

2 ［削除］をクリックする

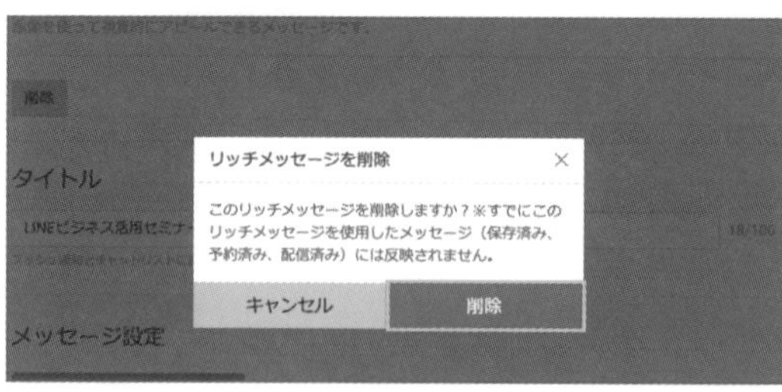

3 内容を確認して［削除］をクリックする

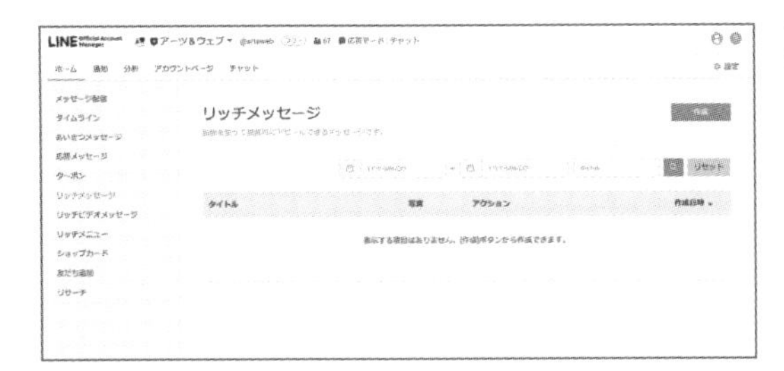

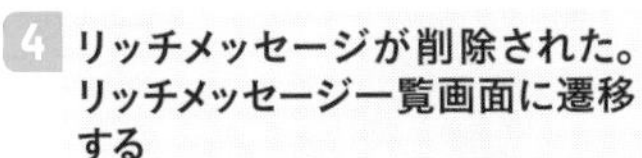

4 リッチメッセージが削除された。リッチメッセージ一覧画面に遷移する

注意 配信後にリッチメッセージを削除した場合の受信側の状態

配信したメッセージは送信を取り消すことも、削除することもできません。

Point 反応のよいリッチメッセージの作り方

「詳細はこちら」などの誘導するメッセージや、矢印マークやボタンがあるようなデザインなど、クリックできることが明確な画像は反応がよくなります。

JR東海ツアーズ：シリーズ化しており、過去のリッチメッセージも雑誌のように見て楽しめる

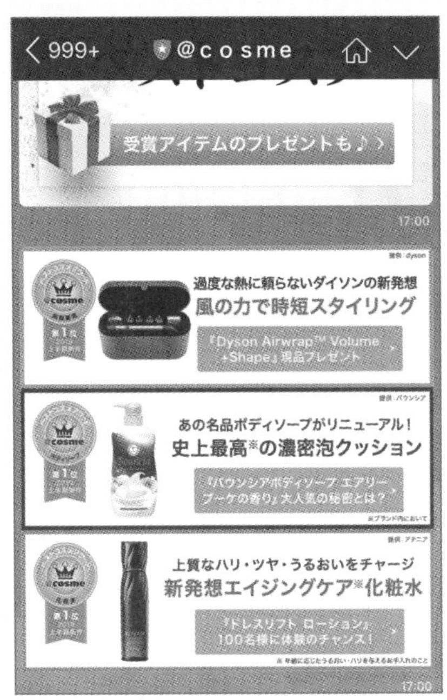

@cosme：3分割のリッチメッセージ

04 リッチメニューで重要な情報をアピールする

リッチメニューはお客さまを迷わせず、目的の誘導先に案内できる有益なプロモーションです。リッチメッセージとあわせて効果的に使いましょう。

エリアごとに誘導アクションを設定する

リッチメニューは、基本的にトーク画面の一番下に固定表示される画像タイプのメニューです。メニューはエリアを最大6分割にすることができ、各エリアに誘導アクションを設定することができます。

メニューに設定できる誘導アクションは、次の5つです。

- **リンク**
- **クーポン**
- **テキスト**
- **ショップカード**
- **設定しない**

メッセージと一緒に情報を伝えることができるリッチメニューを、プロモーションとして使うためのメリットや特徴・注意点を紹介します。

6分割されたリッチメニュー

メニューにすることでメッセージを送らずに情報量を増やす

メッセージに多くの情報を載せると、情報過多になり、かえって伝わりづらくなります。だからといって、メッセージ1通当たりの情報量を減らし、複数回にわたって送るのも、ブロックが増えるもととなるのでおすすめできません。しかし、情報はできるだけたくさん伝えたいものです。

そんなときに有効なのがリッチメニューです。メッセージには、今一番伝えなければならない情報を記載し、Webページなどへは**大切な情報への入り口**をメニューに設けることでアクセスしてもらいましょう。

お客さまを迷わせないでアクセスにつなげる

リッチメニューでは、相談の多い内容や、問い合わせの多い内容、Webでアクセスの多い人気ページへ遷移させることで、お客さまが悩むことなく目的の情報に速やかにたどり着くことができます。表示の工夫次第では、お客さまが当初そこまで関心のなかった事柄にも興味がわき、知ってほしい情報へのアクセスにつながることもあります。

ベルメゾン：お客さまのほしい情報をメニューで表示し、お客さまを迷わせない

メニューは重要度によって情報量を変えることができる

多くの情報を掲載したいからといって、メニューを6等分し、たくさんの情報を掲載するのは安易な考えです。メニューを6等分すれば情報を多く届けられますが焦点がぼやけてしまいます。反対に目に入ってくる情報が少ないほど、内容は深くしっかりと伝わります。キャンペーンやイベント、今イチオシの商品など、重要なことがある場合は6分割ではなく、エリアを区切らずに1つのエリアのみで伝え

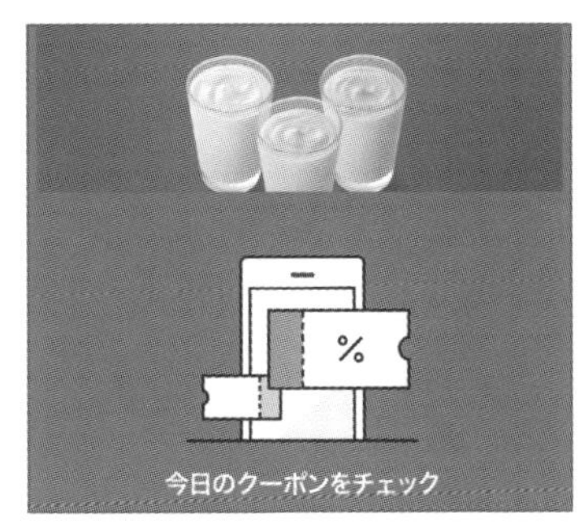

LINEクーポン：伝えたい内容や重要度により、情報量を変える。エリアを1つにするとリッチメッセージ以上のアピール力を持つことができる

てもよいくらいです。少なくとも特別な情報は、リッチメニュー全体の中から一番目立つ大きさ、色合い、配置になるように調整しましょう。

A/Bテストを繰り返し、反応率が上がるメニューを作る

リッチメニューのよいところは、好きなときに好きなだけ何度でも変更できることです。メニューを変更したからといってお客さまに通知はいかないので、メニューを何度変えようと、プッシュ通知が多くなってしまってブロックされることはありません。デザインを変えて、より「どうやったら伝わるか」、思う結果が得られるまでテスト・チャレンジすることができます。テストを繰り返すことで精度が上がり、時間とともにメニューからのアクセス率や反応率が上がっていきます。

売り込みだと感じにくいプロモーション

メッセージが届くだけでセールスがきたと感じる場合がありますが、リッチメニューはお客さま自身が行動を起こしてアクセスするので、セールスの印象をあまり持たれません。お客さま自身の興味から入ることで、購入や申込みにつながりやすいのです。

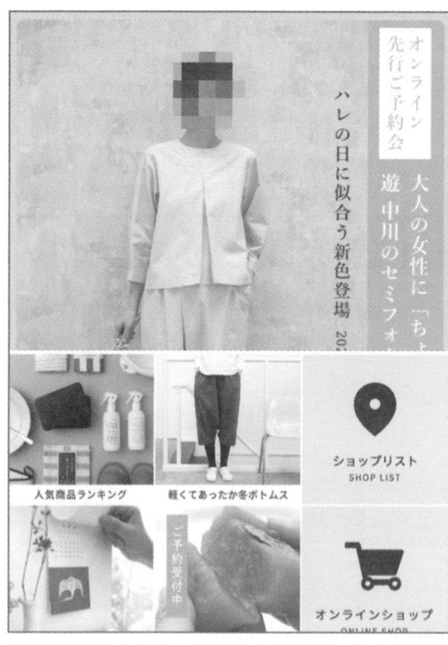

中川政七商店：メッセージが届いたことをきっかけに店舗やオンラインショップに誘導する

おとなサントリー：楽しい雰囲気で、もっと見たくなる感を演出して商品に誘導する

半自動化の入り口が作れる

リッチメッセージのアクションにテキストを設定し、キーワード応答と組み合わせ、そのキーワードに反応するリッチメッセージを返信するという流れをいくつか作ることで、半自動化された対応が可能になります。お客さまを分析し、問いと答えの想定問答を練り上げた上で構成をしっかり作っていけば問い合わせ窓口の1つにもなりえます。

お客さま自身の好きなタイミングや時間帯で、ほしかった情報をすぐに得ることができるようになると、満足度も上がります。

いぬ・ねこのきもち：リッチメニューからペット保険の見積／加入へ半自動化することでお客さま対応を効率化している

いぬ・ねこのきもち：リッチメッセージを使ってイメージでナビゲーション

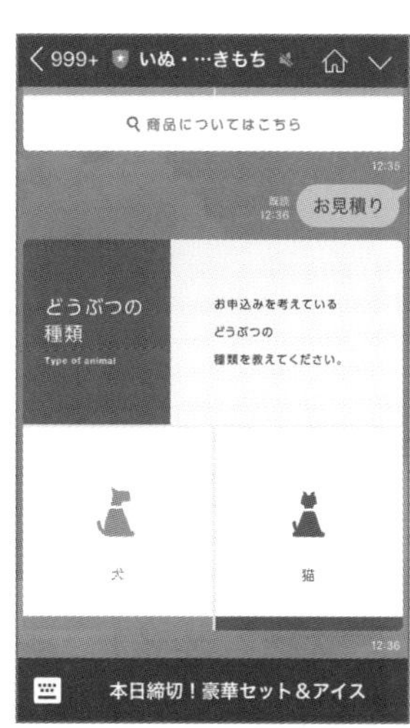

いぬ・ねこのきもち：半自動化ナビゲーションによりお客さまのほしい情報が、すぐに手元に届く

このようにリッチメニューはよいことだらけです。しかし、1つだけ弱点があります。それは**デザイン力**が必要なことです。エリア分割が多ければ多いほどデザイン力が問われます。デザイン力がない場合は、メニューは今一番伝えたいものを大きく表示させるようにしましょう。

また、「餅は餅屋」ともいいます。デザイン力がない人はデザインのプロに画像作成を依頼し、「無駄な労力＝時間コストを使わずに済んだ！」「やるべき別のことができる時間が増えた！」と考え、**あえて苦手なことに時間を使わない**のもビジネスの手法のひとつです。

Memo リッチメニューは表示されるまでに時間がかかることがある

設定したメニューが表示されるまでに時間がかかる場合があります。画像の大きさも関係ありますが、表示されるまでに時間がかかる大きな要因は、サーバーの混雑状況です。また、アカウントの友だち人数によっても異なります。

小牧コロナワールド：本文を目立たせるために、単色でリッチメニューを構成。読みやすく、本文もメニューも際立つ

ジェイアール名古屋タカシマヤ：リッチメニュー。メッセージには催事が週1くらいで定期的に流れるが、メニューは今イチオシの情報へ誘導している

Memo リッチメニューの背景画像の工夫の仕方

リッチメニューは背景を透過して作成すると、後ろにメッセージ画面が透けて見える状態で作成できます。

Point テンプレートの効果的な選び方

ステータスが「オン」で、かつ表示期間内であれば、リッチメニューは表示されます。同一期間に複数のメニューは表示できません。ただし、同一期間を設定することは可能です。手動になりますが、ステータスのオン・オフを切り替えて複数のメニューの反応をテスト・効果測定するとよいでしょう。

05 実際にリッチメニューを作成してみよう

プロモーションとして有益なリッチメニューは自社オリジナルのメニューをトーク画面下に表示させることができます。ここでは、用意した画像を使ってリッチメニューを作成する方法を紹介します。

リッチメニューを作成しよう

リッチメニューはPC版管理画面からのみ作成が可能です。リッチメニューは背景に画像を設定して、テンプレートで1〜6個までのエリアを割り当て、メニューの機能を付けることができます。背景画像の設定方法は、定型サイズの画像を用意する方法と、PC版管理画面で背景画像を作成する方法の2パターンがあります。

ここでは、用意した画像からリッチメニューを作成する方法を説明します。PC版管理画面から背景画像を作成する方法は194ページのリッチメッセージの背景画像の作り方を参考にしてください。

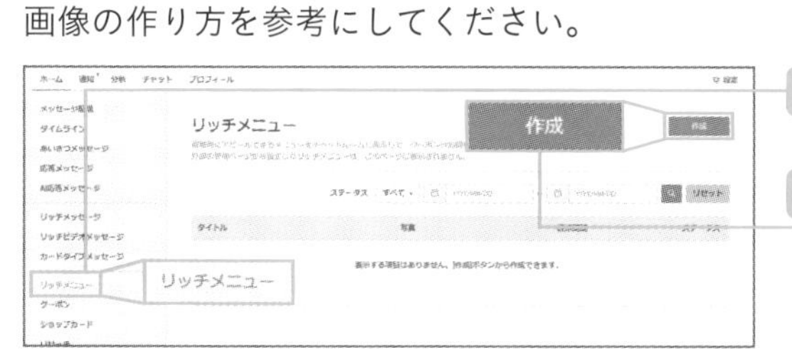

1 **[リッチメニュー]をクリックすると、リッチメニュー一覧が表示される**

2 **[作成]をクリックし、リッチメニュー新規作成画面に遷移する**

Point エラーが出て保存できないときの対処法

[保存]をクリックしたときに「設定した表示期間には、他のリッチメニューが設定されています。別の期間を設定してください。」という表示が出たときは、同じ期間に表示されるリッチメニューが他に存在しています。せっかく設定したものでもそのままでは保存できないので、まずは表示設定を「オフ」に変更して保存しましょう。

その後、問題を解決するために「重複している日時」がないかを確認し、重複しないように日時の調整をするか、重複を避けられない場合は表示設定をオン・オフにすることで使い分けましょう。

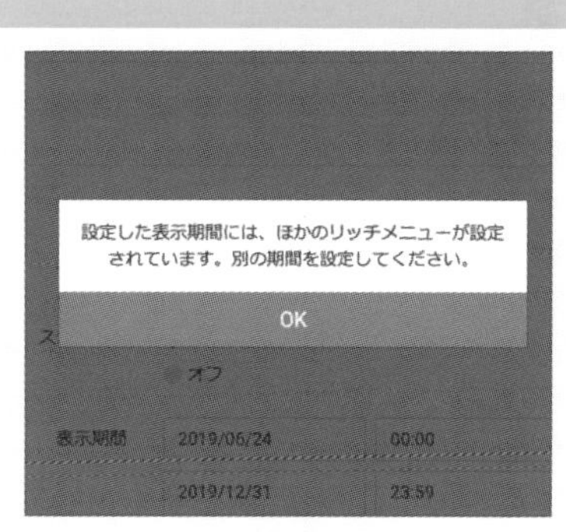

リッチメニュー期間重複エラー画面

3 タイトルを入力する

4 ステータスからメニュー表示の「オン・オフ」を選択する。トーク画面の一番下にリッチメニューを「オン（表示させる）」か「オフ（非表示にする）」かを選択する

5 メニューの表示期間を設定する。リッチメニュー表示のスタート日時と表示終了日時を設定する

Memo タイトルの入力

タイトルを20文字以内で入力します。このタイトルは管理用としてのタイトルになるので、リッチメニュー一覧で探しやすいタイトルを付けるようにしましょう。

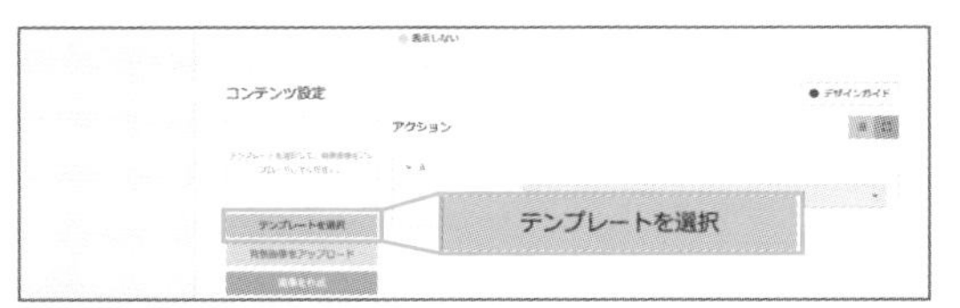

6 ［テンプレートを選択］をクリックすると、テンプレート一覧が表示される

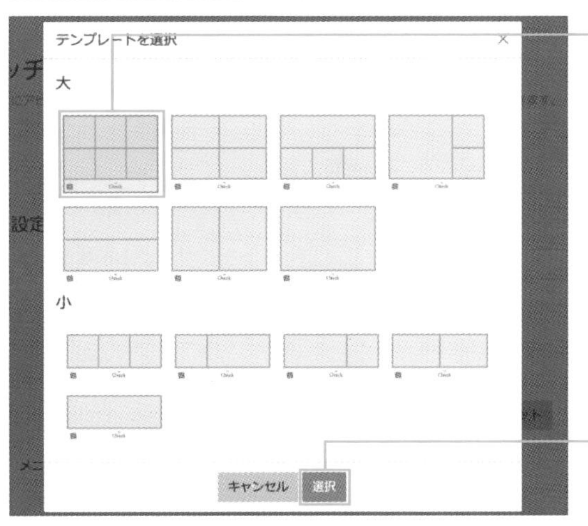

7 テンプレート一覧からテンプレートを選択する。ここでは、6等分に配置された画像を使用しているので、6分割のテンプレートを選択する

8 ［選択］をクリックする。選択したテンプレートに対するアクションエリアが表示される

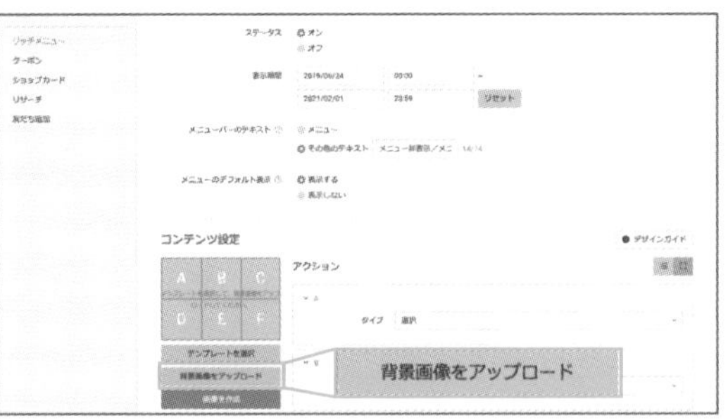

9 ［背景画像をアップロード］をクリックする。背景画像をアップロード画面が表示される

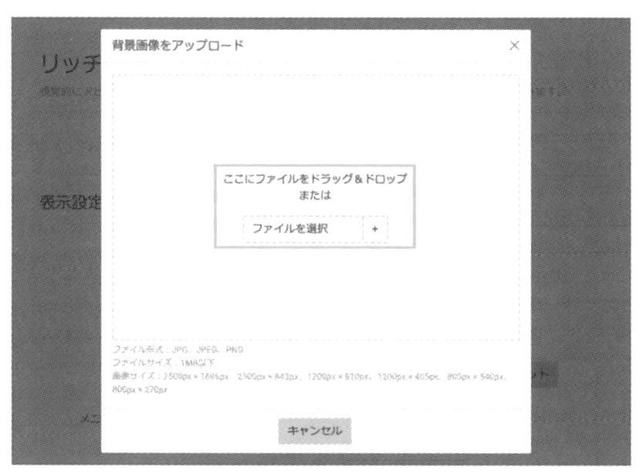

10 準備しておいた背景画像をドラッグ&ドロップするか、[ファイルを選択]をクリックしてフォルダから画像を選択する

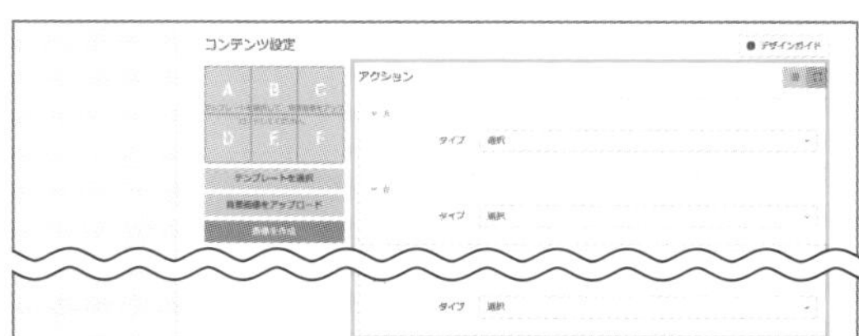

11 エリアごとにアクションを設定する

項目	内容
リンク	遷移先のHPやSNS、タイムラインなどのURLが設定できる
クーポン	設定済みのクーポンから選択できる
テキスト	トーク中に表示させるテキスト文字を入力できる
ショップカード	設定済みのショップカードから選択できる
該当しない	エリアに「何も関連付けさせない」ことを設定できる

▲選択できるアクション

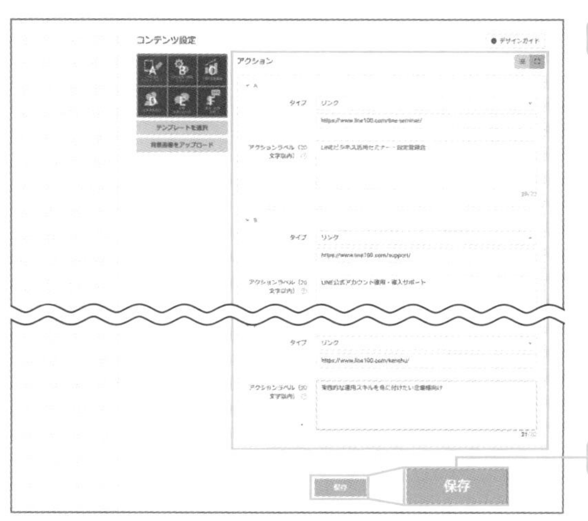

12 すべての入力欄に入力する(リンク・クーポンを選択した場合、アクションラベルの入力が必須)

Memo アクションラベルとは?

アクションラベルは、最大20文字まで入力可能で、音声読み上げ機能で使用されます。概要や遷移先には何があってどうなるのか、わかる内容を明記しましょう。なお、アクションをすべて「アクションなし」にすることはできません。

13 [保存]をクリックする。リッチメニュー一覧が表示される

Point リッチメニュー公開後、速やかにテストを行う

リッチメニューはリッチメッセージやリッチビデオメッセージと違って、テスト環境はなく、いきなり友だちに表示されます。遷移先が違っていたり、遷移しなかったりすると、機会損失になります。リッチメニューの設定が終わったら、すぐに表示内容や遷移先が正しいかの動作チェックを行いましょう。リッチメニューの修正は何度でも可能です。

リッチメニューを編集しよう

リッチメニューは何度変更しても、**お客さまに通知はいきません**。間違っていた場合は、速やかに修正を行ってください。

また、反応率を上げるために、複数のデザインを用意して、A／Bテストによる効果測定を行い、修正による微調整で完成度を上げていきましょう。

1 ［リッチメニュー］をクリックする。リッチメニュー一覧が表示される

2 編集したいリッチメニューのタイトルをクリックする。リッチメニュー確認画面が表示される

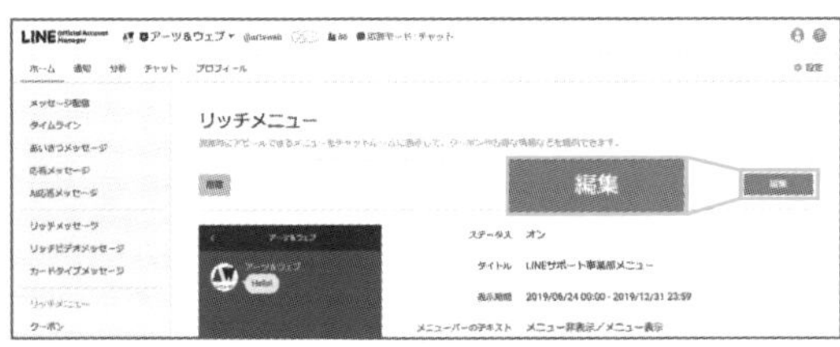

3 ［編集］をクリックする。リッチメニュー編集画面が表示される

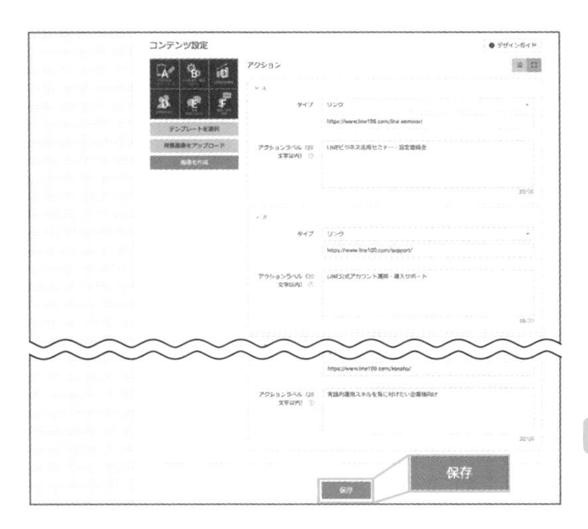

4 **表示された内容から編集したい項目を編集・修正し、[保存] をクリックして編集を終了する**

リッチメニューを削除する

いくつものリッチメニューを用意して、ステータスをオン・オフにすることで表示の切り替えが可能です。しかし、なかには今後絶対に使わないものが交ざっていることもあります。そうしたものを間違って再表示させてしまうことがないよう、二度と使わないリッチメニューは削除してしまいましょう。ただし、間違って現在表示されているリッチメニューを消してしまうと再び表示されなくなるので、削除する場合は注意してください。

1 **「リッチメニュー」にアクセスし、削除したいリッチメッセージをクリックする**

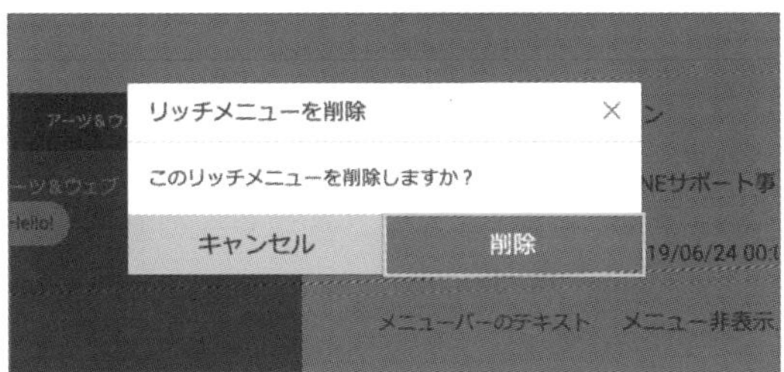

2 **[削除] をクリックすると、内容を確認するポップアップが表示されるので、[削除] をクリックする**

06 短時間で多くの情報が届く リッチビデオメッセージ

商品やサービスを紹介する動画は、プロモーション・宣伝に効果的です。思わず見入ってしまい、ユーザーに行動を促すリッチビデオメッセージを紹介します。

リッチビデオメッセージは長くなりすぎないように注意！

動画はテキストや画像では伝えきれない情報量を短時間で伝えることができます。プロモーションとしてこれほど魅力的なツールはありません。リッチビデオメッセージは動画が終わってから、**設定したリンクの遷移先に誘導**することができます。

なかには一度に複数の動画を送る方がいますが、そうした行為はあまり好まれません。データ通信量がかかりますし、端末によっては動画受信で負荷がかかることで画面が固まったり、アプリが落ちたりする場合もあります。もっと見たいと思わせるくらいがベストです。いくつも動画を送るときは、日を改めるなどタイミングをずらして送るとよいでしょう。

リッチビデオメッセージの再生終了画面

リッチ動画メッセージはトークルームに届くと自動で再生されるので、かなりの確率で見てもらえます。見終わっても、トークルームを開くたびに動画が再生されます。このとき、ファイルが大きいと開くまで時間がかかります。リッチメッセージは**表示されるまでの時間**も重要なポイントで、長くかかると見てもらえません。

ストーリー性のある動画が好まれますが、再生時間は15〜60秒くらいが最適です。ストーリー性のない動画は最後まで見てもらえません。誘導先への遷移率が下がるので短めで送るようにしましょう。統計情報からは動画の再生回数の取得はできません。再生後の遷移先のアクセス解析で再生回数を判断しましょう。

ドミノ・ピザ：横長のリッチビデオメッセージ。CMと同じ画角なので、認知を広げるのに最適

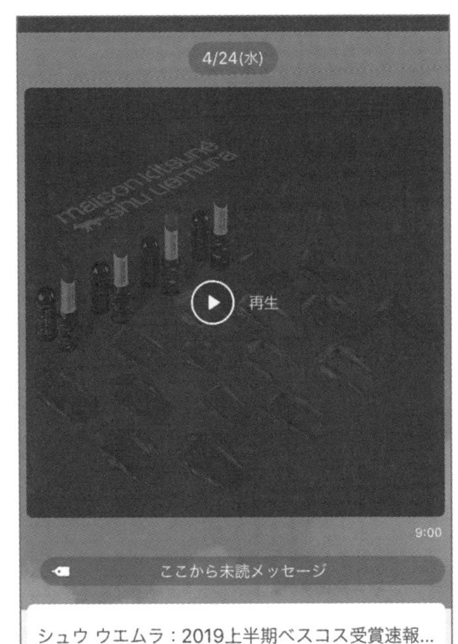

シュウ ウエムラ：正方形のリッチビデオメッセージ。画角が広いので表現力豊かにプロモーションできる

Point リッチビデオメッセージ作成時のポイント

トークルームでリッチビデオメッセージをタップすると再生画面へ遷移します。トーク画面ではアクションボタンは再生終了後に表示されますが、再生画面では常に右上上部に表示されます。再生画面では画面下のほうにシークバー（再生箇所）が表示されることから、文字を入れる場合は画面一番下より少し上に表示させましょう。

項　目	内　容
容量	200MB以下 ※撮影容量の目安としては、スマートフォンの性能にもよるが、撮影動画1分は約130MB。加工処理をすると容量がさらに増える
推奨ファイル形式	mp4（mov、mpg、wmv、avi、3gpも可）
動画の形	正方形、横長、縦長 ※縦長は下部が切れてしまうため、正方形、横長推奨
サーバー保存期間	2カ月程度 ※作成してから2カ月でデータが消えてしまうため、再利用して配信する場合は作成日時を確認するのが望ましい
音量	再生端末に依存する

▲**リッチビデオメッセージ用動画ファイルの目安**

07 リッチビデオメッセージを配信しよう

リッチビデオメッセージでは訴求力の高い動画から、誘導したい遷移先へ案内ができます。このリッチビデオメッセージの設定とメッセージを配信するまでの手順を紹介します。

リッチビデオメッセージの生成の仕方

メッセージでリッチビデオメッセージを送信するには、先にリッチビデオメッセージのコンテンツを作成する必要があります。スマートフォンでは作成できないので、PC版管理画面から作成します。

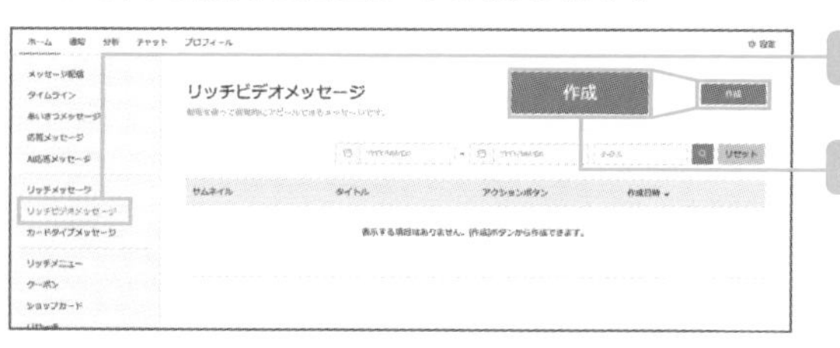

1 [リッチビデオメッセージ]をクリックする

2 [作成] をクリックすると、新規作成画面に遷移する

Point タイトルの表示のされ方

タイトルはプッシュ通知やLINEアプリ内のトークリスト、リッチメッセージ非対応端末などにアカウント名と一緒に表示されます。表示する際にタイトルの文字数が少ないときは、項目の詳細の冒頭文が自動的に追加表示されます。

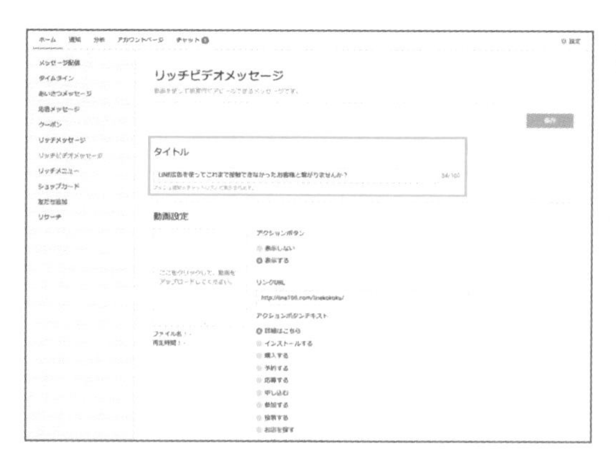

3 タイトルを最大100文字以内で入力する

Memo リッチビデオメッセージのタイトル

リッチビデオメッセージのタイトルには、動画自体のタイトルや、動画による目的・効果を入力しましょう。最初の文字が通知やリストで表示されることを意識して、引きのある内容を先頭に入れるのがおすすめです。

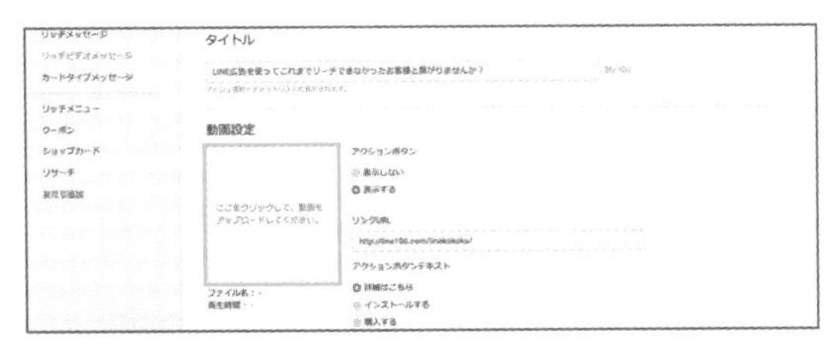

4 [ここをクリックして、動画をアップロードしてください。]をクリックする

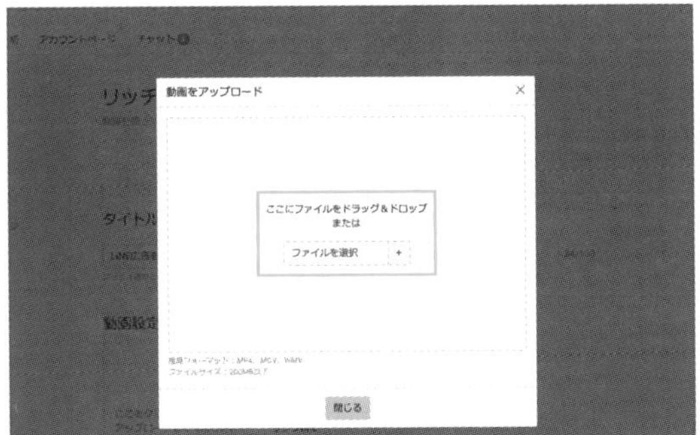

5 準備しておいた動画をドラッグ＆ドロップするか、[ファイルを選択]をクリックしてフォルダから動画を選択する

注意 動画設定の条件

アップロードできる動画は200MBまでです。なお、画像の形は横長・正方形・縦長どれでも設定が可能です。

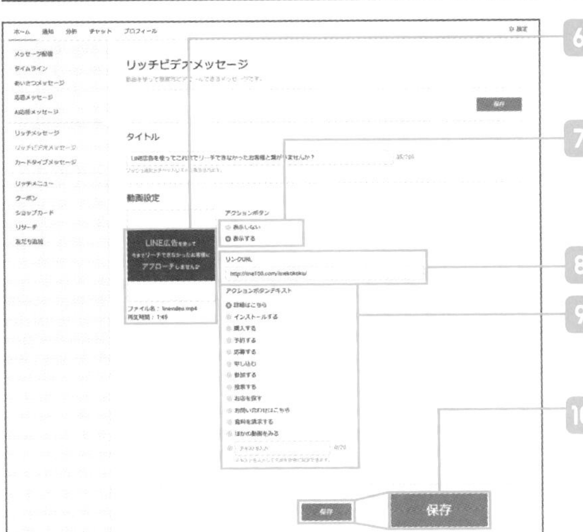

6 アップロードが終了すると、動画のサムネイルとファイル名および再生時間が表示される

7 アクションボタンの表示の有無を選択する。「表示しない」を選択した場合、次の8～9の項目設定はなし

8 遷移するリンクのURLを設定する

9 動画再生画面にアクションボタンに表示するテキストを選択もしくは入力する

10 [保存]をクリックする

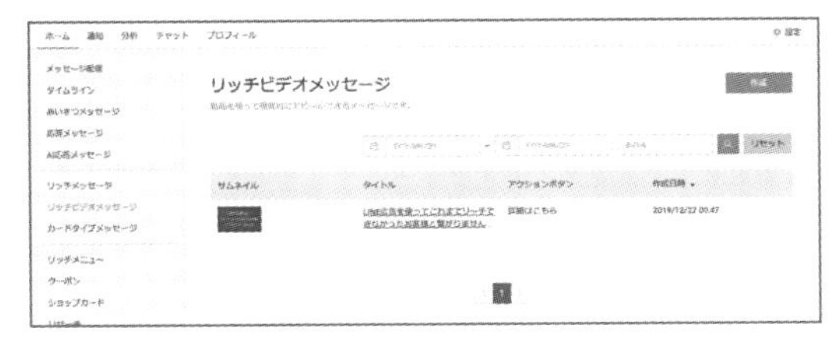

11 リッチビデオメッセージ一覧画面に遷移する

リッチビデオメッセージを配信する

1 [メッセージ配信]をクリックし、メッセージ一覧画面に遷移する

2 [配信]をクリックし、メッセージ新規作成画面に遷移する

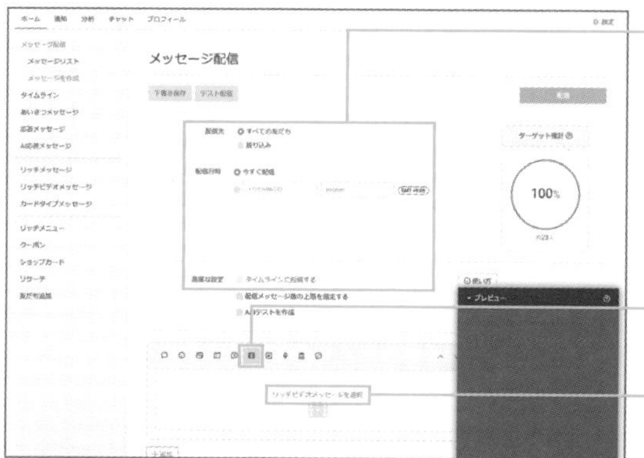

3 「配信先」「配信日時」などの設定をする

4 メッセージの種類からリッチビデオメッセージ[▣]を選択する

5 [リッチビデオメッセージを選択]をクリックする

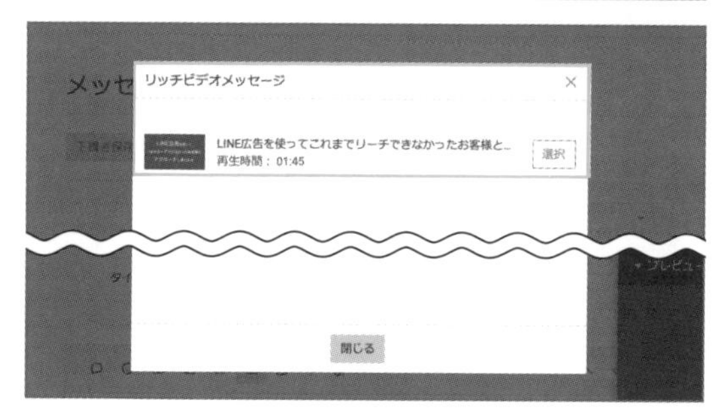

6 配信したいリッチビデオメッセージを選択し、[選択]をクリックする。メッセージエリアとメッセージプレビューにリッチ動画メッセージのサムネイルが表示される

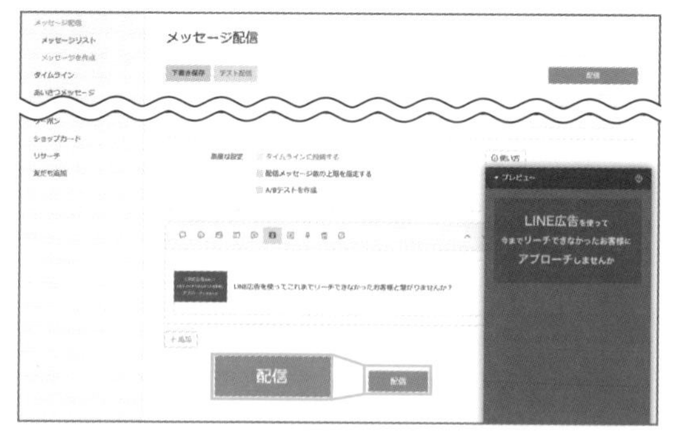

7 [配信]をクリックする

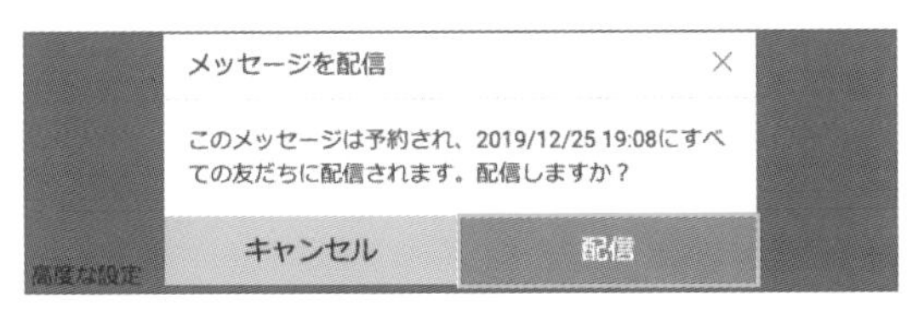

8 メッセージの投稿画面が表示されるので、配信日時を確認し、問題がなければ［配信］をクリックする

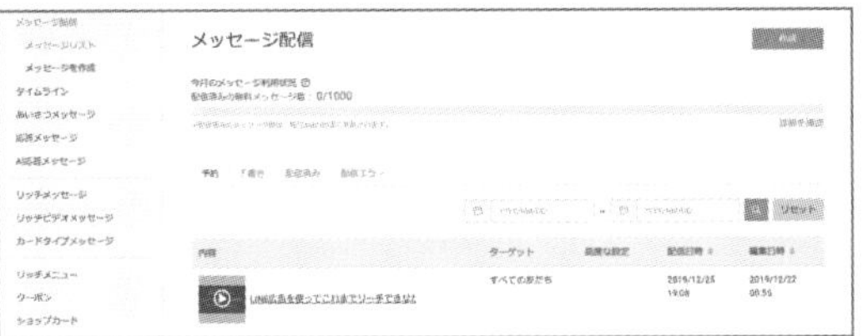

9 リッチビデオメッセージの配信予約が完了した

Point リッチビデオメッセージと動画メッセージの違い

リッチビデオメッセージは、トークルームの横幅いっぱいに表示されます。動画メッセージはプロフィール画像の横に表示されます。画面の表示を占める割合は、同じ動画を使ってもリッチビデオメッセージのほうが大きく表示されます。
以前の動画メッセージは自動再生ではありませんでしたが、今はリッチビデオメッセージと同様、自動再生されます。
動画は複数表示されていてもトークルーム内では両者含めてどちらか1つのみ自動再生され、終わるともう片方が自動再生されます。
なお、リッチビデオメッセージはトークルームからシェアしたり、Keepに保存したりすることはできません。シェアされることを期待する場合は、動画メッセージで送るようにしましょう。

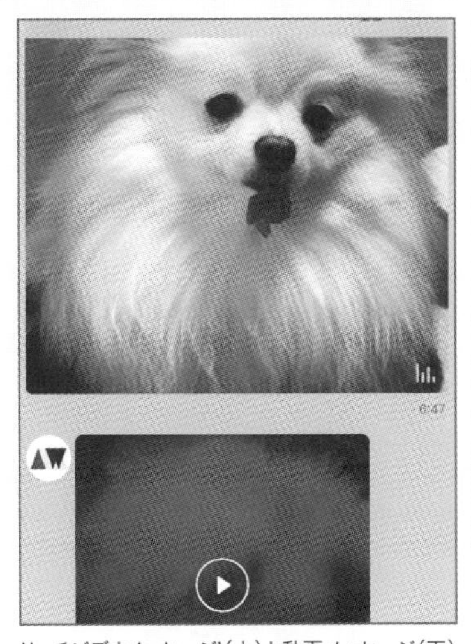

リッチビデオメッセージ（上）と動画メッセージ（下）

リッチビデオメッセージを修正・編集しよう

配信・テスト配信して設定にミスなどがあった場合、修正・編集するときの方法を解説します。なお、配信済みの内容には変更内容は反映されないので、ミスがあった場合は、再配信しましょう。

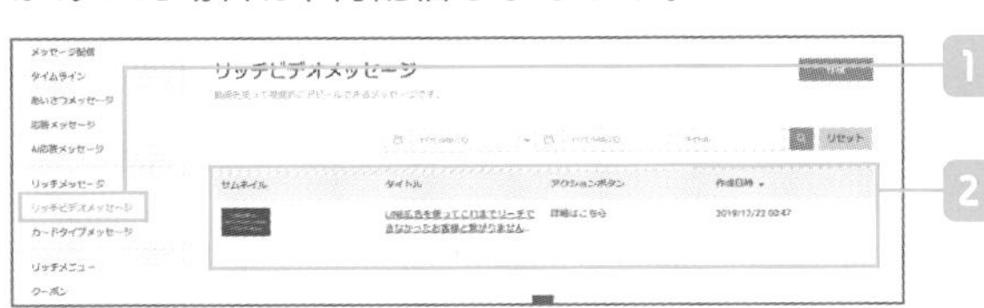

1 ［リッチビデオメッセージ］をクリックする

2 編集したリッチビデオメッセージをクリックする

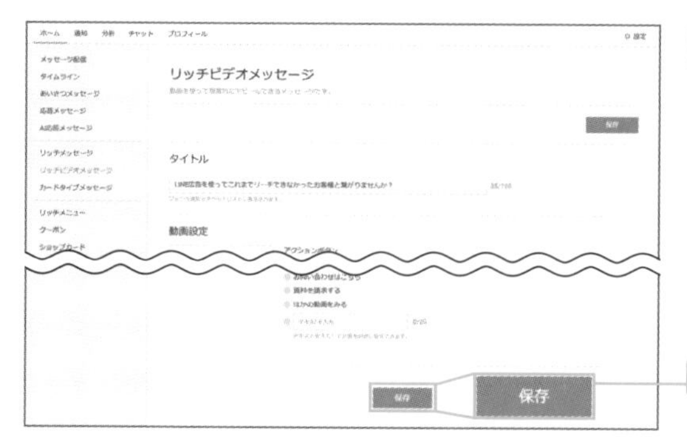

3 修正・編集したい項目を編集する

4 ［保存］をクリックすれば、修正・編集が完了する

リッチビデオメッセージを削除する

リッチビデオメッセージのサーバー側の保存期間は2カ月程度です。PC版管理画面上では見えていても、配信すると「動画は読み込まれません」と表示されてしまい、動画は再生されません。スタッフの誤送信を防ぐために配信してから時間の経ったリッチビデオメッセージは削除しておくのもひとつの手段です。

1 ［リッチビデオメッセージ］をクリックする

2 削除したいリッチビデオメッセージを選択する

3 ［削除］をクリックする

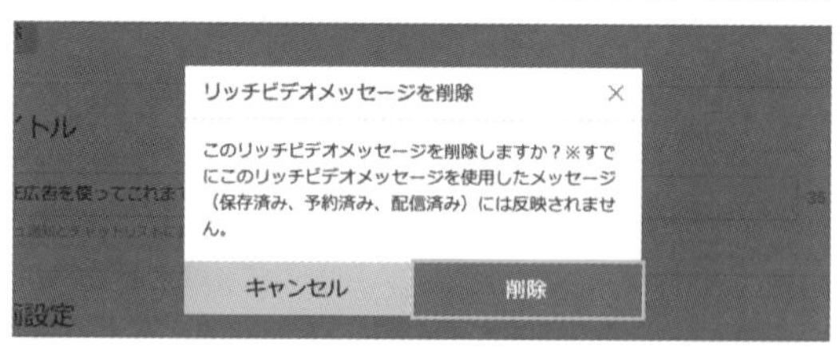

4 ［削除］をクリックする

Chapter 10

カードタイプメッセージで商品やサービスをビジュアル化しよう

リッチメッセージを送るのは操作が難しく、テキストや画像でしかメッセージを送れなかったという方でも、カードタイプメッセージならテンプレートに従って操作するだけで大きな画像やボタンアクション付きのメッセージを配信できます。

01 商品やサービスを並べて表示できるカードタイプメッセージ

カードタイプメッセージでは、カルーセルパネルにより、商品やサービスが並べて表示されます。簡単に作成できるため、リッチメッセージの代わりとしても使用できます。

複数の画像や情報を一度に送れる、カードタイプメッセージとは？

カードタイプメッセージを使えば、1枚のカードに写真や住所、営業時間やサービスの料金など、いろいろな情報を載せることができます。情報は、複数枚（最大9枚まで）のカードを横にスライド表示させることができる**カルーセルパネル**を使ってメッセージで配信できます。つまり、カルーセルパネルを利用することで、商品やサービスを並べて表示させたり、手順や工程などを順番に説明したり、一度にたくさんの情報を伝えることができるということです。

99+ せいろ…理のドン

10月22日オープン

せいろ蒸しと肉菜料理のドン

名古屋市北区黒川本通二丁目
４２番地　荻山ビル２F

17:00–23:00（LO22:30）
日・祝–23:00

ホームページを見る　>>

せいろ蒸しと肉菜料理のドン：ロケーションタイプのカードタイプメッセージ

カードタイプメッセージを送るには、リッチメッセージやクーポンのように、先にコンテンツを用意してからメッセージ作成画面でカードタイプメッセージを選択します。カードタイプメッセージは**PC版管理画面からのみ設定が可能**です。

作成も簡単で、管理画面上で画像の切り抜きやサイズの調整ができるので、事前に画像サイズを調整する必要はほとんどありません。

カードには、URL、クーポンやショップカード、リサーチをアクションとして設定できます。また、カードタイプメッセージはPC用のLINEアプリからも表示が可能で、リンクアクションも反応します。

情報を詰め込みすぎないことが重要

9枚までカードを送れるからといって、意味もなく9枚送ればよいというものではありません。なぜなら、枚数が多すぎると最後まで見てもらえないことが多いからです。筆者の経験上、Web上の他のカルーセルでもカードは4枚程度にしておくのが一番反応がよいです。もちろん、伝えたいことがたくさんあるのであれば、複数表示させてもよいですが、無理に枚数を多くする必要はありません。カードは4枚くらいを目安としましょう。

Memo カードパネルに載せる情報

スマートフォンは画面サイズに制限があります。カルーセル式だからといって、つい可能な限りの情報を載せようとしてしまいがちですが、カードパネルのイメージはシンプルで無駄のないものにすることがおすすめです。1つのパネルに多くの要素を入れてしまうと、結局それぞれのカードで伝えたいメッセージが伝わらなくなるからです。1つのカードパネルには、1つの商品、画像、アクション、短いキャッチコピーのみを入れるようにしましょう。

リッチメッセージの代わりとして使おう！

カードタイプメッセージでは、リッチメッセージのように画像にリンクなどのアクションを付けて配信することもできます。1枚のカードに付けられるリンクアクションは最大で2つまでですが、カードを複数枚作ることで、リッチメッセージのようにいくつものリンク先と一緒にメッセージを送ることができます。

グリーンルームアトリエ由花：イメージタイプのカードタイプメッセージ

カードタイプメッセージの画像はリッチメッセージよりサイズが少し小さく、レイアウトに制限があることから、訴求力はリッチメッセージのほうが高いです。しかし、リッチメッセージの作成には時間と技術が必要です。カードタイプメッセージとリッチメッセージを上手に使い分けて配信しましょう。

02 商品や人物の魅力を伝える方法を知ろう

カードタイプメッセージは4種類あり、商品やサービス、場所、人物などの紹介ができます。内容によってカードの種類を使い分けましょう。

製品やサービスを紹介できるプロダクトタイプ

プロダクトタイプは、製品やサービスの紹介に優れたカードタイプメッセージです。カードタイプメッセージの中では一番汎用性が高いカードタイプで、用途に合わせて柔軟に活用することができます。どれを使うか悩んだときは、プロダクトタイプを選ぶとよいでしょう。

入力方法は230ページで説明します。

キンパラボ：画像を大きく1枚だけ使用し、メニューを紹介している

地図や位置情報が必要なときにおすすめのロケーションタイプ

ロケーションタイプでは、住所に**位置情報**を設定できます。位置情報を設定することで、カードの住所をタップするとマップが立ち上がります。

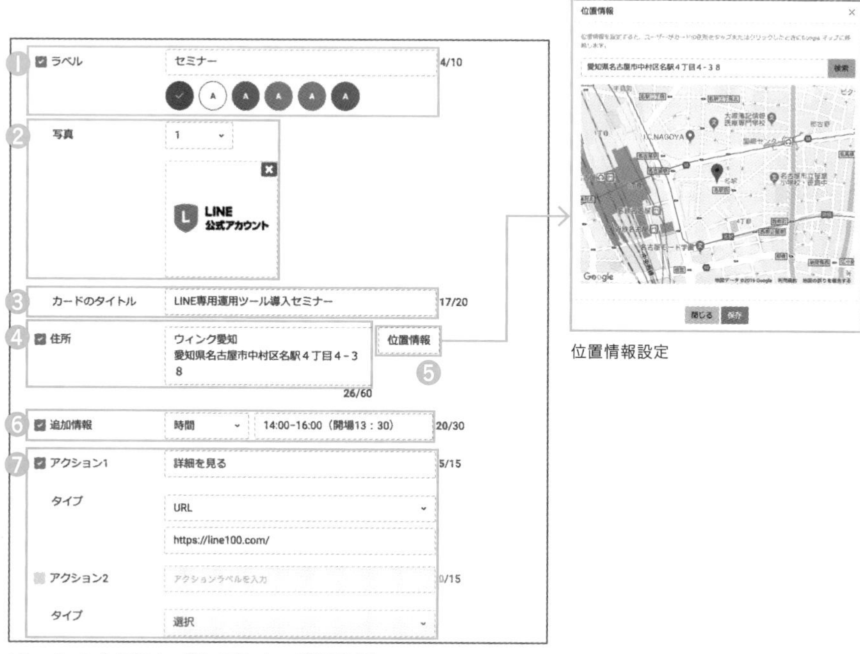

位置情報設定

ロケーションタイプのカードタイプメッセージ設定画面

項　目	内　容
❶ラベル	• ラベル名（10文字以内）を入力する • ラベルの色を6色から選択する。このとき、背景画像に合わせて見やすい色を設定する
❷写真	• 画像（1～3枚）が設定できる • 画像を用意していない場合は、デフォルト画像が表示される
❸カードのタイトル	カードのタイトル（20文字以内）を入力する
❹住所	住所（60文字以内）を入力する。位置情報を設定することも可能
❺位置情報	• 位置情報を設定する • 位置情報を設定することで、友だちが住所をタップしたときにマップが起動するようになる
❻追加情報	•「時間」「価格」をプルダウンで選択できる。時間なら時計マーク、価格ならコインマークがテキストの左横に表示される • 表示されるテキスト（30文字以内）を入力する
❼アクション	• アクション（1～2つ）が設定可能できる • WebサイトのURLや予約ページ、詳細ページに誘導することができる

▲ロケーションタイプのカートタイプメッセージの設定項目

Point 追加情報は自由に記入できる

「追加情報」は自由な表記ができます。「時間」の項目にはお店の定休日を書いたり、価格に幅があるときには「100円〜500円」のようにしたり、0円の場合は無料と明記することも可能です。

地域全体の直売所のイベントをカルーセルで並べ、地域や時期の違う複数のイベントに参加してもらうようにしている

物件情報を紹介。住所の欄には駅から何分かを表記し、位置情報に正確な住所を明記することでGoogleマップへ誘導している

Point タップに応じてマップを起動させるには

住所とは別に位置情報に住所を設定しないと、友だちが住所をタップしてもマップが起動しません。位置情報の設定画面で、正確な住所を入力し、「検索」をタップし、マップに表示されたピンの位置を確認しましょう。

「人物」の紹介ができるパーソンタイプとは？

パーソンタイプでは、SNSのアイコンのように丸く切り抜かれた状態で画像が表示されます。アップロードした画像が丸く切り抜いて表示されるので、あらかじめ調整した画像を用意する必要はありません。また、画像を用意できない場合には、パーソンタイプ固有のデフォルト画像が表示されます。

さらに、パーソンタイプでは、「タグ」を3つまで設定することができ、タグに対して自由に色も設定することが可能です。タグには、人物のステータスや役職などを設定します。

「説明文」には簡単な紹介文を設定し、自己紹介文やあいさつを入れます。

アクションは2つまで設定することが可能です。URLからは、詳細なプロフィールや実績、ブログ、予約画面などに誘導しましょう。

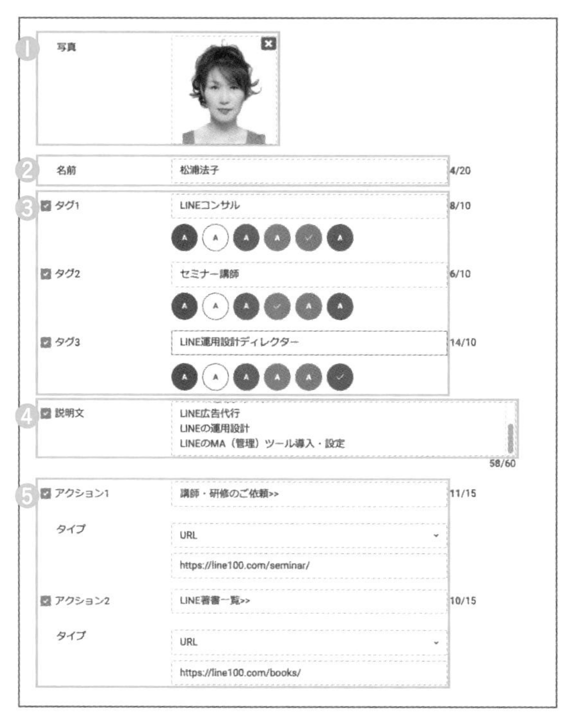

パーソンタイプのカードタイプメッセージ設定画面

項目	内容
❶**写真**	画像を1枚設定できる
❷**名前**	名前（20文字以内）を入力する
❸**タグ**	• タグ（10文字以内）を1～3つ入力する • ラベルの色を6色から選択する。このとき、背景画像に合わせて見やすい色を設定する
❹**説明文**	人物の説明文（60文字以内）を入力する
❺**アクション**	• アクション（1～2つ）が設定できる • WebサイトのURLや予約ページ、詳細ページに誘導することができる

▲**パーソンタイプのカードタイプメッセージの設定項目**

タグでサロン担当者のステータスを紹介し、より詳しい情報は説明文に掲載している。アクションには予約URLを設定している

タグでアーティストのポジションやステータスを紹介。アクションではCD視聴＆販売ページへ誘導している

ビジュアルを大きく伝えることができるイメージタイプ

イメージタイプは、画像を大きく扱うことができるカードタイプメッセージです。カードタイプメッセージに特有のカルーセル表示を活かして、複数の画像を一覧で見せることができます。

他のタイプと同様にラベルは色つきで表記できます。画像の色味に合わせて映える色を設定しましょう。イメージタイプは、画像を1枚だけ設定でき、デフォルトの画像は用意されていません。

アクションも設定可能で、URLはもちろん、クーポンやショップカードなどが設定できます。ECサイトであれば、商品を並べて、最後にネットショップへ誘導するのもよいでしょう。

イメージタイプのカードタイプメッセージ設定画面

項　目	内　容
❶**ラベル**	• ラベル名（10文字以内）を入力する • ラベルの色を6色から選択する。このとき、背景画像に合わせて見やすい色を設定する
❷**写真**	画像を1枚設定できる
❸**アクション**	• アクション（1〜2つ）が設定できる • WebサイトのURLや予約ページ、詳細ページに誘導することができる

▲イメージタイプのカードタイプメッセージの設定項目

ホテルの部屋紹介。カルーセルで複数並べることで比較でき、気に入った部屋の予約ができる

今月のネイルメニューの一覧を並べ、カルーセルで表示。ラベルで価格を案内し、最後のカードに「予約する」と表記し、予約ページへ誘導する

03 カードタイプメッセージを配信しよう

カードタイプメッセージを活用すれば、必要項目を入力するだけで簡単にビジュアル要素があるメッセージを作成できます。

カードタイプメッセージを作ろう

カードタイプメッセージでは、4種類のカードタイプをもとにメッセージを作成できます。カードタイプにより、入力する内容は多少異なりますが、基本的に手順は同じです。各カードタイプの項目に対する内容を入力するだけで簡単に作成できます。

ここでは、プロダクトタイプのカードタイプメッセージの作成方法を説明します。

サービス・製品の紹介ができるプロダクトタイプのカードタイプメッセージを作ろう

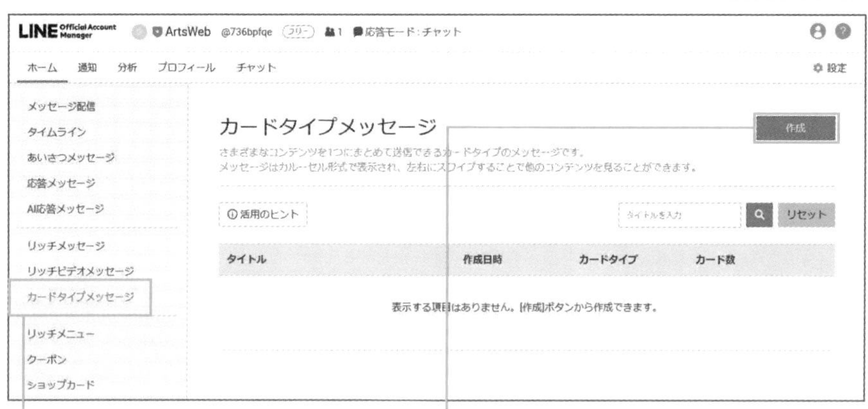

1 [カードタイプメッセージ] をクリックする

2 [作成] をクリックする。カードタイプメッセージ作成画面が表示される

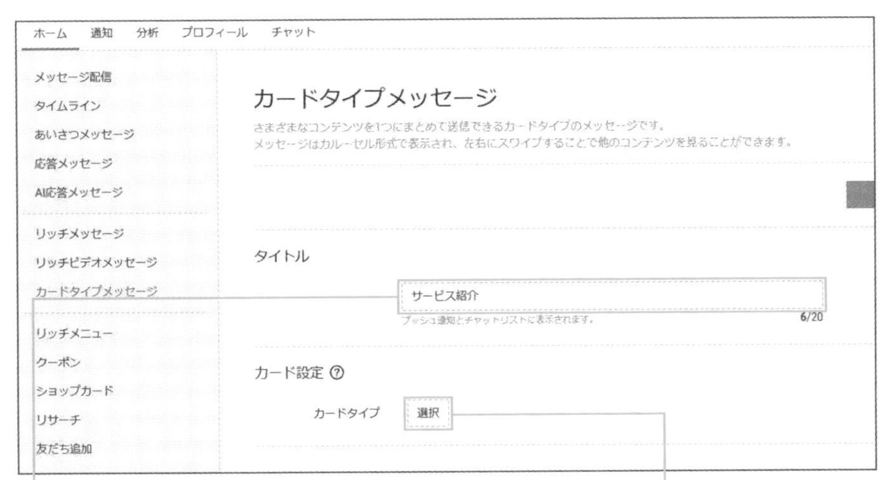

3 タイトルを入力する

4 ［選択］をクリックする

Point 興味を引くタイトルを付ける

メッセージを受信したときに、タイトルが通知や一覧に表示されます。興味を引いて思わずメッセージを開きたくなるようなタイトルにしましょう。

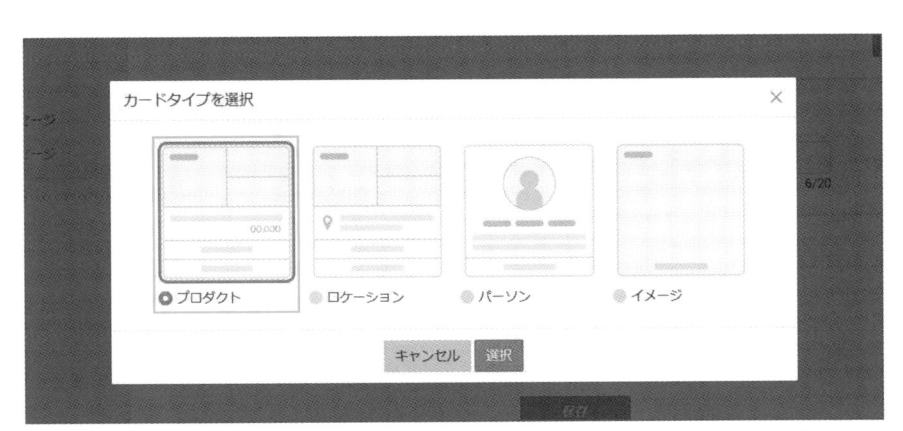

5 プロダクト、ロケーション、パーソン、イメージから1つを選ぶ。ここではプロダクトを選択する

6 カードタイプを選択すると、入力項目が表示される。各項目を入力、設定する

Memo カード設定の入力項目

カード設定では、表示させたい内容にチェックをつけ、内容を入力していきます。チェックボックスのない項目は入力必須です。また、画像を設定しなかった場合は、デフォルトの画像が表示されます。

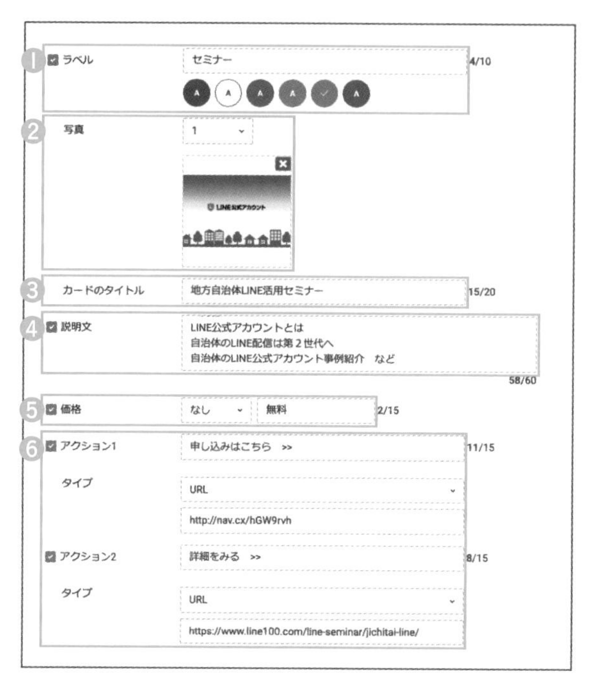

プロダクトタイプのカードタイプメッセージ作成画面

項　目	内　容
❶**ラベル**	• ラベル名（10文字以内）を入力する • ラベルの色を6色から選択する。このとき、背景画像に合わせて見やすい色を設定する
❷**写真**	• 表示させる画像（1～3枚）を設定する • 画像を用意していない場合は、画像の枚数を1枚にするとデフォルトの画像が選択できる
❸**カードのタイトル**	カードのタイトル（20文字以内）を入力する
❹**説明文**	説明文（160文字以内）を入力する
❺**価格**	• 価格の単位を選択し、金額を入力する • 無料の場合は、0と数字を表示させるより、無料と表記するとよい
❻**アクション**	• アクション（1～2つ）を設定する • アクションとして表示させるフレーズを入力する • アクションをURL、クーポン、ショップカード、リサーチから選択する。URLを選択したときには遷移先のURL、それ以外を選択したときには作成済みのコンテンツを選択する

▲**プロダクトタイプの設定項目**

Point 画像はなるべく1枚を大きく表示する

種類や角度・方向違いなど、いくつかの写真を見せたいときには複数枚の写真を表示させることになりますが、基本的には1枚の画像を大きく表示させましょう。そうすることで、伝えたいことを明確にお客さまに届けることができます。

Memo 作成画面で画像を編集する

画像の下に表示されているスライドバーで拡大・縮小したり、画像を左右にずらして表示させる位置を変更したりして、調整をします。[適用] をクリックすると、画像上のグレーの部分は切り落とされた状態で表示されます。

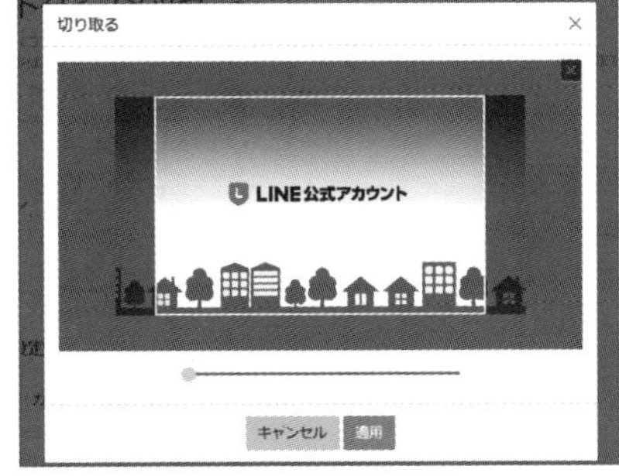

作成画面で画像の変種が可能。作成画面では、画像のサイズ調整や切り抜きをすることができる

7 もっと見るカードを設定しないのであれば、「もっと見るカードを使用」のチェックを外す

8 [保存] をクリックし、カードタイプを保存する

Point 「もっと見るカード」で次のアクションへ誘導する

「もっと見るカード」とは、カードタイプメッセージの最後に表示できるカードです。これまでのカードタイプメッセージのカードと同じで、リンクやクーポン、ショップカード、リサーチを付けることができます。興味を持ってくれたお客さまを詳細な情報を提供できるリンク先などに誘導することができます。カード自体にリンクを付けることも可能ですが、アクションポイントを増やすことはコンバージョンを上げることにつながります。最後のひと押しとして付けてみるとよいでしょう。しかし、アクションポイントがありすぎて目移りしてしまう場合であれば、効果は半減します。どちらが自社の形態に合っているのかテストしてみると適したやり方が見つかります。

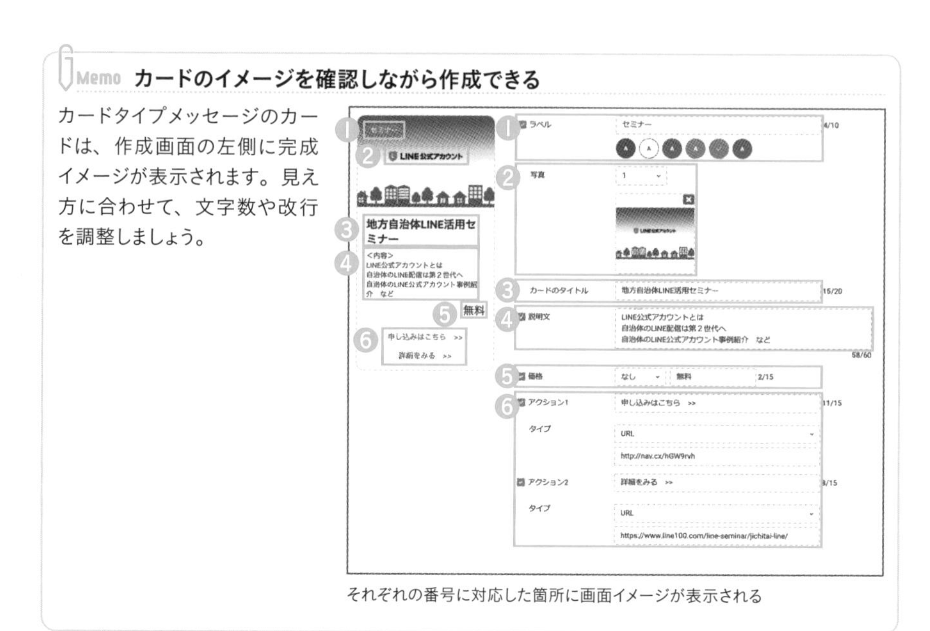

Memo　カードのイメージを確認しながら作成できる

カードタイプメッセージのカードは、作成画面の左側に完成イメージが表示されます。見え方に合わせて、文字数や改行を調整しましょう。

それぞれの番号に対応した箇所に画面イメージが表示される

カードを複製しよう

一度作成したカードは複製することができます。カードの一部を編集することもできるので、商品に合ったものを掲載することも可能です。

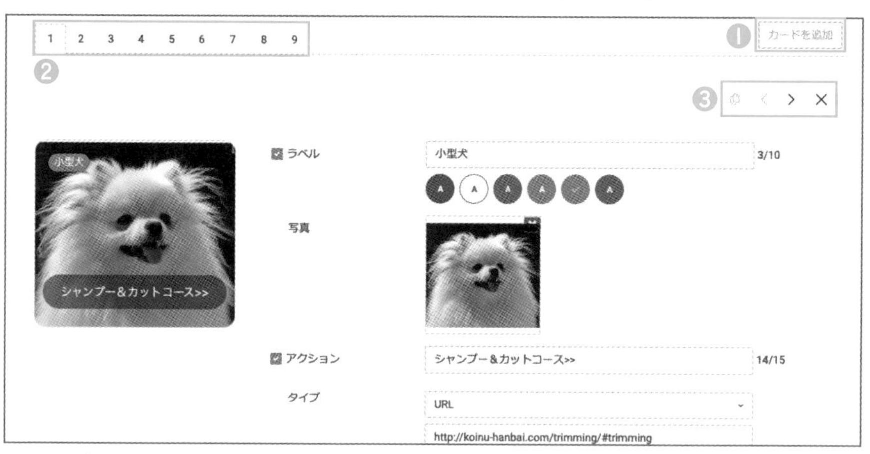

カードタイプメッセージを複数枚作成する

項　目	内　容
❶番号	• 番号をクリックすると、別のカードの設定画面に切り替わる • カードごとにカードタイプは変更できず、カードタイプを変更すると設定していたカード内容がリセットされる
❷カードを追加	［カードを追加］をクリックすると複数枚（最大9枚）のカードを作成できる。カードが追加されるとカード別にタブが追加される
❸カード全体の操作	• カードのコピー、移動、削除ができる • コピーして量産できるので、文章や画像を効率よく変更して、使い回して作業効率を上げることが可能

▲カードタイプメッセージの設定項目

キンパラボ：画像を1枚だけ使用して人気商品を大きく見せている。アクションは付けずに、商品の説明や料金を紹介している

複数の画像を使って旅行先の魅力を伝えている。料金に幅があるので「〜」を使って表現し、「詳細ページ」と「申し込み」ページの2つのURLを設定している

作成したカードタイプメッセージを配信しよう

カードタイプメッセージの作成画面からメッセージの送信はできません。「メッセージ配信」からクーポンやリッチメッセージのように選択して送信します。

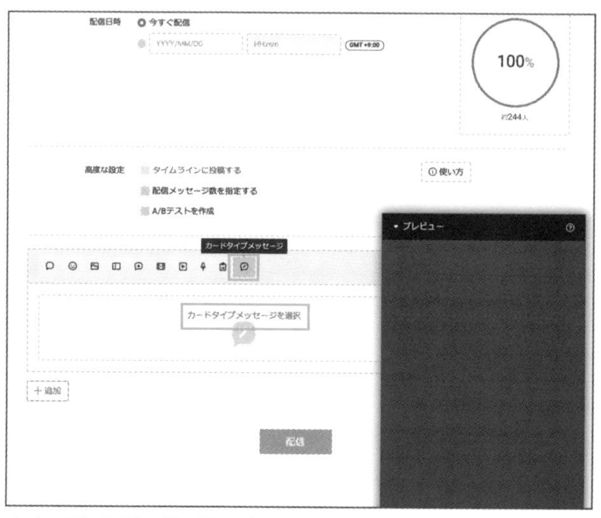

メッセージ作成画面で「カードタイプメッセージ」を選択し、作成した［カードタイプメッセージを選択］をクリックする

Point あいさつメッセージや自動応答メッセージと組み合わせてみよう

カードタイプメッセージは多くの情報を整理して届けることができます。通常の配信メッセージはもちろん、はじめて友だちになったお客さまへサービスやスタッフを紹介したり、自動応答への問い合わせにカードタイプメッセージで提案対応したりなど、使い方は多種多様です。

注意 表示上の注意

リッチメニューを設置している場合、カードタイプメッセージ付きメッセージを送信すると、カード上部が欠けてしまう場合があります。必ずテスト送信をしてみて、配信内容が画面でしっかり見えるかチェックしましょう。カードタイプメッセージがリッチメニューにより欠けてしまう場合は、リッチメニューを半分のサイズにしたり、リッチメニューを編集し、「メニューのデフォルト表示」を「表示しない」に変更するとよいでしょう（212ページ参照）。

Chapter 11

チャットで個別にコミュニケーションを取ろう

LINEといえば、チャットでのやりとりのお手軽さも魅力のひとつです。友だちとコミュニケーションが取れる一番の機能でもあります。しっかり顧客管理を行い、お客さまの満足度を上げていきましょう。

01 チャットを活用してお客さまともっと密な関係を築こう

LINE公式アカウントになって、チャット機能が拡充され、より便利になりました。お客さまごとに丁寧なサポートがしやすくなったことでLINEのよいところが前面に活用できます。

LINEのコミュニケーションの核、チャットとは？

チャットとは、LINE公式アカウントと友だちとの間で、LINEでトークするようにやりとりができる機能で、商品の注文や予約、問い合わせなどを受けることができます。お客さまとしても、LINEのほうが気軽にやりとりがしやすく、結果として電話以上の反応を得られます。

LINE@がLINE公式アカウントへの統合されるときに、グループトークが可能になったり、顧客管理も充実したりと、コミュニケーション機能が拡充され、友だちに対して細かなサポートができるようになりました。

チャットによる対応を受け付けると、「その対応に追われて仕事ができないのではないか」という相談を受けることがよくあります。しかし、そのような心配は無用です。たいていの場合、チャットが送られてくる数は現在電話がかかってきている数と大差ありません。ぜひ積極的にチャットを採用してください。

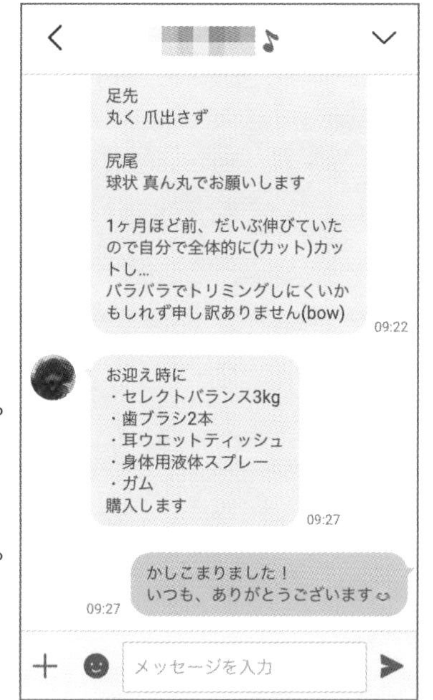

仔犬専門ポッケ：チャット画面。トリミング予約とアイテム購入の連絡

戦略的にメッセージを送る

たとえ友だちになっていても、全員と個別でチャットができるわけではありません。チャットでやりとりできるのは、メッセージを受け付けたことのある友だちのみです。そして、一度でもメッセージが届いた相手には、相手がブロックしない限り、こちらから好きなタイミングで個別にメッセージを送ることができます。

閑散期で集客したい、売上げ目標の達成までもう少し、ある商品やサービスの販売月間など、ここぞというときに252ページで説明するタグを使ってターゲットを絞り込み、戦略的にメッセージを送るようにしましょう。反応率を上げることができるので、チャットの活用は重要です。

チャットはメッセージ配信数に含まれない

LINE公式アカウントになってから従量課金制になり、配信数を常に意識しなければならなくなりましたが、チャットは配信数にカウントされません。そのため、フリープランの1,000通の配信数を超えて一斉送信ができないときや、上位プランでも配信上限を超えて追加料金が発生しないようにしたいときにもチャットは利用可能です。

チャットではクーポンとリッチコンテンツ、リサーチは送れない

チャットでは、クーポンやリッチコンテンツ、リサーチは送れません。送信できるのは、テキスト、画像、ビデオ、スタンプ、絵文字、ファイル、定型文です。

グループチャットが利用可能になった

公式アカウントへのサービス統合により、グループチャットが利用できるようになりました。これにより、家族のお客さまや数名の担当者が付いている場合に、複数人で同時に打合せを行うことができます。ただし、運営側でグループを作ることはできず、友だち側でグループを作って招待してもらう必要があります。そのため、お客さまにグループの作り方を

グループチャットの例

説明できるようにしておきましょう。

なお、グループの退会はお互いに好きなタイミングで実行できます。

見落としにくいチャット受信表示

チャットが届くとプッシュ通知が届き、メッセージが上部に表示されるため、見落としにくくなっています。チャットリストでも未読のチャットの右端には緑のマークが付きますが、「未読」「既読」の他に「要対応」「対応済み」と対応状況の共有も可能になりました。もちろん、チャットはアプリとPCの両方で対応可能です。

さらに、スマートフォンのホーム画面の公式アカウントアプリのマークに未読チャット数が表示され、顧客リスト一覧にはアカウントの右端に緑のマークが表示されるので、チャットが届いたことにも気づきやすいです。

プッシュ通知でチャットが入ったことをお知らせする

チャットアイコンに未読チャット数、未読のトークには色の●が表示される

対応状況は友だちの名前の右側に表示される

自動応答とチャットは同時に使えない

チャットには、チャット機能の「1:1トーク」「グループチャット」や、「Messaging API」の3種類がありますが、LINE公式アカウントでは、チャットモード（1:1トーク、グループチャット）とBotモード（Messaging API）の同時利用はできず、どちらか一方を選択する必要があります。チャットが使える時間、自動応答で対応する時間というように時間で切り替えて使うことは可能です。また、スマートチャットを使うことで、チャット画面でAI応答とチャットを切り替えることも可能です。

Memo チャットの保存期間に気をつける

チャットの保存期間は、テキストやスタンプは1年分、画像やビデオなどのコンテンツメッセージは2週間分、ファイルは1週間分です。保存期間が過ぎると、チャットリストで冒頭の文が見えなくなり、チャットルームを開いても真っ白な画面になります。また、チャットルーム内では画像・動画などが「×」と表示され、データが見えなくなります。必要なときに情報が見えないことがないように、重要な情報やチャットを開始してからサービスを提供するまでに時間がかかるような案件は、スクリーンショットを撮って保存して、履歴を残すようにしましょう。

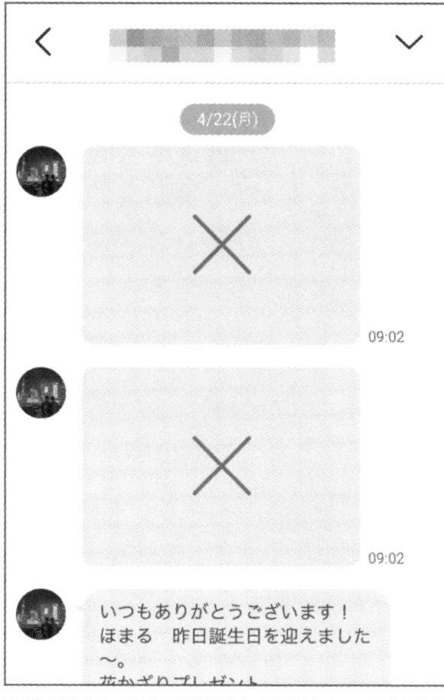

画像を送信してから2週間以上が経過したので、画像が表示されない

Memo Messaging APIとは？

LINE公式アカウントにはAPI（Application Programming Interface）として、Messaging APIが一般公開されています。Messaging APIを活用すると、LINEのアカウントを通じてお客さまとの双方向のコミュニケーションができるようになります。また、自動応答とチャットの併用や、外部サービスと接続・連携したアカウントの作成・開発が可能です。

02 導入すれば効果大！チャットの始め方

一斉送信も魅力的ですが、お客さまとの関係を築くにはチャットが一番効果的です。デフォルトは自動応答なので、チャットを始めるために準備をしましょう。

対応できる環境に応じて応答方法を変更する

LINE公式アカウントの応答モードは、自動応答かチャットのいずれか片方の使用に限られ、同時に使うことは基本的にはできません。応答モードのデフォルト設定は自動応答です。チャット対応できる環境が整うまでは、自動応答モードのままにしておきましょう。

チャットモードにした場合、友だちからいつチャットが届くかわかりません。チャットが届いているのに、数日返事を待たせるようでは信頼を失ってしまうので、対応できる体制が整ってから「チャットモード」に変更するようにしましょう。また、チャットを使用する時間、自動応答を使用する時間として時間を切り替えて使うことは可能です。

1 チャット［ ］をタップする

2 ［応答モード設定に移動］をタップする

3 ［応答］をタップする

4 ［応答モード］をタップする

5 ［チャット］をタップする

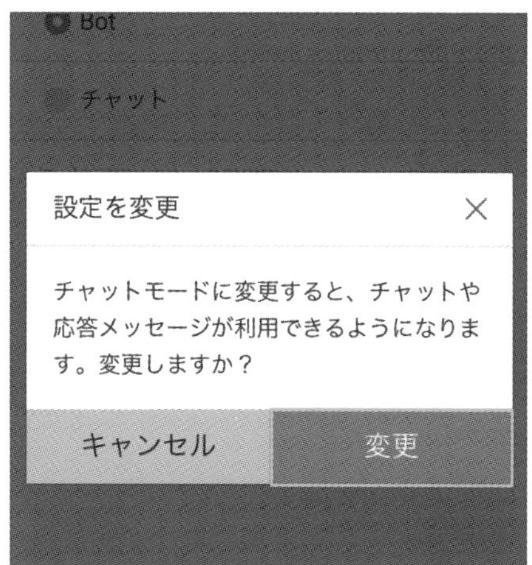

6 「設定を変更」の内容を確認して［変更］をタップすると、応答モードが「チャット」になり、この時点からチャットが使えるようになる

Memo 設定からも応答モードの変更は可能

設定からも応答モードの変更は可能です。やり方は、ホーム画面の［設定］＞［応答］＞［応答モード］＞［チャット］の流れです。

営業時間内だけチャットを受け付け、他の時間は自動応答で応えよう

チャットモードに切り替えると、デフォルトでは24時間チャット対応することになっています。チャットを営業時間だけ受け付け、営業時間外は自動応答メッセージで応えるといった設定をすることで、チャットと自動応答を設定時間で自動的に切り替えて使うことができます。

1 [チャット]>[設定]をタップする

2 [営業時間]をタップする

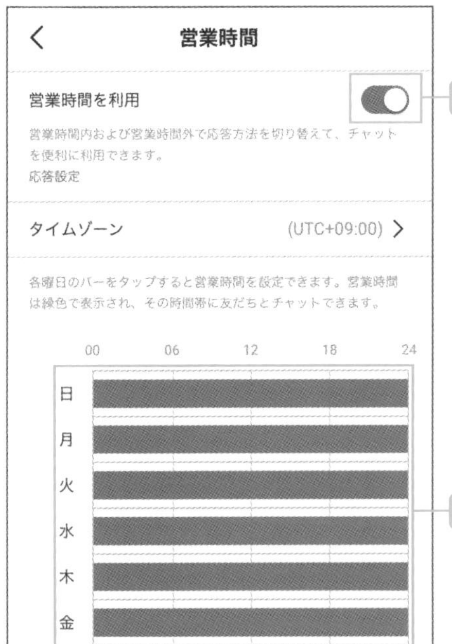

3 [営業時間を利用]をタップし、アクティブにする

4 営業時間を変更したい曜日をタップする。バーの緑色の時間が、チャット対応時間となる

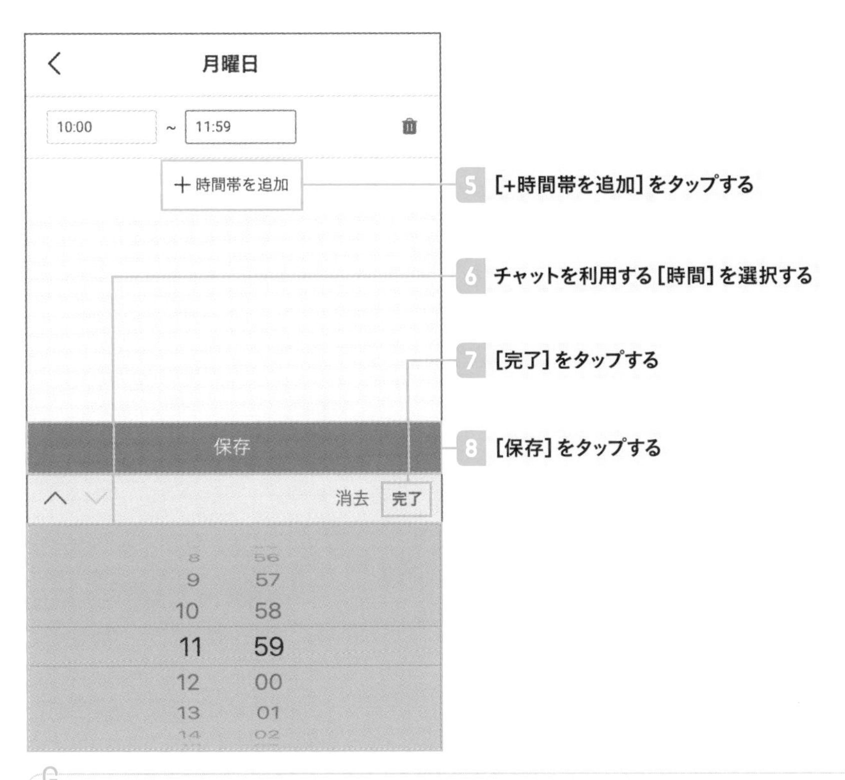

Memo 休憩も設定して、複数の時間で分けて対応する

チャット対応する時間を複数設定することで、休憩時間は自動応答にすることができます。

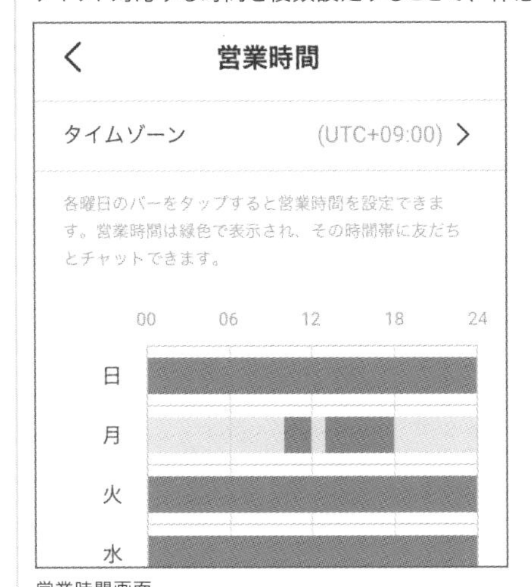

営業時間画面
例）月曜日が午前と午後にチャット対応。昼休みはチャット対応しない

チャット対応時間
[＋時間帯を追加] をタップし、時間を追加する

Memo チャットを受け付けない曜日を設定する

時間設定を削除することで、該当曜日のチャットを受け付けなくなります。

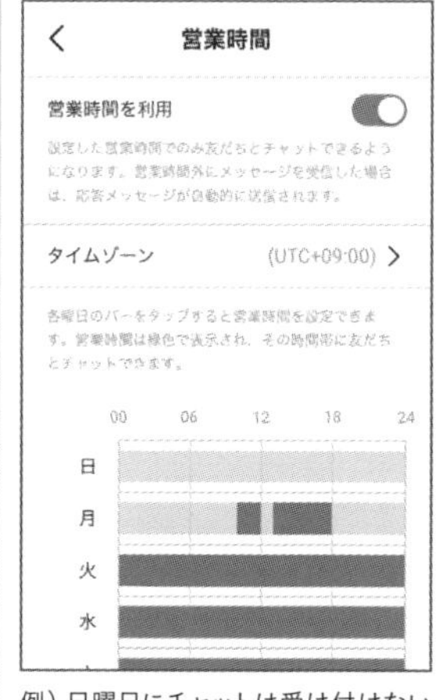

例）日曜日にチャットは受け付けない場合

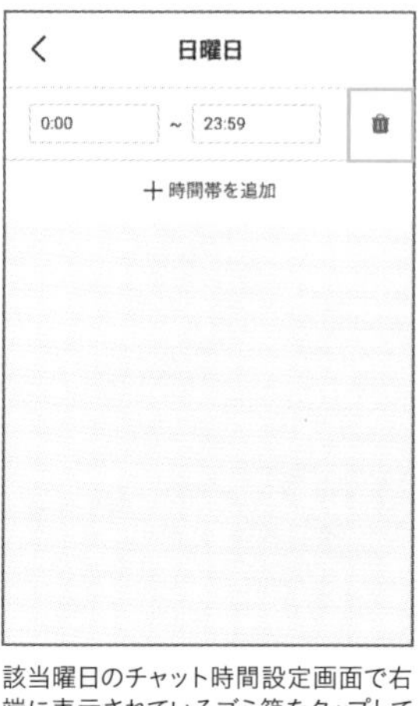

該当曜日のチャット時間設定画面で右端に表示されているゴミ箱をタップして削除する

該当曜日のチャット受け付け時間の設定が何もない状態にする

Memo チャット対応時間外はチャット不可

チャット対応時間外には、友だちはチャットのメッセージを送れませんが、運営側もテキストやコンテンツなど返信のための入力は一切できません。「営業時間外です」と表示されます。
どうしても今すぐ返事をしたい場合は［チャット設定］＞営業時間を変更しましょう。

チャットルームの対応時間外は「営業時間外です」と表示される

　届いたチャットには返事を送りましょう。チャットルームを開くと、友だちのチャットルームに「既読」が表示されます。友だちも返事を期待するので、できるだけ早めに返信してください。即答できないときは、あらかじめ「後ほど、担当より折り返しお返事差し上げます」といった定型文を作っておいて、返信だけはしておきましょう。難しく考える必要はなく、電話と同じ感覚で取り組めば大丈夫です。忙しいときは電話にも出られないときがありますよね。開封せずに時間ができてから、「お待たせしました」とひとこと加えて、返信しましょう。あわせて「友だち追加時」などで、アカウント運用ルールとして、忙しいときは開封まで時間がかかる旨を伝えておくとよいでしょう。

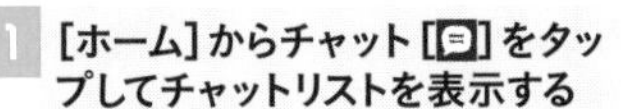

1 [ホーム] からチャット [ ] をタップしてチャットリストを表示する

2 メッセージを送る友だちをタップしてチャットルーム画面を開く

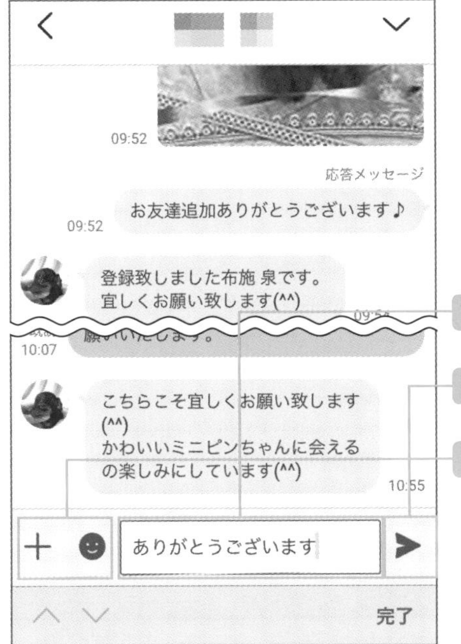

3 テキストで返事をする場合は、[メッセージを入力] エリアをタップし、文字を入力する

4 [送信マーク] をタップし、友だちにメッセージを送信する

5 その他の写真・動画・ファイル・定型文を送るときは [+] をタップする。スタンプを送るときは [顔マーク] をタップし送りたいスタンプを選択する

03 対応管理で対応漏れを防ぐ

メッセージに既読を付けてしまい、どのメッセージに対応したかがわからなくなっていませんか。お客さまとのやりとりの対応状況を管理して対応漏れのないようにしましょう。

対応管理で対応漏れを防ごう

これまでのLINE@では、チャットの「未読」「既読」しか把握できませんでした。そのため、チャットが届き、開封はしたものの自分が担当ではなかったり、担当者の確認が必要だったりと、即答できないときには、再度開いたときに、リストから未読表示が消えてしまっていることから、「どれに回答すべきだったか」が、わからなくなってしまったということが起こっていました。

しかし、LINE公式アカウントでは**「要対応」「対応済み」という対応状況も設定できる**ようになったことで、チャットリストを見れば対応状況が把握できるようになりました。さらに、リスト上部の [▼] をタップして、対応項目から表示させたい状況を選択すると、選択に応じた該当チャットのみチャットリストに表示されます。

対応状況が一目でわかる。[▼]をタップして、対応の絞り込みが可能

チャットリスト対応項目から絞り込みたい対応をタップする

対応状況を設定しよう

チャットを開いたら、必ずどのように処理したかを設定しましょう。

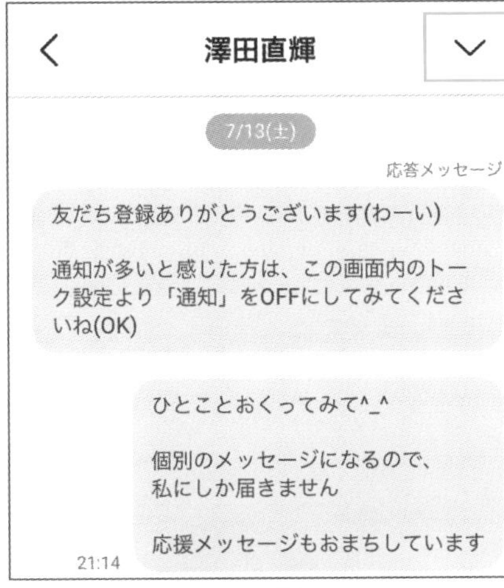

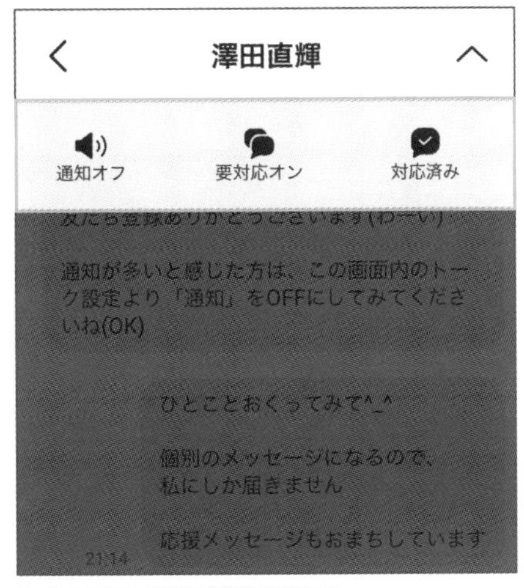

1 チャットルームの[∨]をタップして、対応一覧を表示させる

2 対応一覧から、変更したい対応状況をタップする

Memo 対応状況は何度でも変更できる

対応状況は何度でも変更できます。人に対する対応状況ではなく、トークルームごとの対応状況なので、返事をした後に、その返事として新たなチャットが届くと、この対応状況は「未読」になります。なお、「通知オフ」を選択すると、このチャットルームにチャットが届いても通知が届かなくなります。

Point 複数人管理体制時に誰が応えているかが明確

吹き出しの背景色でユーザーの区別ができます。公式アカウント管理のチャット画面では、友だち(ユーザー)の吹き出しの色は灰色、本人(管理者)は緑色です。自分以外の管理者が応えている場合は、吹き出しが青色で、担当者の名前が吹き出しの上に表示されます。チャット対応時間外に返答した自動応答メッセージには吹き出しの上に「応答メッセージ」と表示されます。

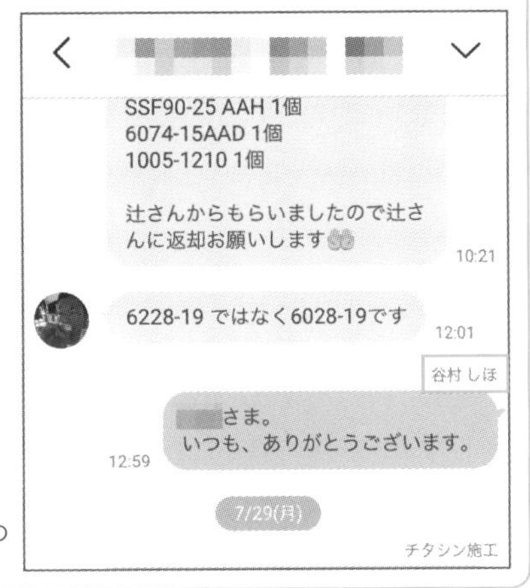

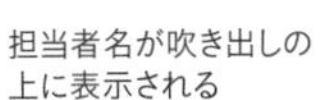
担当者名が吹き出しの上に表示される

04 顧客管理できめ細やかなサポートをしよう

チャットしてくれたお客さまをしっかり管理し、顧客満足のため、きめ細かい対応ができるようにしましょう。顧客情報の活用はマーケティングではとても重要です。

顧客管理機能が拡充してより綿密に！

チャットが届くと、チャットリストにそれぞれのプロフィール写真とユーザー名が表示されます。チャットをきっかけに、顧客管理を徹底し、重要度に応じた運営者主体でサポートができるようになります。チャットリストから該当するチャットを開き、チャット上部のユーザー名をタップするとプロフィール画面が表示されます。プロフィール画面での顧客管理がさらに充実し、**属性として「タグ」**や**メモとして300文字までの「ノート」**を付けることができます。

また、このプロフィール画面ではスパム設定もでき、迷惑なお客さまからのチャットを表示しないようにすることも可能です。

プロフィール画面

項　目	内　容
❶プロフィール画像	プロフィールの画像が表示される
❷ユーザーネーム	鉛筆マークをタップすると名前を変更できる（20文字まで）。ユーザー（本人）には変更は伝わらない
❸タグ	属性（10個/人まで）を設定できる。タグ名は20文字まで
❹ノート	ユーザーとの情報やメモ。リストには冒頭文が表示される（複数設定可能。300文字まで）
❺スパムに設定	ユーザーまたはグループをスパムに追加する。スパム追加したアカウントはスパム表示以外には今後一切、リストに表示されなくなる
❻チャットを削除	チャットルームを削除する。削除するとログの復元はできない。ブロックではないため、新たにチャットが届くとまた表示される

▲プロフィール画面でできること

グループのプロフィール画面

項　目	内　容
❶グループ・トーク名	グループおよび複数人のトークにはユーザーネームは表示されず、参加者の名前の一部が表示される
❷退出	グループチャットの場合のみ表示される。グループチャットを退会できる。退会するとチャット履歴は削除され、履歴の復元もできない

▲グループ画面の設定項目

Memo チャットリストのUnknownとは？

チャットリストに、「Unknown」とユーザー名が表示されている場合は、相手がLINEアカウントを削除したか、管理している公式アカウントがブロックまたはチャットルームから退出させられた場合です。チャットルームを開いてもテキスト入力エリアが表示されません。

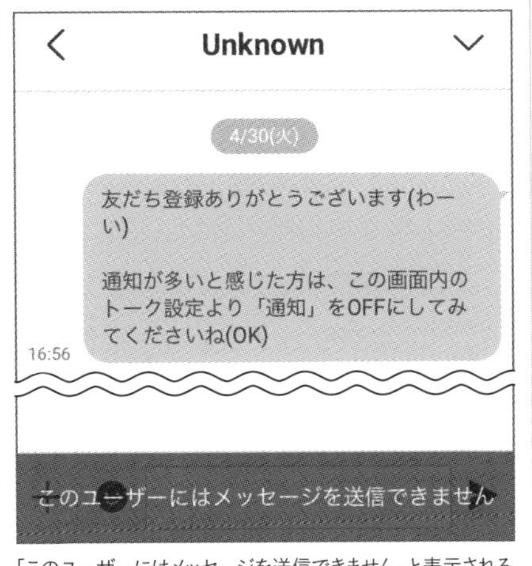

「このユーザーにはメッセージを送信できません」と表示される

より密な関係を築くために、タグを追加しよう

チャットする友だちの数が増えると、チャットリストから探すのが困難になってきます。チャットの対応状況は、前述の通り状況管理で対応できますが、リストの中から記憶だけで「必要な条件がそろったターゲット」を選び出すのはとても難しい上に、間違いも起こりやすくなります。

チャットリストはタグからキーワード検索ができる

そこで、条件となるタグを用意し、友だちをタグで管理すれば、**チャットリストから必要なリストを抽出する**ことができます。チャットリストの検索窓に検索したいタグを入れると、ソートされた一覧が表示されます。タグは最大200個まで作成でき、タグを複数個検索窓に入れることで、絞り込みも可能です。公式アカウントの機能では、タグを使ってセグメント配信はできませんが、タグで絞り込んでから、手動による個別配信は可能です。

一番効果があるのは手動で個別にメッセージを送ることです。しかし、絞り込みによる一斉配信でも、お客さまの好みに応じたメッセージを送ることで反応率もよくなり、ブロック率も下げることができます。効果的なマーケティングを行うためには、**適切なリスト管理・顧客管理**は大切です。取り扱うリストの規模が大きくなればなるほど、自分の記憶だけでは手に負えなくなります。早い段階できちんとした顧客管理をしておきましょう。

セグメント分けするためのタグで絞り込みをしよう

上手にタグを活用すれば、時宜にかなったメッセージを送ることもできます。たとえば写真館であれば、お宮参りの記念写真や七五三の写真を撮ったお客さまに対して、タグにお子さまの生まれた年号を入れておけば、いつ七五三や入学式、卒業式があるかがわかり、その時期に、タグでセグメントを絞り込んで、写真撮影のキャンペーンのメッセージを送ることができます。

さらに男の子、女の子というタグを付けておけば、そのときに送る写真のイメージをお客さまに合わせることもできます。地域名を入れておけば、出張撮影会をするときにその地域の方にメッセージを送ることで、来てもらえる確率も上が

ります。関係ない人にメッセージを送ることでブロックされてしまう確率も下がります。このように、目的やシーンとターゲットをイメージすれば、自社に合ったタグが見つかるはずです。

1 チャットリストの上部の［タグで検索］をタップする

2 タグを入力する

3 ［完了］をタップする

4 絞り込むタグをタップする

5 候補のタグとタグに該当する人数が数字で表示されるので、セグメントしたいタグをタップする

6 タグによるセグメント分けされたリスト表示になるので、上部のチャットリストが「すべて」からタグとタグでセグメントされた人数が表示される

タグを作ろう

タグを付けるには、先にタグを設定しておく必要があります。複数のタグを使って複合検索できるので、管理しやすい言葉を入れましょう。

1 [設定]をタップする

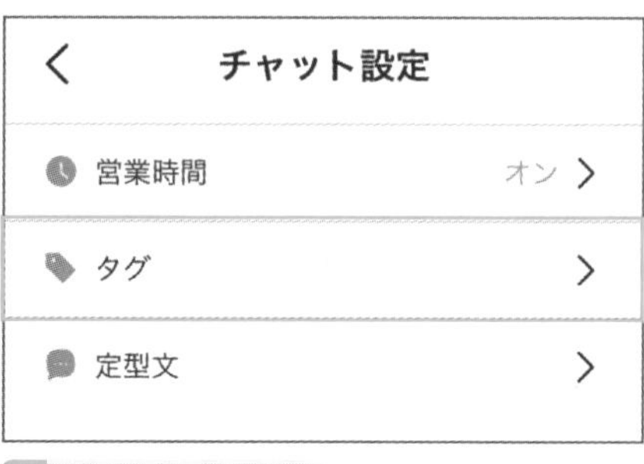

2 [タグ]をタップする

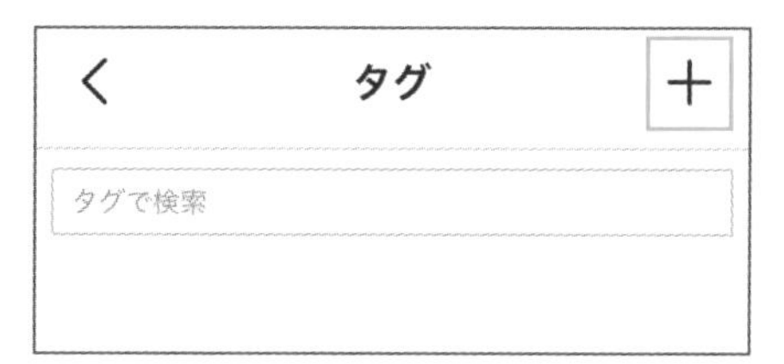

3 [+]をタップする

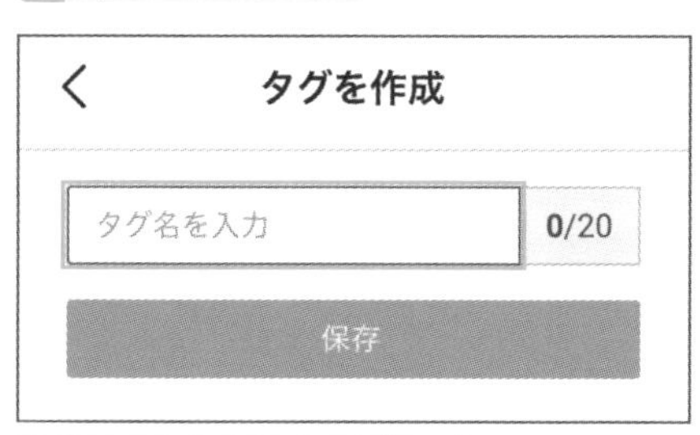

4 [タグ名を入力]をタップする

タグを作成

導入セミナー

6/20

保存

5 タグ名(最大20文字)を入力する

6 タグが設定された

友だちにタグを付けてセグメント管理する

セグメント管理のためにも、一人ひとりにタグを付けましょう。タグは、リピーターや購入したサービス、お客さまを絞り込んで何かする行動単位ごとに作ります。

タグの管理は案外忘れがちになりますが、タグや次に説明するノートでしっかり顧客管理をすれば、必ず差が出てきます。お客さまの大切な情報はしっかり残して、きめ細やかなサポートができるようにしましょう。チャットルームの上部のユーザー名をタップし、プロフィール画面を開き、タグを設定します。

1 [タグ] をタップする

2 付けたいタグをタップする (複数選択可能)

Memo タグを削除するとき

タグを削除したいときは、タグの右端にある[×]をタップします。

3 タグを付け終わったら[保存]をタップする

カルテのようにノートを付けよう

しっかりお客さまをサポートできるお店や会社は、お客さまのことをよく理解しています。そんなお店や会社には、顧客情報としてカルテのように、お客さまの購入履歴やサービス履歴、各種対応・やりとりなどが残っています。もちろん、記憶だけで対応できる天才的な人もいますが、スタッフ間でお客さまの情報を共有するには限界があります。

さらに新しいスタッフが入ったときに、同じように理解してもらう必要があります。そのためには、お客さまとのやりとりなど各種情報を共有できる環境で情報を残す必要があります。これをLINE公式アカウントの**お客さまごとのノート**に残しておけば、チャットで問い合わせがきたときに、別の資料を探してきてそこからお客さま情報を探し出す必要もなく、ノートやタグの画面に切り替えてどう対処すべきかを判断することができます。

チャット自体は1年で消えてしまいますが、ノートは消えずに半永久保存できます。このノートを活用してお客さまの大切な情報は残すようにしましょう。

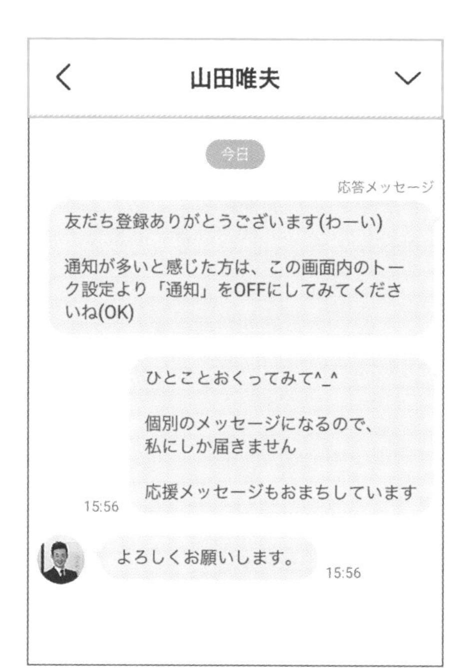

1 ユーザー名をタップする

2 [ノート] をタップする

3 [+] をタップする

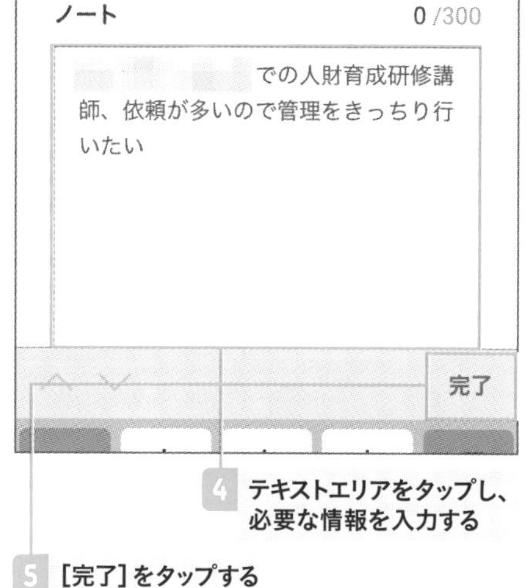

4 テキストエリアをタップし、必要な情報を入力する

5 [完了] をタップする

Memo プロフィール画面では、最新のノートが表示される

プロフィール画面では、最新のノートが表示されます。保存されているノート数も把握できるので、複数ある場合はノートをタップして、情報に漏れがないか、定期的に確認するとよいでしょう。

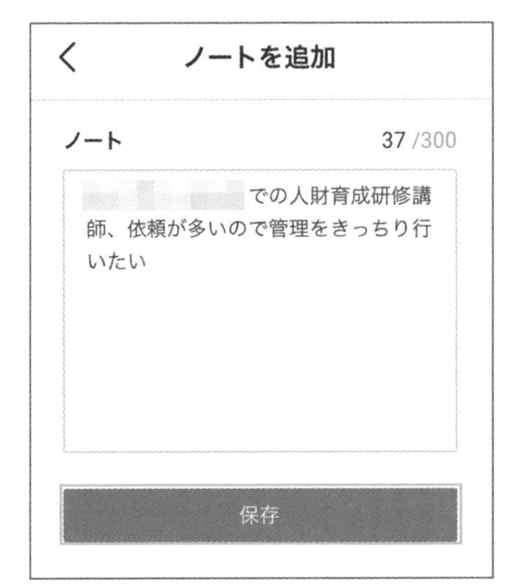

6 [保存]をタップする

7 ノート一覧に情報が記憶された

Memo 登録日時と担当者名も自動的に表示される

[…] をタップすると、「編集」することができます。ここで [<] をタップするとプロフィール画面に戻ります。

ノートを編集・削除する

お客さまとのやりとりに変更があったときには、ノートを新規作成するのではなく内容を変更しましょう。また、間違った内容や不要になった情報は削除します。ただし、経過を追うために、すべてを消去するのではなく、大事なことは編集して追記することをおすすめします。

1 [ノート]をタップする

2 編集や削除したいノートの[…]をタップする

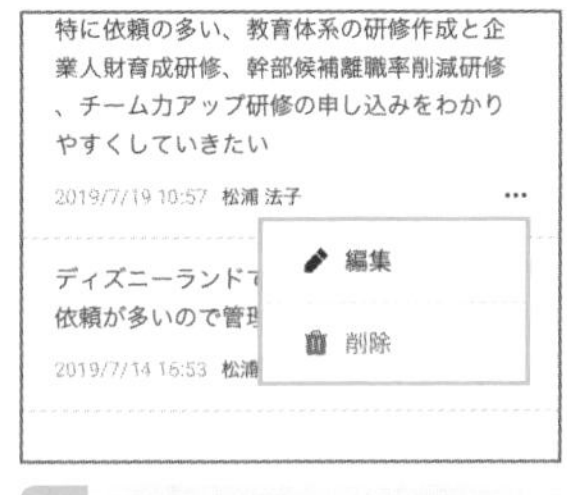

3 [編集] もしくは [削除] をタップする。ノート一覧は最新のものから並んでいるので、編集すると最上部に表示される

05 よく返す言葉を定型文で設定しよう

チャットで返信するときに、いつも同じ言葉を入力していませんか。その言葉を定型文として登録して作業効率をアップしましょう。

定型文を使ってチャットを返信する

チャットで返信するための定型文を設定できます。申し込みに対する決まった案内やよくある質問に対する答えを定型文にすることで、お客さまに対してスピーディな対応かつブランドとして均一な対応が可能になります。

さらに、「この質問に対してはこの回答」というようにパターンを決めてお客さま対応のスクリプトを用意すれば、オペレーターが商品やサービスの知識があまりなかったとしても対応でき、業務効率化、ひいては対応コストの削減につながります。また、ターゲットで絞ったリストに対して個別にメッセージを送る際には、設定によりお客さまの名前も自動挿入でき、効率的に送信できます。

1 [ホーム]>[チャット]>[設定]を開く

2 [定型文]をタップする

3 [+]をタップする

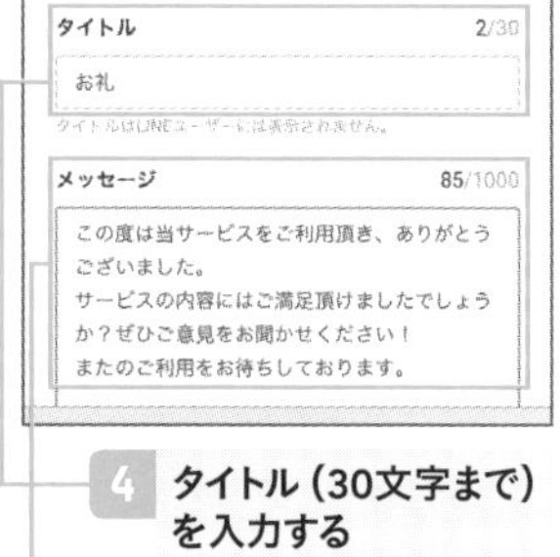

4 タイトル（30文字まで）を入力する

5 メッセージ（1,000文字まで）を入力する

Memo タイトルの表示

タイトルはお客さまには表示されず、管理上のタイトルで定型文一覧に表示されるだけです。

Memo 定型文に友だちの名前を表示する

定型文は、1つの設定につき1吹き出しだけ作成できます。このとき、友だちの表示名を自動挿入したい場合は、表示したい位置にカーソルを置き、メッセージ入力エリア下の［＋友だちの表示名を挿入］をタップします。

管理画面設定登録会お申込みありがとうございます。
●月●日 ●:●～
会場は● になります

ご準備頂くもの
スマホもしくはノートパソコン 必須

友だちの表示名を挿入

相手のプロフィール情報が表示されている場合のみ利用できます。

保存

6 ［保存］をタップする

Point 上手に使い回すための定型文の工夫の仕方

人や時期によってメッセージの内容が多少異なる場合は、空白や「●」などを入れて、送信前に編集しましょう。一部を書き換えるだけで済むので、必要事項の漏れはなくなり、表現も統一され、メッセージのレベルも均一化されます。

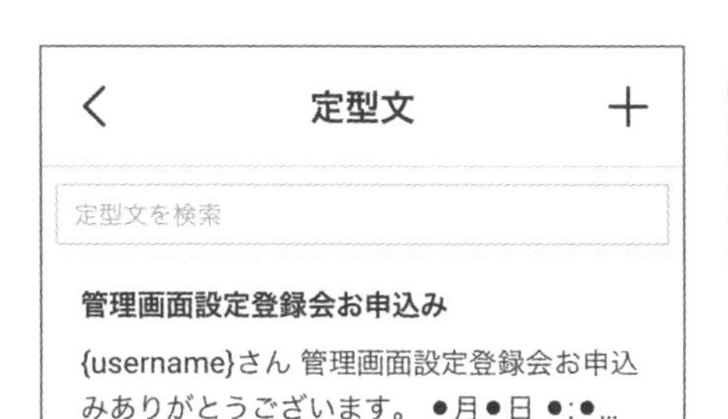

7 定型文画面にタイトルと冒頭文が表示される

Memo メッセージ画面への戻り方

メッセージ入力中のキーボード画面を消すには［完了］をタップします。［完了］が表示されたままでも、スクロールして［保存］をタップすれば完了します。

定型文を編集・削除する

定型文は一度作っただけでは完璧ではありません。お客さまの反応や季節などに応じて書き換えることで、よりお客さま対応力がアップします。

1 編集したいメッセージをタップする

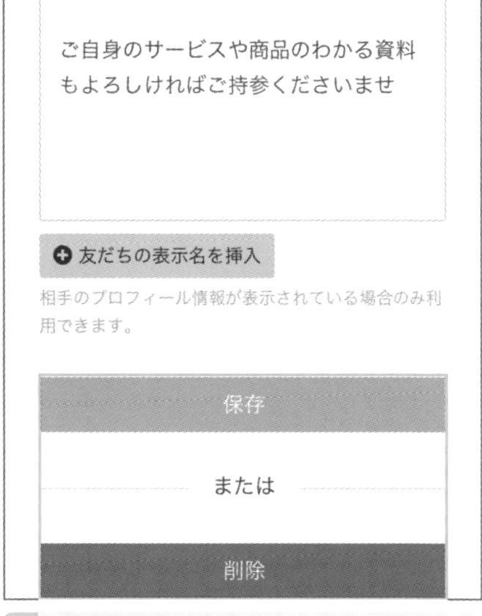

2 編集する場合は、編集したい内容に編集し、［保存］をタップする。定型文自体を削除する場合は、［削除］をタップする

定型文でメッセージを返信する

作った定型文を使って、実際にチャットで返信しましょう。必要に応じて定型文に追記することも忘れないようにします。編集が必要な定型文のタイトルには頭に「●」を付けておくなど約束事を決めておくと、間違いもなくなります。

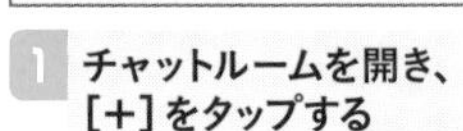

1 チャットルームを開き、[+]をタップする

2 [定型文]をタップする

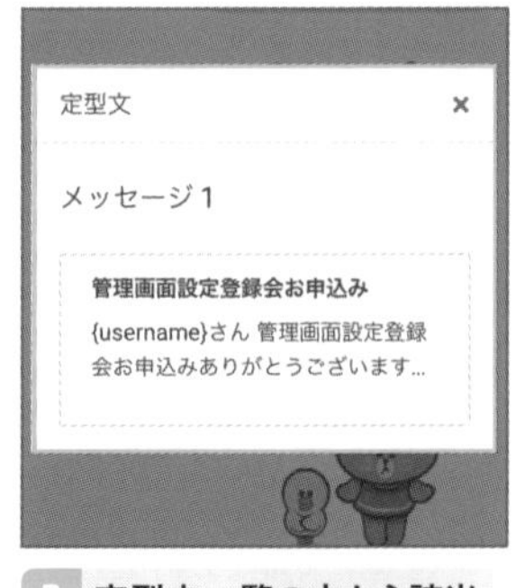

3 定型文一覧の中から該当する定型文をタップする

4 メッセージテキストエリアに追記や編集を行う

5 [送信マーク]をタップする

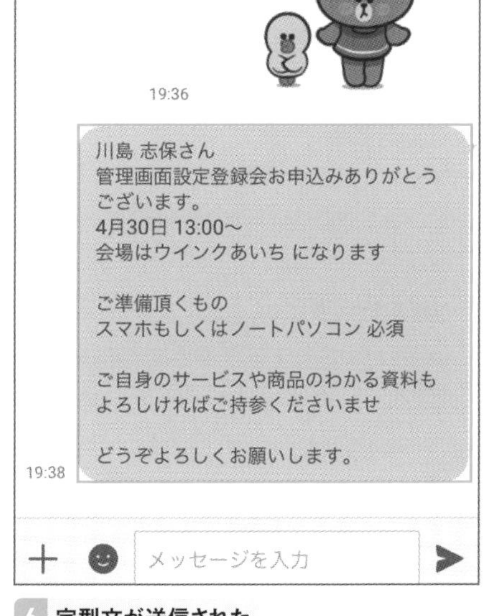

6 定型文が送信された

Chapter 12

LINE公式アカウントを活用してプロモーションしよう

LINE公式アカウントの機能を活用して集客し、商品やサービスの認知や理解につなげましょう。好感度やブランドロイヤリティを高め、お客さまに購入や来店などの行動に結び付けられるようプロモーションを行いましょう。

01 LINE公式アカウントはプロモーションに最適なツール

サービスや商品をアピールすることも立派なプロモーションのひとつです。ビジネスの規模に関係なく、誰でも行うことができます。

プロモーションにビジネスの規模は関係ない

プロモーションとは、大企業が行う大々的な販促活動のように思われがちですが、小規模店舗で扱っているサービスや商品をアピールすることも立派なプロモーションのひとつです。プロモーションはビジネスの規模に関係なく、誰でも行うことができます。

LINEに限らず、ネットを利用した販促では、**商品やサービスを知ってもらうこと**が重要です。一方的に売りたい内容だけを伝えていては、売れるものも売れません。店舗や商品、サービスへの信頼を感じさせるアカウントへと成長させていきましょう。

コミュニケーションであることが大前提

LINEの魅力は、プッシュ通知で情報を届けられることです。ユーザーが望む以上に商品紹介のメッセージを頻繁に送ると、ユーザーからブロックされてしまう可能性があります。伝えたい内容の緊急度や重要度に応じて、メッセージだけに頼ることなく、タイムライン投稿を併用して情報を伝えていきましょう。

LINEはコミュニケーションツールです。友だちからのメッセージに交じって、トーク一覧の中にあなたのLINE公式アカウントからのメッセージが届きます。このとき、友だちとのトークのようにさりげなく溶け込むことを意識して、売り文句が多く含まれているメッセージで不快感を与えないように心がけることで、ユーザーからブロックされにくくなります。

すなわち、「商品やサービスを購入してもらうこと」を目的にメッセージを流すだけではなく、**商品やサービスの背景やユーザーと同じ目線に立った情報を伝えること**で、お客さまに共感を与えて商品に興味を持ってもらうようにしましょう。

そうしたメッセージが商品・サービスの購入へとつながります。

メッセージを作成する際には、届けたい相手を具体的にイメージしましょう。あなたの独り言では共感は得られません。相手がメッセージを受け取ったときにどう思うのかを想像して、相手の心を動かすメッセージを作りましょう。

お客さまが求めている情報を伝える

せっかく情報を発信しても、「知りたい情報がない」とお客さまに見てもらえません。お客さまが知りたい情報を常に調査して、それを発信していきましょう。

たとえば再入荷情報は、アパレルを含め販売系には効果的です。人気商品であれば、お客さまも再入荷情報に敏感になっています。こうした情報が「知りたい情報」です。また、情報を発信するときは、入荷時期だけでなく、入荷した数量も明記することで「限定感」を演出でき、来店率を上げることができます。

情報量に応じてメッセージのリンク先を変える

スマートフォンを開いた瞬間の一画面の中に行動を促す情報を詰め込むのは大変です。その限られた情報量の中で、どうやって伝えるかが大事なポイントです。これには、たくさんの情報を大きな画像と文字で表現して誘導するリッチメッセージが一番効果的ですが、リッチメッセージが作成できなくても、カードタイプメッセージやテキストメッセージ、画像、クーポンの組み合わせで伝えたい内容を表現して誘導することは可能です。

大事なことは、シンプルなアクションで次へ遷移する行動につなげることです。すぐに電話やメールにつなげたいのであれば、テキストメッセージかリッチコンテンツ、クーポンを送りたいのであれば、直接クーポンを送る方法でもよいですが、リッチコンテンツで期待感を膨らませ、共感を得るように工夫してクーポンへ誘導するという方法もあります。Webへ誘導したいなら、直接テキストでメッセージ、文章を補ってPRページ、画像で直感的に誘導するリッチメッセージなどと、お客さまに行動に移してもらえるように、情報量と誘導先により配信方法を使い分けましょう。

また、誘導先のWebサイトはスマートフォン対応にしておくことも忘れずに行っておきましょう。誘導先のWebサイトからは、電話やLINEなどの問い合わせや販売ページへの誘導の準備をして、お客さまが迷ったとき、決断したときにすぐに行動に移せるよう、万全の対応をとっておきましょう。

▲情報量と誘導先に応じて配信方法を考える

メッセージで誘導する

一番お手軽で簡単な方法です。説明の最後には電話番号、メール、Webサイトなど**誘導先を明記**し、その気になったお客さまに迷いを与えないようにしましょう。

テキストメッセージで電話かメール、Webサイトなどへ誘導する

タイムラインから誘導する

タイムラインにURL表示をして、お客さまを遷移先に誘導します。

タイトルや説明文まで表示されるので、優良なコンテンツを持っているならどんどんタイムラインに投稿しましょう。

いぬのきもち：タイムラインにURLをシェアする

リッチメッセージで誘導する

リッチメッセージは大きなビジュアルとキャッチコピーで見栄えがよく共感と反応してもらいやすいプロモーション方法です。反応先は、リッチコンテンツに設定したリンクへ誘導します。画像には「クリック」など**行動につながるテキストを入れれば、クリック率が上がります**。

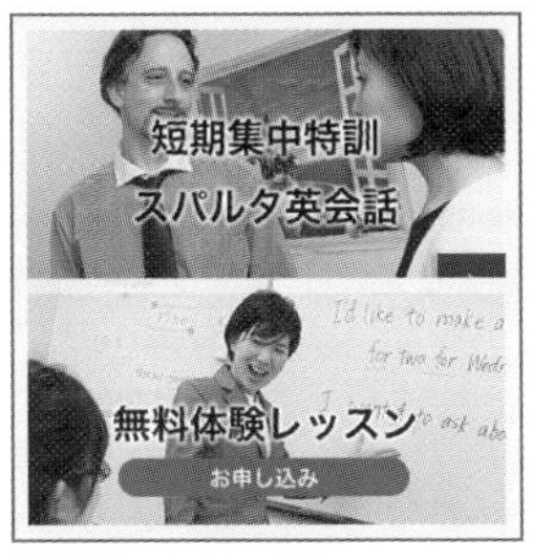

名古屋スパルタ英会話 mmm：リッチメッセージでクーポンかWebサイトへ誘導する

誘導先のWebサイトもスマートフォン対応にしておく

Point メッセージの順序に注意する

クーポンやPRページ、抽選ページ、リサーチページなど（以下、クーポン類）の反応をよくするには、「クーポン類のイメージ画像」＋「テキスト」＋「クーポン類」の順番でメッセージを組み合わせることをおすすめします。クーポン類のサムネイルは小さいので、サムネイルの何倍も大きく表示される画像でイメージを伝えることでクーポン類への期待が大きくなり、タップして詳細を見てもらいやすくなります。このように、複数の吹き出しでメッセージを構成するときは、全部の吹き出しが一画面に入るように調整するのがポイントです。

02 伝えたい内容別、商品の紹介の仕方

公式アカウントLINEの機能を駆使して、商品を紹介していく方法を解説します。表示の方法が違うので、伝えたい内容に応じて使い分けていきましょう。

商品をメッセージで紹介する

新商品やおすすめ商品の情報を伝えたいときには、確実にたくさんの人に見てもらうために、タイムラインで紹介するとともにメッセージでも紹介しましょう。このとき、プッシュ通知でお客さまの元に届くことを意識して、売り込みすぎないメッセージ文を作りましょう。LINEはコミュニケーションツールです。仲間や家族との会話が多く行われる中で、メッセージを開いたらバリバリのセールストークでは、ブロックされても仕方がありません。トーク内では紹介する程度で十分伝わります。興味を持った人だけWebサイトに誘導し、さらに詳細な内容を見てもらうようにしましょう。

グリーンルームアトリエ由花：商品は魅力的な画像付きで紹介する

もちろん、ここぞ！　というときにだけ「きてね」「お待ちしています！」など、セールストークを使うとよいでしょう。その代わり強いインパクトに負けないメリットをお客さまに享受できるようにしましょう。

掲載する写真は、雑誌に載っているようなきれいなものにするとよいでしょう。

カードメッセージを配信してアピールする

カードメッセージによるカルーセル表示で、おすすめやランキングや商品（メニュー）一覧などで複数の情報をアピールすることが可能です。複数表示の中から興味を持ってもらい、ECサイトや公式サイトの詳細ページへ誘導します。

通常のメッセージだけでなく、キーワード応答メッセージで答えたり、友だち追加あいさつメッセージで紹介したりしてアピールしましょう。

焼肉かわちどん：お歳暮ランキング紹介で注文ページへ誘導する

グリーンルームアトリエ由花：カードメッセージでクーポンを配布している

画像クーポンを配信してアピールする

LINE公式アカウントのクーポン機能以外で、画像でクーポンを配信することもできます。画像クーポンでは自由なフォーマットで伝えたいことをアピールすることができます。

Point 画像クーポンの有効期限に気を付ける

チラシやカードでクーポンを作っている場合、同じ画像を使ってクーポンにすることもあるでしょう。そのときには、画像クーポンの有効期限は配信日から2週間以内にしましょう。2週間が経過すると、メッセージ内の画像をタップしても拡大画像が表示されません。画像を2週間以内に一度でも拡大表示していれば2週間を経過しても拡大表示されます。画像クーポンを用意する際には、有効期限と利用方法についてもテキストメッセージで明記しておきましょう。

03 素材のこだわりなど特別感を伝えて店舗に誘導する

店舗独自の素材のよさ、食材や調理方法へのこだわり、特別感を伝えてお客さまを店舗に誘導しましょう。写真などのビジュアルにもこだわって配信します。

食材へのこだわりを伝える

食材へのこだわりや、おいしい食材の選び方は、飲食店がお客さまにアピールできるポイントです。栄養、食材、調理の豆知識、料亭や寿司店なら生きのよい鮮魚といったように、希少部位の入荷や旬の素材情報を伝えるだけでもお客さまをひきつけることができます。もちろん、独特の料理方法など、店舗のオリジナル性も魅力になります。

限定素材・限定メニューでさらに付加価値を付ける

限定素材で付加価値を付けるのは有効な方法です。しかし、たとえばいちごの旬の時期に単にいちごのケーキの情報を投稿しても、あまり効果がありません。写真に加え、地元産という付加価値を付け、さらに生産者の名前を載せることで、より特別ないちごとなります。

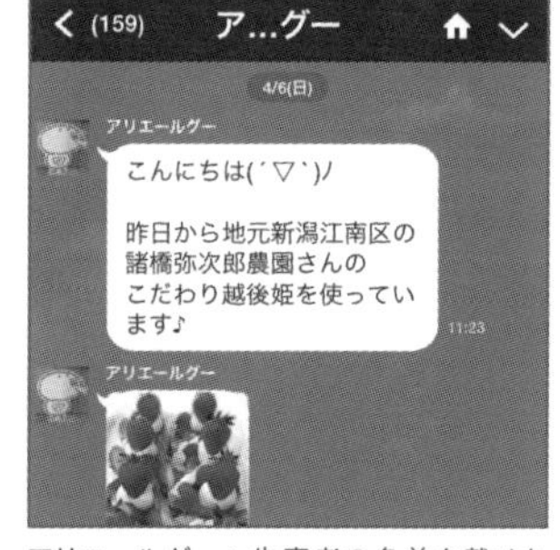

アリエールグー：生産者の名前を載せたいちごの例

ひとことも商品に触れなくても、きれいな写真と特別感から来店意欲を掻き立てることができます。

また、LINE公式アカウント限定の裏メニューも効果的です。たとえば、賄食（まかないしょく）だったものを、LINE公式アカウントのメッセージを見ていないと食べられないメニューとして用意してみましょう。「希少部位の入荷によりLINE限定○名様だけ」「LINEだけでしか公開していないメニュー」なども人気になりやすいのです。

これらは、割引をしないで集客する方法です。店舗独自の特別感をLINE公式アカウント限定サービスとして提供してみましょう。

04 現地の情報は投稿しやすくおすすめ

リアリティのある現地の情報や動物の様子はSNSとの相性がとてもよく、投稿する側も思い入れがある分、投稿しやすい傾向にあります。

観光地の情報を伝える

観光地の情報や交通機関の混み具合など、**現場でなければわからない「今」の情報**はLINE公式アカウントで発信するのに最適です。たとえば、スキー場なら雪のコンディション、屋外のレジャー施設ならアトラクションの稼働状況、動物園なら動物の赤ちゃんの情報など、たくさんあります。

こうした情報はタイムライン上で「いいね」やコメントも付きやすく、アカウントも盛り上がります。友だち追加や集客にもつながりやすいでしょう。

動物の様子を伝えて共感を募る

動物の様子をタイムラインに投稿するのもおすすめです。子犬販売専門店「仔犬専門ポッケ」では、犬に関する情報を発信してファンを集め、さらにそのファンから応募される写真を毎日タイムラインに投稿して、ユーザーに交流の場を提供しています。投稿を一緒に楽しむことにより、お店を身近に感じてもらうことができます。動物はその成長や様子を伝えるだけでも、自宅で飼っている、あるいは飼いたいと思っているユーザーからの共感を集めることができます。

仔犬専門ポッケ：投稿の例

自然や季節の情報を伝える

スポーツには、熱狂的なファンが多いです。そのファンに向けて、写真や動画を送るだけではなく、**店舗独自の見解や専門性を含めた情報を送る**ことで、競合他社と大きな差が生まれます。情報を提供し続けることで信頼を得て、コミュニケーションが活発になっていきます。

「サーファーズサポート」では、天候や波の情報を写真や動画で配信しています。プロならではの情報が満載です。毎日の配信を待ち望んでいるファンもたくさんいます。特に台風のときには、1日に数回の配信を行い、サーファーのために情報を発信しています。

また、店舗の情報や様子はFacebookから、波の情報などのすぐに知りたい情報はLINEからと配信内容を分けています。

サーファーズサポート：リッチメッセージでWebのブログに誘導

Point 情報提供のもうひとつの目的

PRページでたくさんの情報を提供することで集客するのが一番の目的ですが、統計情報による反応率を得て数値化していくことも重要な目的のひとつです。

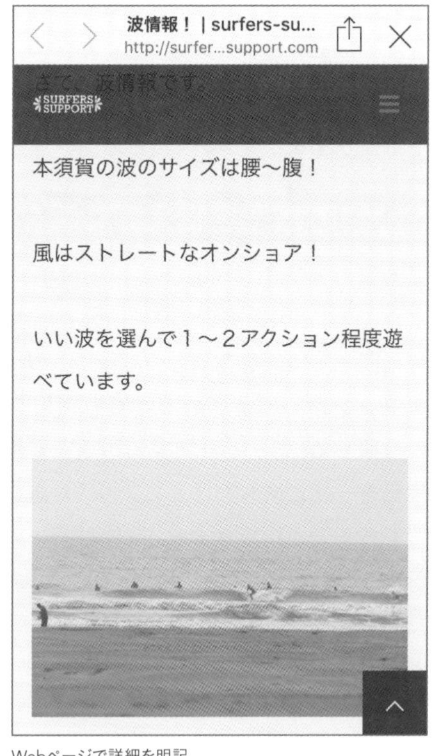

Webページで詳細を明記

05 キャラクターを使って親近感を抱かせる

キャラクターにはお客さまに親近感を抱かせ、その会社や商品の興味をひく効果があります。LINE公式アカウントはキャラクターとの親和性も高いので、ぜひ使ってみましょう。

店舗スタッフの代わりにキャラクターが情報を伝える

店舗独自のキャラクターがあれば、LINE公式アカウントでも利用しましょう。キャラクターを利用すれば、**「親しみやすさ」をお客さまに与えること**ができます。キャラクターによって運営側も恥じらいがなくなり、発信しやすくなります。LINE公式アカウントの開設の際に、オリジナルのキャラクターを作ってみてはいかがでしょうか。

たとえば、福島にある菱沼農園に実在するチワワの店長テリーナは、「フルーツ大使」として「菱沼農園のおっちゃん」の手伝いをして、農園の様子の紹介や、季節のフルーツをネット販売しています。アメブロやYouTube、Facebook、Instagramでファンがいます。いずれもLINE公式アカウントへ誘導して友だちになり、チャットでそれぞれの友だちをサポートする提案を行っています。人気のあるキャラクターなので返信する数が多く大変ですが、お客さまごとに丁寧に対応することで、その分お客さまとの信頼感が深まっています。メッセージを配信するとすぐにその商品が完売になるほどの発信力が高いアカウントになりました。

キャラクターらしさを文章に出す

送信10分間で友だちからの注文でいっぱい

トーン・マナーを統一する

LINE公式アカウントでお客さまに対応する際には、**店舗としての「トーン」と「マナー」を統一しておく**必要があります。対応するスタッフごとに態度や口調がバラバラでは、いつまで経っても店舗のブランドが育たず、お客さまとの信頼関係も築けません。特に、タイムラインでのやりとりは、すべてのLINEユーザーが閲覧可能であることを忘れてはいけません。

プロモーションや広告の世界では当たり前なのですが、イメージを統一するために、できれば他のWeb媒体などとも統一したトーンとマナーで対応しましょう。

LINE公式アカウントの場合、キャラクターを使ってプロモーションするケースもあると思います。はじめてキャラクターを使う場合は、**企業イメージを踏まえた配信**を行いましょう。そうしないとメッセージやタイムライン内で配信内容がブレてしまって効果が半減してしまいます。言葉遣いや文体なども統一させることが必要です。急になれなれしくなったり、仰々しくなったりしては、ユーザーも誰とコミュニケーションを取っているのかわからなくなってしまいます。

複数の担当者で対応してトーンが変わるのであれば、メッセージごとに担当名やニックネームを名乗るなどして、投稿に個性を出すのもひとつの方法です。「あの配信をしている人ですよね」というように、来店時にお客さまのほうから声をかけてもらえるよう、投稿していきましょう。また、テンプレート機能を使ってメッセージの返信ができます。決まったフォーマットをはじめに準備できなくとも、返信ごとにテンプレートを作っていけば、誰でもテンプレートを使ってトーンが統一された返信ができるようになります。

ブヒゅブヒゅ会：トークとタイムラインで話し方や改行の入れ方、絵文字の入れ方を統一してトーンをそろえる必要がある

06 返信を自動化しコミュニケーションを図る

お客さまからのトークへの投稿に備えて、システムが自動でメッセージを返すよう設定します。チャットと自動応答のどちらがよいか、併用がよいか、自店に適した使い方を選びましょう。

返信を自動応答で行い、友だちとのコミュニケーションや情報提供を行う

自動応答メッセージは、友だちからトークルームで話しかけられたときに、システムが自動で返答する機能です。お客さまが個別のコミュニケーションを期待して、質問や予約などをメッセージとして送ってくる場合があります。そのときに何の返事もないと、「無視された」と勘違いし不愉快に感じる人もいるので、チャットをしない場合は自動応答メッセージを必ず設定しておきましょう。

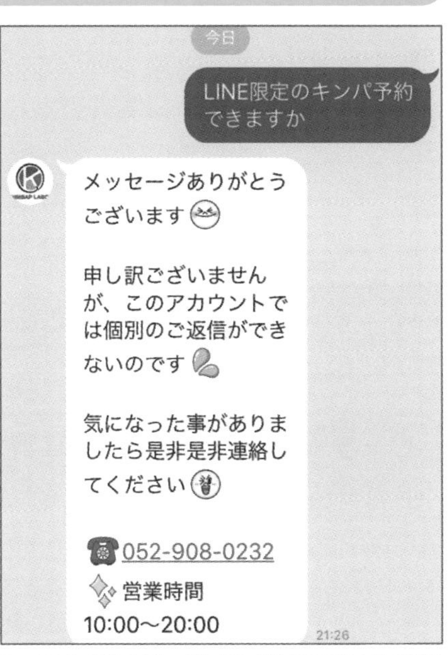

キンパラボ：返事できない旨を伝え、代わりの回答方法（電話）を伝えている

キーワード応答メッセージで、ナビゲーションを自動化する

自動応答メッセージでランダムにコミュニケーションを図るのもおもしろいですが、お客さまの問いに的確に答えることがキーワード応答メッセージで可能になります。キーワードをシステムが認識し、設定したキーワードと一致する言葉に対して応答します。お客さまの要望をしっかりとらえて、応答する内容を設計することで、自動ナビゲーションが可能になります。

キーワード応答メッセージは設定したキーワードと全一致したときに対応しますが、それ以外の単語が入力されたときは、自動応答メッセージで対応できるようにしましょう。

インフォメーションとして利用する

あいさつメッセージでキーワードを紹介することで、使い方やさらなるキーワード紹介へとつなげることができます。

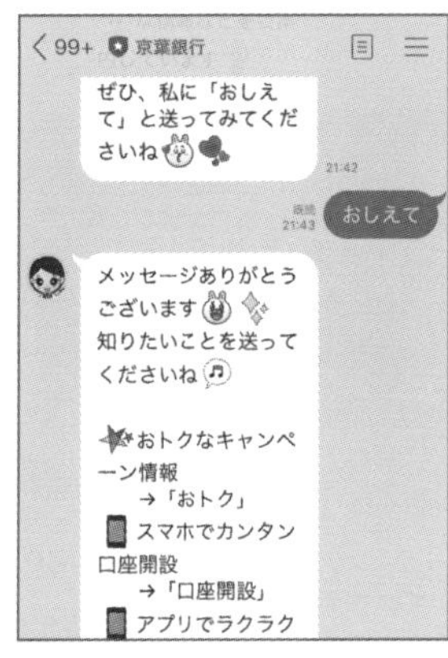

京葉銀行：インフォメーションの内容をキーワードにして自動応答メッセージで案内する

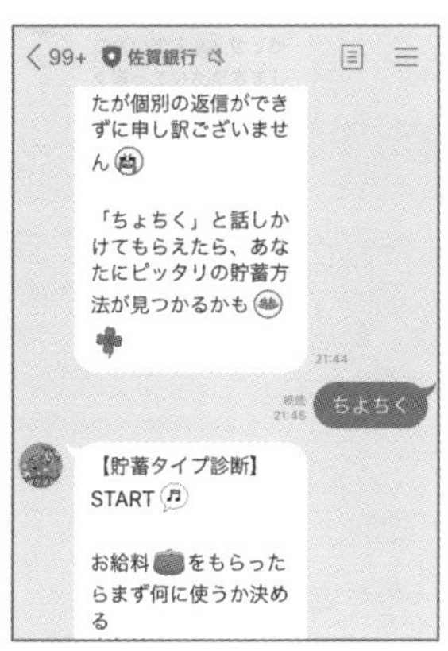

佐賀銀行：案内を見て、キーワードでお客さまが応えてキーワード応答する

グリーンルームアトリエ由花：自動応答APIを使用して、お客さまへの期待に応える

ファンからの言葉を予測してコミュニケーションに利用する

お客さまから送られてきそうなキーワードを予測しておくことで、コミュニケーションを取る方法もあります。

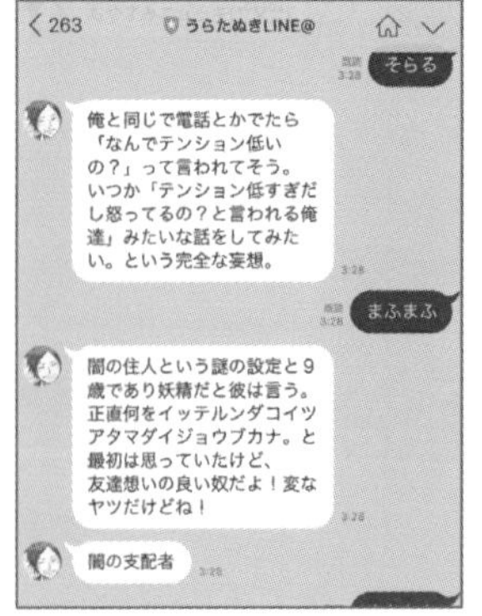

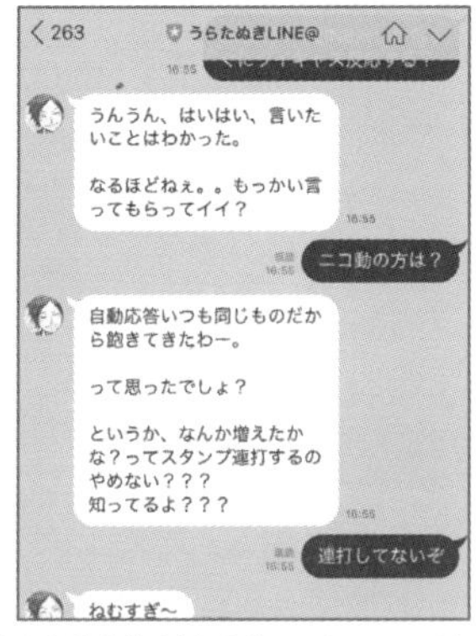

うらたぬきLINE@：キーワード応答（左）と自動応答（右）を使い、キーワード応答メッセージではツアーメンバーのニックネームによる紹介で盛り上げる

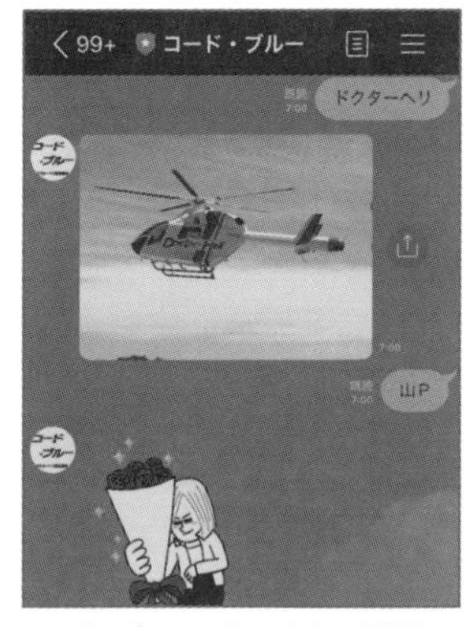

コード・ブルー：ドラマからの予測キーワードに対応してファンサービスする

07 課題からサービスを紹介する

お客さまの悩みを取り上げ、商品・サービスの紹介だけでなく、集客や売上げを向上させましょう。

潜在的な悩みを掘り起こす

商品の発売やサービスの提供の情報を伝えるとき、自分の実体験をもとに「悩み」や「課題」を拾い上げてみましょう。

例として、インフルエンザの予防接種の予約をする場合で考えてみます。多くのアカウントは、「今年のインフルエンザ流行時期予測」や「ワクチンを打つべき時期の連絡」などを忘れがちです。このような情報は多くの人にとって有益です。病院から「インフルエンザの予防接種の予約受け付けを開始しました」というメッセージを送れば、たくさんの予約が入ってくることが予想できます。その一方で、案内を見てもすぐには予約しない方もたくさんいます。病院側とすれば、せっかく告知したのですから予約してほしいところです。

そうした場合、インフルエンザの予防接種の予約を先送りする人に向けて、「すぐに予約しないと、困ってしまうこと」を伝えてみるという方法があります。 具体的には、「予約したい日がすでにいっぱいで、改めて予約する必要があること」「予約が取れても、その日の指定した時間に病院に行くのが大変だったこと」など、いろいろあると思います。**過去に体験した記憶を呼び起こすような投稿**であれば、「今年こそは早く予約しよう」という行動につなげることができます。最初は、「インフルエンザの予防接種の予約受け付けが始まりました」と伝え、ある程度予約が落ち着いたところで、予約状況を伝えるとともに、再度告知するために「過去の問題点」に触れ、予約へと促すのもよいでしょう。

業種ごとに、こうした「悩み」や「問題点」はいろいろとあります。それぞれの悩みや課題を、適切な時期に送信しましょう。

トークに誘導してサポートする

予約や問い合わせは**チャットを受付窓口にする**とよいでしょう。このとき、問い合わせの内容を自社の予約台帳などにメモする、もしくは自社システムと連動してデータベースを作っておくと便利です。前日に「明日○○時にお待ちしております。問診票を忘れずにお持ちください」などと、時間の確認を送信することで来店率を上げることができます。

来店後にもあいさつのメッセージを送ってみましょう。たとえば病院の場合、「○○日のインフルエンザの注射の後、お体のお加減はいかがですか？　もしお具合が悪くなったら、すぐに電話番号XXX-XXX-XXXXまでお電話ください」というようなフォローがあれば、病院に対するお客さまの信頼感アップにつながります。

予約に対する来店の確認やアフターフォローなどの決まった文章は、テンプレートとして作成しておきます。

問い合わせ	テンプレート
予約受け付け	詳細な予約内容のご連絡のお願い
予約確定	予約の受け付けのお礼と予約案内／もしくは予約不可の案内と別日への誘導 ※アフターフォローする旨を明記して、チャットの終了時期を伝える。予約キャンセルについての注意事項なども明記しておく
予約日の前日	翌日の予約の確認・案内
予約日の翌日	来店のお礼とアフターフォローのご案内 ※定期的サービスの場合、このままチャットを残し、特別のご案内の対応有無を確認しておく（ただし、現システムの場合、データは手動管理となる）

▲テンプレートの例

Memo シナリオ自動応答で更なる効率化が図れる

LINE公式アカウントでは自動応答とチャットは同時間に併用できませんが、304ページで利用するAPI連携ツールを使えば、自動応答とチャットが併用できます。ツールにはシナリオ自動応答機能があり、LINE公式アカウントの自動応答より細やかな分岐による応答が可能となります。問い合わせ内容に合わせてシステムで自動応答されるため、時間を問わずお客さま対応ができます。システムが解決できない場合のみ、チャットで応えるという使い方ができるため、業務効率化につながります。
状況に応じて指定した日時にメッセージを配信するリマインド機能なども利用すれば、さらに業務効率化につながります。

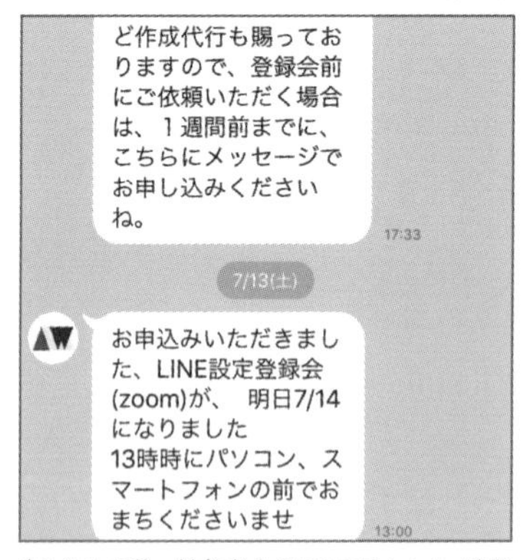

申し込みの後、対象者全員にシステムから、時間指定でメッセージを送信するリマインド機能を使用

08 参加型でお客さまに楽しんでもらう

お客さま自身が楽しんで参加できる、消費者参加型コンテストを利用してみましょう。

LINEで可能なコンテスト

「○○コンテスト」「○○決定戦！」という言葉を聞くと、なんだかワクワクしてきませんか？ **LINE公式アカウントでコンテストを開催**し、お客さまが審査員となって評価すれば、商品への認知度も高くなります。また、コンテスト開催によって商品の告知につなげることができ、普段なら気にしない商品に注意を向けることも可能になります。さらに、見落とされがちなスペックや効果・効能などを間接的に訴求できる面もあります。

リサーチページでコンテストを行う

リサーチはアンケートや投票としても使えるなど、工夫次第でさまざまな目的

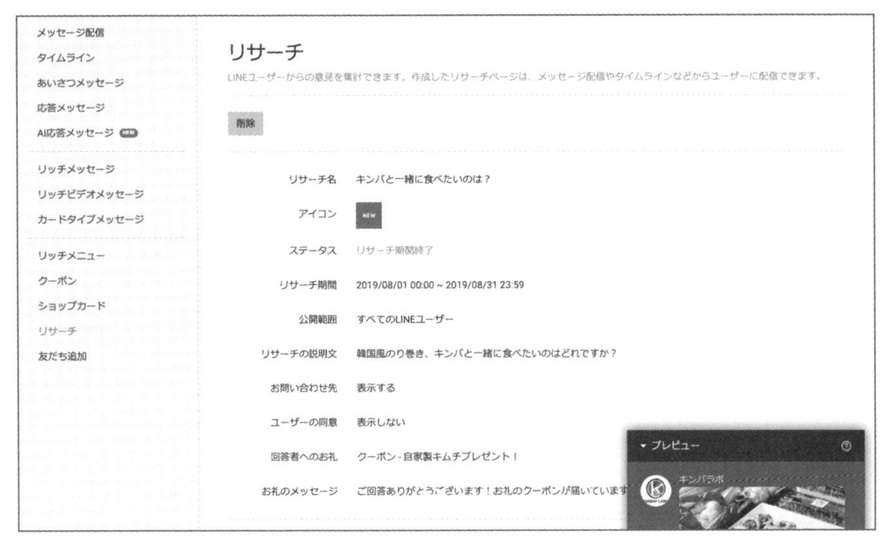

リサーチ詳細画面

で使うことができる機能です。回答率アップのため、リサーチ回答後、クーポンを付けることが可能です。リサーチはPC版管理画面からのみ設定できます。

作成したリサーチは、メッセージ、タイムライン、あいさつメッセージ、自動応答メッセージから設定が可能です。作成の途中で「下書き保存」して途中保存することもできます。

なお、動作テストをやってから、再編集することはできません。一度リサーチに回答があると、そのリサーチの編集はできず、最初から作り直しになります。したがって、設定内容はリサーチ詳細でプレビューを表示して設定内容を確認してください。プレビューでは全設問を確認できます。

リサーチ結果の確認方法

リサーチの結果は、リサーチ期間が終わるまで確認できません。リサーチ期間が終わると、「リサーチ期間終了」のリストから該当リサーチを選択し、リサーチ結果からExcel形式ファイルをダウンロードしてデータを確認できます。

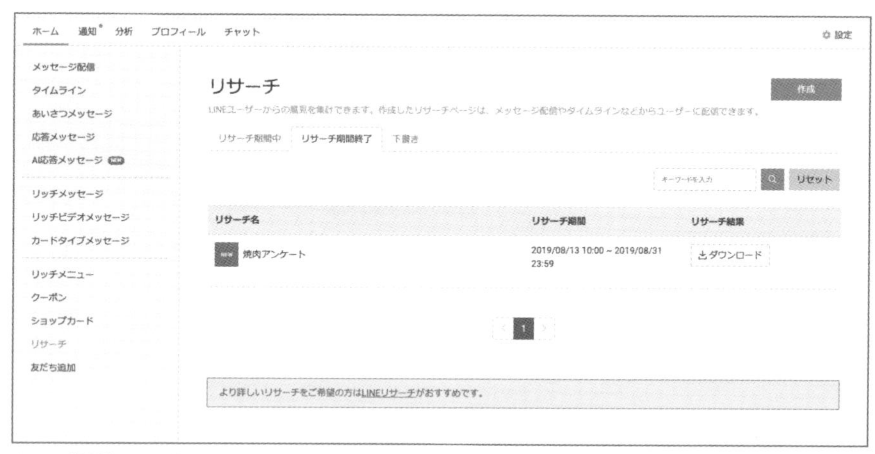

リサーチ期間終了リスト画面

ホームでコメント投票によるコンテストを行う

LINEではタイムラインでの投票によるコンテストも実施できます。主な目的は、プロモーションの中でコミュニケーションを取って参加してもらい、他の人の反応を見ることでその他の商品にも関心を持ってもらうことです。その副産物として、「いいね」を付けて参加してもらうことによって、タイムラインの活性化につながるだけでなく、友だちの友だちにも拡散され、情報が広まります。

リサーチページを使うよりも簡単にコンテストを作成でき、お客さまがその内容を把握することができます。また、画像を大きく扱えるので商品を強くアピールできます。タイムラインに投稿する画像で投票率が変わるといっても過言ではありません。

「いいね」を集めると注目され、さらにURLを明記すれば自社サイトにも誘導できます。実際に来店して実物を見てみたくなり、来店・購入につながります。たとえば、「サーティワンアイスクリーム」では投票形式のコンテストを実施し、好評を博しています。「サーティワンアイスクリーム」の事例ではCMや他のSNSなど、複数の広告媒体を利用して相乗効果を出しています。

> **Memo 「いいね」のマーク**
>
> 「いいね」のマークは6種類ありますが、色や形など独特の3～4種類を選び、一瞬で見てもわかりやすいものが使われています。

サーティワンアイスクリーム：実施した投票形式のコンテスト

応用形式：クイズでお客さまに楽しんでもらう

09 イベントの告知で集客する

店舗への集客に効果のあるイベントを開催しましょう。イベントの告知をする場合、いくつかポイントがあるので紹介します。

イベントで集客する

イベントにはさまざまな目的があります。お祭りのように人を集めて地域の「活性化」を行ったり、コンサートや演劇のように人を集めて「代金」を受け取ったり、講演会など人を集めて「感化」させたり、「名前」を売ったりと、人を集めた先に目的があります。「何を行いたいのか、得たいのか」「誰から得たいのか」をはっきり決めて、目的を達成させるための配信をLINEで行いましょう。

イベントの「いいね」が集まると、さらなる集客につながります。このため、「三木楽器 Wind Forest」では「いいね」を押してくれそうなお客さまを見込んだイベントを開催しています。管弦楽は学校の吹奏楽など団体の中で使われることが多いので、1つの「いいね」が部活の仲間のコミュニケーションにより広がります。タイムラインで友だちの先の友だちにも「いいね」が押され、情報が伝播し続けるような、イベント自体を企画していきましょう。

イベントを告知する

イベントの告知に、メッセージやタイムライン、リッチメッセージを利用することで、申し込みへの誘導がしやすくなります。Webでイベント情報を掲載している場合は、リッチメッセージからWebに誘導しましょう。

電話や申し込み用のボタンを設置は必ず設置しましょう。そうすることで、「わからないことがあるので、応募しない」といった機会損失を防ぎます。定例的なイベントであれば、過去のイベントでの盛り上がっている様子の写真や動画をアップする、主催者や出演者からの動画によるメッセージを添えるなど、工夫が大切です。そして、すぐに「聞きたい！　申し込みたい！」などの行動につながりやすいよう、リッチメニューを設置してお客さまの気持ちをつなぎましょう。

JAめぐみの：リッチメッセージでWebのイベント情報へ

グリーンルームアトリエ由花：メニューから申し込みにつながるよう電話を設置し、興味があれば、その他のイベントにもつながるように誘導している

集客し、イベントを盛り上げるための工夫

イベントに集客するために各種プロモーションを行うのであれば、それにLINE公式アカウントでの配信も追加しましょう。イベント当日まで、イベントの雰囲気を楽しんでもらう段階を踏んだ企画はタイムラインで行うことがおすすめです。もうすぐイベントがあることを頻繁に告知しても、カウントダウンという理由があるので嫌がられません。複数回表示できることからも、もちろんイベント当日の集客につながります。

イベント当日は新規の友だちを集めやすいです。**会場には、ぜひ友だち追加のサポートブースを設けましょう**。友だち追加のやり方がよくわからず、できない人はたくさんいます。そのような方の友だち追加の作業をサポートすれば、できないことによる機会損失はなくなります。受け付け兼用でも構いません。日常ではできないことが恥ずかしくて自分から相談できない人が多いようです。しかし、友だち追加案内ブースがあれば気後れせずに相談でき、友だちの増加が見込めます。

せいろ蒸しと肉菜料理のドン

せいろ蒸しと肉菜料理のドン …

オープンまであと7日
オープンまでに！！登録してくれたら！！
なんと！！今だけ！！特別に！？

10月22日オープン予定、せいろ蒸しと肉菜料理ドンです！只今全力準備中です。お客様が喜ぶ姿が目に浮かぶ

10/15 10:22

せいろ蒸しと肉菜料理のドンが背景画像を変更しました。 …

せいろ蒸しと肉菜料理のドン …

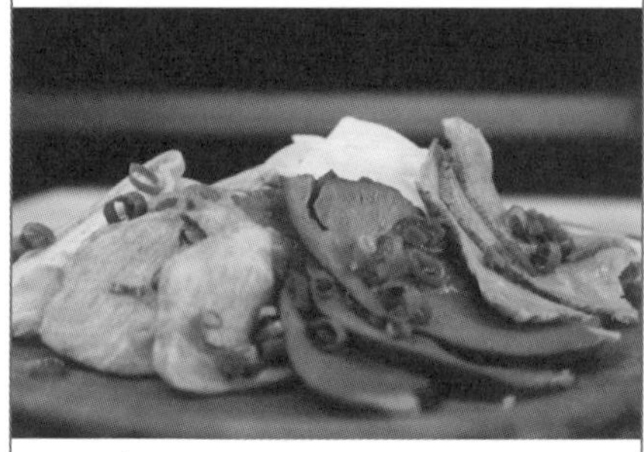

オープンまであと6日
ぜひ食べて欲しい「刺盛り４種」
タン刺し、ローストビーフ、ハート刺し、ガツ刺しのこだわり４種が入った贅沢な逸品！
肉屋が営むお店ならではの本格的な味わいが楽しめます

名古屋市北区黒川本通二丁目４２番地 荻山ビル２F

せいろ蒸しと肉菜料理のドン：カウントダウンでイベントの情報を告知

イベント当日は、会場に友だち追加のサポートブースを設ける

Point 結果を問い掛けて関係性を深める

抽選クーポンを配布するなら、さらにコミュニケーション性を高めるために、後で結果を問い掛けるなどして関係性を深めましょう。

10 動画を使ってプロモーションしよう

「スマートフォン×動画」が販促やプロモーションの主流になっています。動画作成技術も進歩し、誰でも作れるようになりました。積極的に動画配信をしていきましょう。

動画はアピール力の強いマーケティングツール

動画によるプロモーションは、どれだけ言葉で丁寧に説明するよりも、一目で理解できインパクトが強いことから、反応率も高く広告効果が高いです。今ではYouTubeだけでなく、Facebook、Instagram、Twitterなど他のSNSでも動画が多く見られるようになっています。LINE公式アカウントでは、動画やリッチ動画が使えます。

少し前まで動画は大企業だけが配信しているイメージがありましたが、端末の性能の向上と動画技術の進歩、Web技術の進歩により、今では大企業だけでなく、個人事業主、中小企業の方にも欠かせないアピール力の高いマーケティングツールになっています。

LINE公式アカウントで配信する動画は、スマートフォンで撮影したもので十分です。もちろん専用のカメラで撮ったきれいな画像のほうがよいに越したことはありませんが、お客さまが求めているのは「きれいさ」より、「わかりやすさ」です。LINE公式アカウントで見る動画はスマートフォンからが多いため、スマートフォンで撮影・編集し、最適化された動画でよいのです。以前は最大300MBという容量制限があったのですが、現在は長

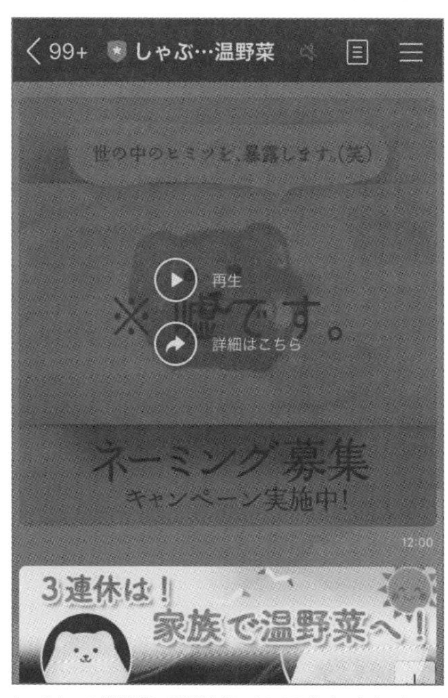

しゃぶしゃぶ温野菜：動画を使ったLINE公式アカウントでのプロモーション

さは5分までという制限はあっても、容量は無制限で送れるようになりました。だからといって、あまりにも長かったり、解像度が高すぎたりすると、動画が再生されるまでに時間がかかり、見てもらう前に離脱されてしまう可能性があります。配信する前に必ずテストを行って表示速度も確認してください。動画は情報量がたくさんあるので、1分程度でも十分伝えられます。欲張って情報を詰め込むのではなく、わかりやすい適切な量の情報で興味を持ってもらいましょう。さらに追加の情報がある場合はリッチ動画での作成にして、遷移先で詳しく見てもらう形がおすすめです。

動画配信において絶対に忘れてはならないのは、「**画面の前にいるターゲットを意識すること**」です。動画で何を作ったらよいか悩むときには、お客さまとの会話を思い出してみましょう。お客さまが何を望んでいるのか、何を質問されたのかなどを考えてみてください。その他にも、人や商品の魅力、使い方・各種ノウハウ、会社紹介・企業紹介、お客さまの声、よくある質問なども配信内容になります。**動画は、どんな内容のものでも、とりあえず作ってみる、身の回りで起こっていることを動画にしてみるという発想で発信してみましょう**。

Point LINE公式アカウントで配信する動画の成功ポイント

1. 最初の10秒が大事
2. 簡潔でわかりやすいものにする
3. コミュニケーションが取れる
4. キャッチーなメッセージをあわせて付ける
5. 困りごとの解決方法やハウツーに応えるなどお客さまの助けになる

Point おすすめの動画の配信例

1. かわいい動物
2. おいしそうな調理・料理風景
3. レッスンやセミナー風景
4. コンサート・ライブ風景
5. 不動産外観内観
6. 商品説明
7. お客さまの声
8. 作業風景
9. 四季の風景
10. 操作説明　など

ファイル形式に注意しよう

PC版管理画面から動画を送信する場合、LINE公式アカウントで送信できない、あるいはスマホ側で見られない可能性があります。スマートフォンで撮影した動画は、基本的には「mp4」のファイル形式で保存されるので、LINE公式アカウントで確実に送受信できます。動画のファイル制限は、200MB以下、ファイル形式はmp4推奨です。また推奨はされていませんが、「wmv」「avi」「mov」でも利用可能です。

11 チラシをLINE公式アカウントで配信してお得感を出そう

「新聞のおまけで見るもの」「効果がないから意味がない」と、チラシの配布を諦めていてはお客さまは減る一方です。LINE公式アカウントを利用して必要とするお客さまにチラシを届けましょう。

チラシだけ欲しい人がいる需要を逃さない

単身世代や若い夫婦世代は新聞を読まなくなっていますが、実はチラシへの興味はあります。チラシだけ掲載するネットサービスやチラシだけ配達するサービスが増えてきたのも、そうしたニーズを反映してのものでしょう。

こうしたターゲットに向けて**チラシをLINEで届ける**方法があります。チラシは印刷媒体であり、画像化することは簡単です。画像化したチラシをLINE公式アカウントでメッセージ配信するか、タイムラインやWebへ投稿しましょう。お客さまはチラシをスマートフォンから見ることが多いので、サイズを自由に拡大することができます。チラシから誘導するために、テキストメッセージでURLを明記したり、訴求力を高めるためにリッチメッセージを使って配信しましょう。また、リッチメニューに掲載することで、いつでも興味を持ったときに最新のチラシを見てもらえるようにするのもよいでしょう。さらにLINE公式アカウント限定の商品や割引券なども付ければ、ますます友だちとのつながりが広がります。

Point チラシの配信方法

最近はチラシ専用アプリにチラシを掲載して誘導する方法も流行っていますが、チラシ専用アプリでは競合も登録されてしまうので、価格勝負になりかねません。できることなら、公式アカウントでの配信か、自社のWebに掲載することをおすすめします。

チラシをLINE公式アカウントで配信しよう

チラシをLINE公式アカウントで配布することで、**移動時間などの隙間時間にチラシを見てもらえます**。帰宅途中にLINEでチラシを見掛け、予定のなかったスーパーに寄る人がいるかもしれません。来店さえしてもらえれば「ついで買い」もしてもらえる可能性もあり、売上げアップにもつながります。

画像でチラシを配信

ツルハドラッグ東通店：画像でチラシを配布。チラシ画像はタップして拡大することができる

テキストメッセージでチラシ掲載ページへ

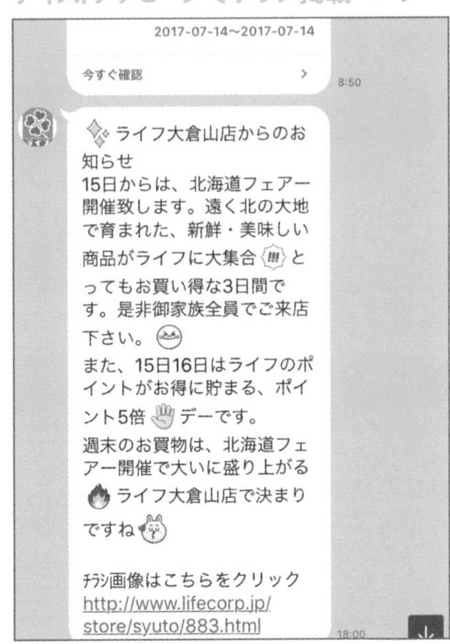

ライフ大倉山店：チラシを掲載しているWebへURLで誘導する

リッチコンテンツでチラシ掲載ページへ

ダイシン 長命ヶ丘店：チラシにリッチメッセージで視覚効果を加え、チラシが掲載されているWebへ誘導する

ユニクロ：リッチメニューでいつでも最新のチラシにアクセスできるようにする

12 お客さまからのアクションを取り逃さない

LINEはスマートフォンに特化した操作性が特長のひとつです。この特長を活かして集客できるように工夫してみましょう。

スマートフォンに特化したUIを意識する

スマートフォンに特化したLINEは、ユーザーが感覚だけでアクションを起こしやすいUI（ユーザーインターフェース）になっています。電話番号をタップすれば電話（電話・LINE Out）もしくはSMSに発信でき、メールアドレスをタップすればメールを作成、予約URLをタップすれば予約サイトにアクセスできます。お客さまがすぐに行動を起こしやすい、次のアクションに配慮したメッセージにすることで、予約率・来店率・注文数が変わってきます。LINE公式アカウントに来てくれたお客さまを取りこぼすことなく、集客していきましょう。

メッセージから集客しよう

メッセージを送る際、新商品の案内やイベント案内などの最後に、「お問い合わせはこちら」「ご予約はこちら」のような**誘導先を明記**しましょう。

問い合わせ先が電話なら電話番号を、メールならメールアドレス、専用サイトなら対象URL、このまま問い合わせるならチャットで受け付けているという旨をメッセージに入れます。チャットは、電話番号やメールアドレス、URLを記載するだけでLINEのシステムが判断し、連携できるアプリを表示してくれます。

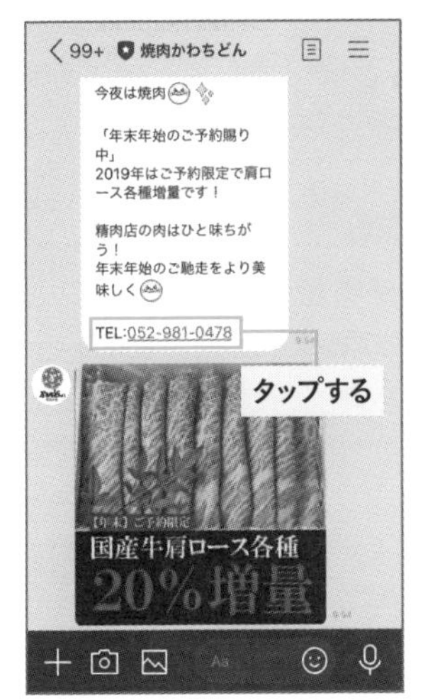

焼肉かわちどん：メッセージに電話番号を載せている

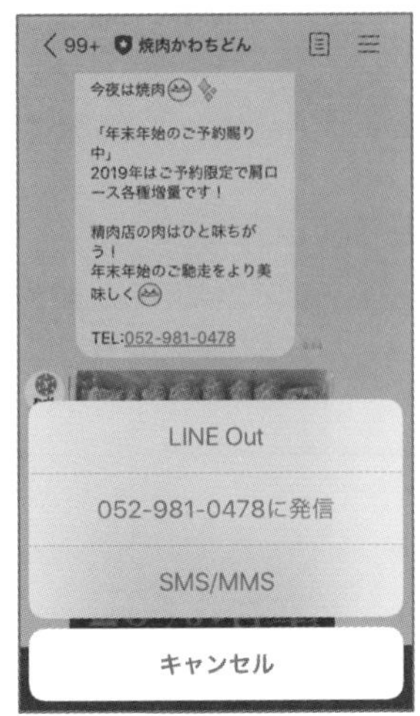

電話番号をタップすると電話番号へのアクションが表示される

LINEからの誘導先のWebにも電話番号やLINEでの問い合わせへの誘導設計しておく

通話料無料のLINE Outから行動させよう

LINE Outは動画広告を見ると通話料が無料になります。しかし、ユーザーの誰もがそのことを知っているとは限りません。通話料無料と書くだけでもインパクトがあり、効果的です。

システムの性能が向上したことにより、数字や「-」は半角・全角に関係なく、電話番号として認識してくれますが、電話番号は半角数字で明記しましょう。全角で記載すると途中で改行され、見た目が悪くなるからです。なお、正式には「-(ハイフン)」を入れた電話番号を明記するのが正しいのですが、「-」なしでもシステム側で対応してくれます。発信できるかどうかをテスト送信して必ず確認しておきましょう。そして、「LINE Out(通話料無料) XXXX-XX-XXX」などと記載します。

Point 電話番号の前に絵文字を入れるとき

電話番号の前に電話マークの絵文字を入れることをよく見掛けます。そのときは、電話マークと電話番号の間にスペースを入れましょう。スペースを入れないと電話番号として反応してくれずに、タップできない状態で表示されます。

13 友だちをまとめて集客する

LINE公式アカウントはグループ単位での集客にも向いています。グループや団体用に特化した特典を用意すれば、団体の利用につながります。

団体割でグループの友だちを集客しよう

飲食店やカラオケなどのレジャー施設は、団体客が利用することも多いと思います。友だちの人数に応じた割引なら、グループ全員がLINE公式アカウントの友だちになってくれることもあり得ます。この手法は、塾やサロンなどの業種にも使えます。

また、団体や家族で利用できるクーポンはお客さまが友だちや家族を誘うきっかけ作りにもなり、来店につながります。

グリーンルームアトリエ由花：人数が多いほど特典にメリットを付ける

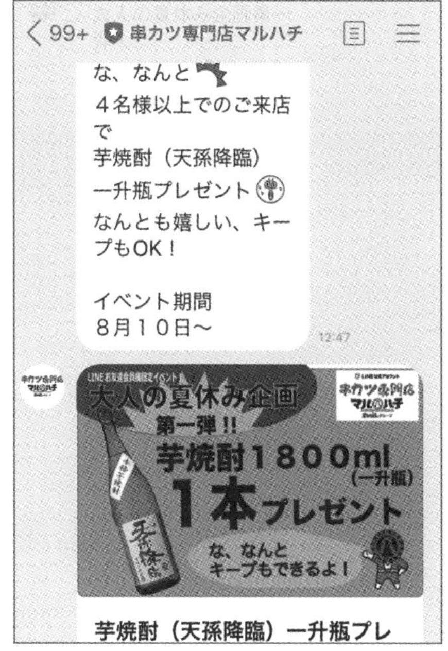

串カツ専門店マルハチ：グループ特典はターゲットに響く特典にすることがポイント

14 店舗の雰囲気を伝える

施設の紹介など、利用しているイメージが想像できるような投稿は安心感や信頼感を与え、効果的です。

店舗のイメージが伝わる写真を掲載し、期待を膨らませよう

旅館やホテル、飲食店、サロン、スポーツクラブなどは、店内の様子や設備の写真の与えるイメージが集客を大きく左右します。**実際の店舗の雰囲気が伝わる写真や動画によって、訪問を検討している方に向けてアピールしましょう**。

店舗の様子がわかるとイメージがわき、安心感を与え、「この雰囲気のお店に行きたい」という来店の動機になります。ただし、掲載する写真は、こだわったものを用意してください。写真のイメージが悪いと集客に結び付きません。また元の画像を過度に加工しすぎると、実際の店舗とのあまりの違いにお客さまは落胆してしまうので注意しましょう。既存のお客さまに対しては、店内の様子を伝えることで、以前来店したときの楽しい思い出がよみがえり、再来店につながります。

居酒屋バー エリート：人の笑顔で共感を得て集客する

グリーンルームアトリエ由花：センスのよさで集客する

付加価値を紹介し、安心させよう

サービスや商品のメインではない部分に価値がある場合があります。その付加価値部分をクローズアップして紹介しましょう。

たとえば、学習塾やスパなどで送迎バスがあり、複数の停留所を用意しているのであれば、「送迎バス付き」といったサービスを紹介することで来店に結び付けることができます。飲食店なら「個室あり、貸切あり、夜10時以降入店OK」、学習塾なら「自習室あり」、スパやスポーツクラブは、営業時間や併設施設、設備などを紹介するとよいでしょう。すべての業態において、集客が左右される付加価値のあるサービスがあるはずです。探してみましょう。

ますがた荘：バーベキュー場の広さや設備を伝えて、団体客を集客する

スタッフを紹介し、親しみを伝えよう

LINE公式アカウントを利用してスタッフを紹介してみましょう。スタッフの顔写真を掲載するときは、名前やニックネームとそれぞれの持ち味を紹介し、スタッフの個性を活かしたブランディング戦略も重要です。お客さまのほうから「この人に会いたい！」と思ってもらい、店舗にも「親しみ」を感じてもらえるように紹介してください。特にタイムラインでは顔が見えるほうが親近感が増し、コメントのやりとりが活性化します。

mmm語学総合スクール：スクールは特に先生の雰囲気が重要

ANAクラウンプラザ熊本ニュースカイ：スタッフサービスが行き届いているのが伝わってくる

金光サリィ：ヘッダー画像でセミナーの様子が伝わってくる

15 位置情報を掲載して店舗に誘導する

来店してもらうには、店舗の場所とアクセス方法をわかりやすく伝える必要があります。電話やメール、URLの告知も大事ですが、メッセージに位置情報を付けてお客さまをナビゲートしましょう。

位置情報を付けて店舗までナビゲーションする

店舗に来てもらうには、道順を正確に伝える必要があります。LINEは、GPSの位置情報を利用することができます。店舗の位置情報をお客さまに伝えれば、場所の確認を行ったり、自分のいる現在地から店舗への道順を表示させたりすることもできるので、はじめてのお客さまでも迷わずに来店することができます。

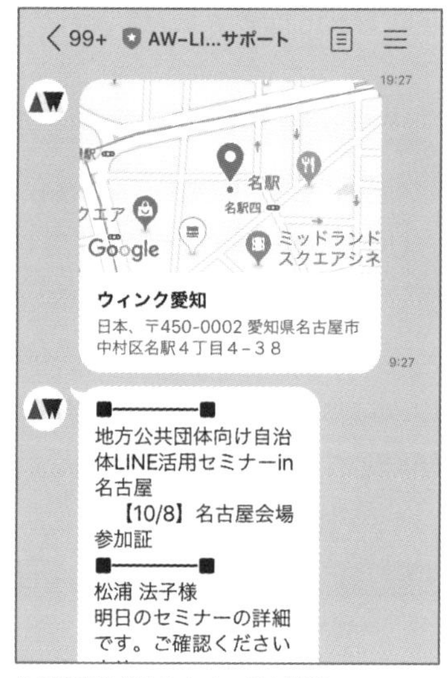

位置情報を付けてメッセージを投稿

LINE公式アカウントの場合、プロフィールページに住所と地図が表示されますが、店舗から配信するメッセージに位置情報が表示されていれば、わざわざ店舗のサイトへ移動してアクセス方法を確認しなくても、簡単に道順を確認できます。

特にタイムライン投稿には位置情報を掲載しやすいので、「**画像＋位置情報＋テキスト**」の形で投稿しましょう。

16 ECサイトに集客する

インターネット上で商品やサービスを売買できるECサイトとLINE公式アカウントは相性がバッチリです。ECサイトの運営に、LINE公式アカウントを積極的に取り入れていきましょう。

EC業界の集客方法の変化

ネット内の店舗であるECサイトへ集客するために、SNS、検索、広告など多種多様な取り組みがなされています。その中でも、すでに購入経験のあるお客さまに向けたメルマガからの集客は、成約率が高い傾向にあります。ところが、最近ではメールアドレスを所有する人の数が減ってきており、メルマガの配信数も減少しています。

メルマガに代わって、LINE公式アカウントでお客さまに有益な情報を届けることが主流になり始めています。LINE公式アカウントはメルマガより到達率・開封率が高く、反応も早いです。そして、メルマガでは見られなかった驚異的な開封率とクリック率がLINE公式アカウントの魅力です。

瞬時に反応させ、ECサイトへ誘導する

お客さまはメッセージを開いたその瞬間に「いる」「いらない」を判断します。その判断材料は、写真とキャッチコピーです。そのため、**飽きない見せ方を心がけなければいけません**。

スマートフォンの限られた画面の中では、商品のすべての情報を紹介することはできません。そのため、商品に興味を持ってもらい、タップして**商品の情報量が多く掲載されているECサイトに誘導すること**がとても大切です。簡潔でありながらも伝わる内容にすることに注力しましょう。

しかし、もし「あなたから買う」理由がある関係をお客さまとの間に構築できているならば、日ごろのやりとりの延長が醸し出せるような配信を心がけ、コミュニケーションを図るイメージで行うと反応率が上がります。

ECサイトへの誘導はリッチメニューに設定すると、メッセージの内容を問わず、

お客さまをECサイトへ誘導する確率が上がります。

仔犬専門ポッケ：リッチメッセージで視覚に訴え、瞬時にHPへ誘導する

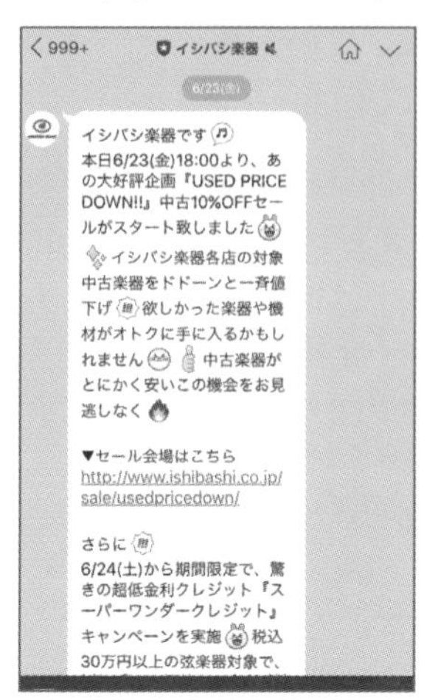

イシバシ電器：メッセージにURLを明記し、誘導する

cecile（セシール）：リッチメニューで常にオンラインショップに誘導できる

RNA（アールエヌエー）：クーポンを使って割引感を強調して誘導する

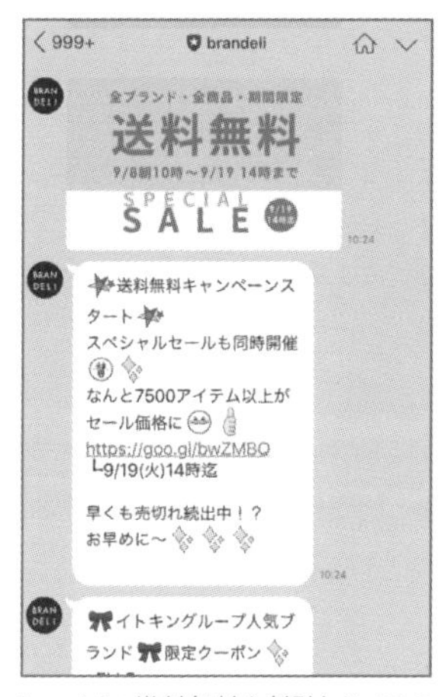

brandeli：送料無料や割引など、ECのお客さまが好む言葉をここぞというときに使う

手作りコスメ教室NAANO：リッチビデオメッセージからECサイトへ誘導する

Point HPアドレスは短縮URLを使おう

HPのURLをメッセージで送るときにURLが長くなる場合は、短縮URLに変換しましょう。URLの長さが3行以上になるなら変換するとよいです。短縮URLは、次のようなHPから作成できます。

短縮URL生成サイト：http://urx.nu/

Chapter 13

フルファネルを網羅できるLINEを最大限に活用しよう

認知から顧客管理、マーケティングからプロモーションまで、LINE公式アカウントは誰でも幅広い範囲をカバーできます。先を見据えて設計を考え、さらに事業を拡大するためにLINE公式アカウントをどんどん活用していきましょう。

01 フルファネルマーケティングをLINEマーケティングで実現しよう

LINE公式アカウントの統合により、LINE内でのさまざまなツールが横断して使いやすくなり、LINEを使ったフルファネルマーケティングで成果を上げている企業が増えています。

フルファネルのアプローチが販促に大きく貢献する

ファネルとは、商品・サービスの購入過程をフェーズ分けし、段階ごとに分けてモデル化したものです。広く集客した後に、見込み客は検討や商談を経て、購入へ向かう中でだんだんと少数になっていきます。

たとえば、あなたが健康サプリを販売するEC事業者だとします。そして、ダイエットに効くサプリを探しているユーザーが100人いるとします。第1段階として、ユーザーは問題解決のためにスマートフォンで検索します。「ダイエット　サプリ」のキーワードで検索上位に掲載されていたため、そのうち40人がタップして自社ECサイトを訪問しました。そして第2段階で自社のWebサイト上で訪問者からメールアドレスに登録してもらう代わりに10%の割引クーポンを提供し、Web訪問者のうち20人がメール登録しました。第3段階としてその中の10人がクーポンを使用してECサイトでサプリを購入します。

つまり、100人➡40人➡20人➡10人と、見込み客は各ファネルの段階で脱落していきます。

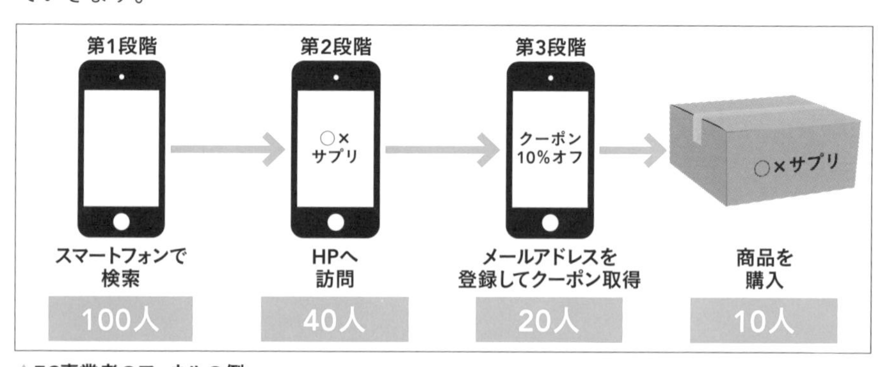

▲EC事業者のファネルの例

このときツールが違うからお客さまが先に進まない、ということも多々あります。このように、これまではファネルの段階ごとに媒体が違っていました。

しかし、LINE公式アカウントの統合により、LINE広告とLINE公式アカウントなど、LINE内でのさまざまなツールが横断して使いやすくなり、LINEだけでマーケティングの実行が可能になりました。これによって、各フェーズで媒体が異なることによる、連携間でのロスを防ぐことができます。

「認知・興味」「理解」「検討・トライアル」で新規のお客さまの獲得にはLINE広告を柱として、LINEポイント、ビデオ、スタンプ配信などが効果的です。LINEの膨大なユーザー数から新規のお客さま獲得（＝友だち獲得）への高い成果が見込まれます。購入までのプロセスごとに、友だちに段階的に情報を配信し、体験をさせることで「行動」「心理状況」を変化させていくことが重要です。

		LINE広告	LINEセールスプロモーション	LINE公式アカウント
認知／興味（MAU8,200万）※2019年9月時点	・ファーストビュー／リーチ&フリークエンシー ・Expand AD ・プロモーションスタンプ	○		○
理解	・Cost Per Friends（CPF）配信	○		○
購入	・LINE Dynamic Ads ・LINEログイン ・LINEポイント	○	○	○
ファン化	・リエンゲージメント配信 ・Messaging API	○		○
継続購買	・LINEマイレージ		○	○

▲フルファネルにおけるLINE相関図

02 LINEに広告を出稿してブランド力をアップしよう

今ではWebやSNSの広告利用は集客や商品・サービスの認知拡大・理解促進に欠かせません。LINE広告をうまく活用してビジネスを加速させましょう。

費用対効果を生み出しやすいLINE広告とは?

広告には、GoogleやYahoo!などの一般的な検索エンジン型の広告に加え、静止画や動画をSNSで利用するLINE広告やFacebook広告、Twitter広告があります。特に利用者の多いLINEは、LINE上でしかアプローチできないユーザー層にリーチでき、他の媒体と比べてユーザー層に偏りがないことから、広告費に対する費用対効果を生みやすい広告になっています。

広告は、大きく分けて次の5パターンの目的で配信され、結果を出しています。

- **友だち追加**
- **Webサイトへのアクセス**
- **Webサイトへのコンバージョン**
- **アプリのインストール**
- **アプリのエンゲージメント**

LINEに広告を配信する際には、LINE広告から行います。広告はLINEのタイムラインやLINE NEWS、LINEマンガ、LINEポイントなど幅広い画面への配信が可能です。また、LINEだけでなく、クックパッド、クラシル、FiNCといったサードパーティーのアプリにも配信することができ、集客からブランディングまで幅広い目的に対応した施策ができるようになりました。

広告タイプも増えたことからユーザーの行動データや性別・年齢などのみなし属性をもとに、アクション度の高いユーザーに広告を表示させることもでき、費用対効果の高い配信が可能です。

Smart Channelでの配信

ニュースでの配信

タイムラインでの配信

LINEマンガでの配信

LINEポイントでの配信

LINEショッピングでの配信

LINE公式アカウントを友だちとして追加するLINE広告のCPF

LINE広告のCPF（Cost Per Friends）は、LINE広告を通じて法人向けLINEアカウントの友だち追加を促進できるメニューです。1日1,000円から出稿でき、友だち追加されたときのみ費用が発生する「友だち追加課金型」になっています。ワンタップするだけで友だち追加ができるため、友だちになるまでのハードルが低く、高い効果が期待できます。リアルでは届きにくいターゲットに対してリーチできることが魅力です。友だち獲得がネックで、LINEをビジネス利用していないという法人にも最適です。ただし、CPFは誰でも利用できるわけではありません。認証済アカウントであることが条件で、商材の利用にあたっても審査があります。

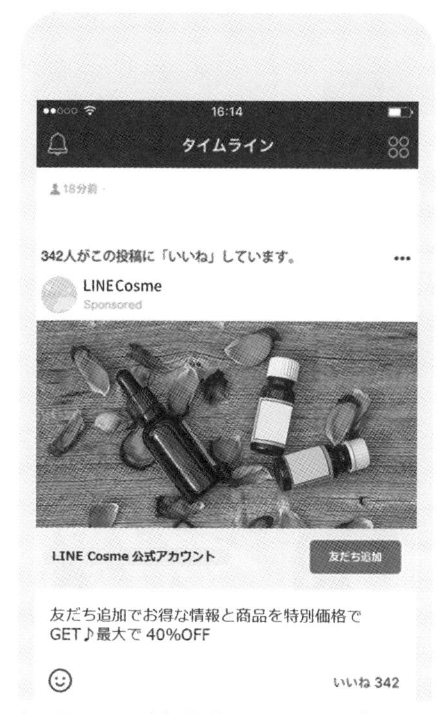

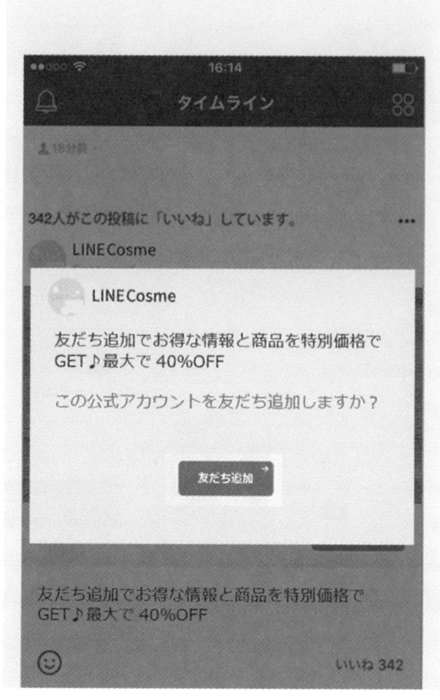

タイムラインにCPF広告が掲載される。ユーザーが［友だち追加］をタップすると、ポップアップが表示される

友だちを増やした後の運用体制が重要

友だちが増えても、何もしなければ集客も利益も生まれません。集めた友だちに対してLINE公式アカウントで何ができるのか運用体制を整えておきましょう。

友だち追加から日常の配信の仕方まで、商品やサービスの告知方法、運用結果の分析と目標などをできるだけ担当者と決めておきましょう。また、効率化および徹底した管理を行って、ステップアップを目指したり、急激に友だちが増えることによる人手不足に備え、次節で解説するAPI連携を利用したチャットボットを活用したり、運用業者に依頼したりする方法も検討してもよいかもしれません。広告費を使っただけ、友だちが増えただけ、という悲しい結果にならないよう、そして友だちになってくれたお客さまの期待に応えながら、価値あるコミュニケーションの場として活用していきましょう。

03 フルファネルなアプローチを実現するAPI連携

マーケティングやプロモーションを行うにあたってCRMやMAの実施は基本です。公式アカウントになったからこそAPIを取り入れてさらなるステップアップを目指しましょう。

お客さまとの密なコミュニケーションでエンゲージメントに貢献

LINEはプッシュ通知でリアルタイムにメッセージを送信できますが、送りすぎたり、メッセージの内容が共感を得るものでなかったりするとブロックされてしまうリスクがあります。LINE公式アカウントは通数課金のため、必要のないメッセージはそもそも送りたくないものです。相手にふさわしいメッセージを送るためにはターゲットを絞って配信すればよいのですが、LINE公式アカウントではセグメントが年齢や性別居住地域（都道府県単位）などしかなく、ターゲットを絞り込みきれずに配信することになります。また、チャットと自動応答を併用して使用することができなかったり、顧客管理が思うようにできなかったり、「もっとLINEを使い倒したいのにうまく回せない」という相談をよく受けていました。

しかしながら、LINE公式アカウントに統合されて**API（Application Programming Interface：アプリケーションプログラミングインターフェース）と連携**しやすくなったことで、ツールをMA（Marketing Automation：マーケティングオートメーションツール）やCRM（Customer Relationship Management：顧客管理）などのマーケティングツ―ルとして利用し、CRMによってセグメント配信で反応率を上げたり、顧客情報の自動収集とそのデータ管理・分析が簡単にできるようになりました。また、一人ひとりに最適化したメッセージを配信しながらもMA化して業務効率化ができるようになり、ひとつステップアップした形でLINEを**マーケティングに活用**している企業が増えてきました。

その結果、「ユーザー属性をカルテのようにわかりやすく顧客管理できるようになって『見える化』ができた！」「集客から販売までLINEを使ったキャンペーン構築ができ、無駄がなくなった！」「従量配信のコストを大幅カットできた！」といった声が多数届いています。

API連携ツールでできること

LINE公式アカウントはコミュニティツールです。マーケティング機能もあり、結果の出しやすいツールでもあります。人的不足や管理の効率化など、企業として進めるべきものはたくさんあります。API連携を使えばできないことはないといっても過言ではありませんが、その中でもビジネスに活用できる機能を紹介します。

機能		内容
チャット応答管理	担当者管理	複数の担当がいても自分の応対するべき問い合わせを一目で確認しスムーズに応対可能
	ステータス管理	応対状況を全体で把握し、応答状況をオリジナルで作成することで対応漏れがなくなり、細やかな管理が可能
	エスカレーション機能	報告・連絡・相談をした上で応対スタッフが変わることができる
	応対履歴管理	• 公式アカウントでは1年しかないチャット保存期間が永久保存できる • 過去から現在までの問い合わせを同時にチェックも可能
ステップ配信		ユーザーのアクションをきっかけとして、あらかじめ用意しておいた内容・タイミング・期間でユーザーにメッセージ作成と配信が可能
テンプレート機能		よくある質問は素早く簡単に、1クリックで完結。カスタマーサポートに来る質問の半分は同じ質問が多いため、テンプレートを使うことで誰でも完璧な回答を返信
カルーセル		画像とボタン付きパネルを作成。複数の選択肢ボタンの設置やタップによって配信内容の切り替えができる。チャットボットでも対応が可能
シナリオ自動応答		返信を自動化し、お客さまの「いま知りたい」を解決することで、離脱を防ぐ。お客さま自身で解決できることも増えて効率化につながる
顧客管理		オリジナルのタグ・ラベルでカルテのように管理できる。タグを使ったセグメント配信も可能
問い合わせフォーム機能		LINE上で問い合わせフォームが作成可能。フォームからの入力を自動的に顧客データのデータベース化
流入経路分析機能&クロス集計		流入先の分析ができる。Webか他のSNSが流入先かなど、今後どこに力を入れていくべきかの判断につながる
レポート作成		CSVによるレポート出力ができる
自社DB連携		自社のデータベースと連携できる

▲API連携ツールのおすすめ機能

04 自社サービスのユーザーの会員IDとLINE IDを紐づけするLINEログイン

ソーシャルログイン機能を実装したWebサイトが増えています。その中でもLINE IDを活用したログインの利用率が大きく伸びており、今後もさらなる加速が予想されます。

LINEのID連携によるLINEログイン

ユーザーが使い慣れた既存のSNSアカウントを使用してログインするソーシャルログイン機能を実装したWebサイトが増えています。これまではFacebookやTwitterのIDによるログインが主流でしたが、最近ではLINE IDによるログインの利用率が増加しています。

LINEアカウントのID連携により、企業の既存のユーザー（アカウント）情報を、LINE公式アカウントと友だちになっているLINEユーザー（アカウント）とを連携できます。企業はこれまで自社で取得しているユーザー情報をLINE公式アカウントで活用することで、よりよいサービスを提供でき、ユーザーはLINE公式アカウントと企業アカウントの両方のサービスの恩恵を受けることができます。

公式アカウントへのメッセージ配信環境の確保

LINE IDにログインする前に、LINE公式アカウントの友だち追加を行います。商品・サービスに興味のあるユーザーに対して情報配信ができる環境がLINE公式アカウントで構築できるので、LINEの一番の魅力であるコミュニケーションを図れるようになります。

ID連携によりユーザーのデータ情報（属性や購入履歴・閲覧履歴など）の活用が可能になります。年代・世代別、地域別、性別などのお客さま情報を利用してメッセージをセグメント配信をすることで、ユーザーに最適な内容のメッセージ配信が行えます。ユーザーも**自分に最適な内容**としてとらえ、ブロック率が下がり、メッセージからサイトへの**誘導率**も高くなります。

会員登録時の操作簡略化による離脱率改善

LINE IDと連携することで、ユーザーは会員登録の際に、改めて会員情報を入力する必要がありません。これにより、入力の手間が省け、簡単に会員登録ができることから登録者の増加につながります。またLINEアカウントのログインIDやパスワードをそのまま使用することができるので、新たにID・パスワードを覚える必要がありません。よって、新規登録時の離脱率の改善だけでなく、ユーザビリティ向上の一助となり、サイトへ再訪した際のリピート率を改善することができます。

オートログインによる各種操作の簡略化

LINEのメッセージやリッチメニューなどのリンクから公式サイトにアクセスすると、自動的にログインした状態でサイトに遷移します。また、LINE公式アカウントから［購入する］や［注文する］をタップしてオートログインすると、配送先や店舗情報が選択された状態で購入や注文に進みます。これにより購入や注文時にいちいち住所や氏名などを入力する必要がなくなることで、購入までの離脱が軽減されるだけでなく、快適さからリピート率も向上します。このケースは、LINE公式アカウントに友だち追加をした時点での初回利用の傾向が高いです。

さらに、最近では「ソーシャルログインを使えば注文や購入が簡単にできる」と一般の方にも理解が広まってきました。そのため、利用者数の母数が大きいこともあり、LINEログインを導入することで、利用者数の母数が大きいこともあり、多くの人に利用してもらえる傾向があります。メッセージ配信だけでなく、コミュニケーションを図ることで、ユーザーが継続的に注文してくれます。ECサイトへの再注文率はソーシャルログインを使ったほうが高く、ソーシャルログインの中でもLINEには再注文率が高くなっています。

カスタマーサポートによる業務効率化

LINEをカスタマーサポートで活用すると、メールと比較してユーザーの返信が早く、その日のうちに購入までにいたる確率が高くなります。さらに電話やメールよりも気軽に問い合わせができる上に、それらと比較して1件当たりのサポートコストが低くなります。

また、LINEアカウントとID連携している場合、本人確認の必要がなく、かつ

LINEでセグメント配信したメッセージに対してLINEで問い合わせできるなど、ユーザーは企業とのコミュニケーションをLINEだけで完結できるため、お客さまの満足度が高まる傾向にあります。導入に踏み切るまでハードルはありますが、大きなメリットがあるので、積極的に導入を検討してください。

データベースの充実

LINEログインを使うことで、顧客情報のデータが蓄積されます。

流入経路からお客さまの購入までの行動の把握、購入後のアプローチもお客さまに応じて対応できるようになります。このデータは個々のお客さま満足度アップや売上げアップを目指せるだけでなく、商品開発やこれからおこなうプロモーションやマーケティングにも利用できます。

データベースを構築することはコスト的に大きいものでしたが、前述のLINEのAPIツールを利用することでデータベースを利用し始めることができます。

これからの時代は、よい商品というのは当たり前で、それをどうやってお客さまに伝えるか、購入しやすくするかといった購入障壁を少なくすることが重要になります。ソーシャルログインを使って簡単に、APIを使って顧客分析や顧客対応し、LINE Payで簡単に決済させ、ファネル間で離脱させないことがお客さまの意識と行動を掌握するポイントです。企業の未来を作るデータが社内に蓄積し、活用するためにも、データを集めることを視野に入れましょう。

05 LINE PayをLINE公式アカウントと連携させよう

国の施策も重なり、スマホ決済戦国時代の今、スマホ決済を導入することにはメリットがたくさんあります。スマホ決済の恩恵を受けましょう。

LINE Payを導入しよう

政府がキャッシュレス化を進める中で、モバイル決済・QRコード決済が加速しています。実際にそのキャッシュレス決済を使おうか悩んでいる方も多いでしょうが、LINE Payでは2021年7月31日までは決済手数料無料キャンペーンを実施しており、導入に費用がかからないどころか、ポイントキャッシュバックなどで店舗の懐を痛めずにお客さまに還元することができます。また、導入方法によっては「WeChat Pay」「NAVER Pay」にも対応できることから、**インバウンド決算対策**になるというメリットもあります。この機会に思い切って導入してみるのもよいでしょう。

そして、LINE公式アカウントを運用しているのであれば、LINE Pay決済後にLINE公式アカウントの友だち追加に誘導できます。決済しているという時点で「**店舗とすでに関係のあるお客さま**」です。リピートしてもらえる確率も高いため、積極的に声かけをして、友だち追加につなげましょう。

LINE Payの導入方法

LINE Payをお店で使えるようになるには、「LINE Pay加盟店申請」を行う必要があります。LINE Pay加盟店申請サイト（https://pay.line.me/jp/）に直接アクセスするか、右記のQRコードからもサイトへ飛べます。

LINE Pay加盟店申請サイトへ

決済方法を選ぼう

専用のQRコードを掲示するだけのタイプから、POSとの連携、さらにはオンライン店舗で利用できるID決済タイプまで加盟店の規模や業態に合わせてさまざまな決済手段があります。LINE Pay据置端末、プリントQR 、LINE Pay店舗用アプリは加盟店手数料として支払う必要がある2.45%が2021年7月31日まで無料です。

注意 **手数料がかかる決済方法**

2021年7月31日までの期間でなくとも、StarPay端末、POS、オンライン決済を利用した場合は、決済手数料がかかります。

とにかく導入しておきたいという方には、QRコードを印刷して使える「プリントQR」の導入をおすすめします。「LINE Pay店舗用アプリ」も便利なので、可能であれば両者を導入してもよいでしょう。ただし、LINE店舗用アプリは独自のLINE IDがあり、LINE Pay用のLINE IDに友だち追加されるので、決済しても既存で運用していたLINE公式アカウントに友だち追加されません。なお、LINE店舗用アプリからは1,000通までメッセージ配信が可能です。

なお、どのような決済方法でも、LINE Payによる支払いは当月末締め、翌月末入金になります。

種　類	導入おすすめ店舗	特　徴
LINE Pay据置端末	• 小規模〜中規模事業者 • POS改修せずに導入したい方 • 店舗用に利用できるスマートフォン端末がない方	• 専用端末にスタッフが金額を入力すると、その金額のQRコードが端末に表示される • 提示されたQRコードの読み込みで支払いが完了する • 専用端末の利用料に月額1,500円（税抜）がかかる
LINE Pay店舗用アプリ	• 小規模の店舗 • 決済導入や運用に関わる費用をできるだけ抑えたい方 • スマートフォンやタブレットを利用した決済を導入している方 • いろいろな場所で決済したい方	• iOS端末またはAndroid端末に専用アプリを入れて、スタッフが決済金額を入力する • 店舗が提示しているQRコードか、スタッフが提示しているQRコードをお客さまが読み取ることで決済が完了する • 他の端末が不要で手軽
プリントQR	• 小規模の店舗 • 簡単にLINE Payを導入したい方 • イベントや移動販売など、いろいろな場所での決済をしたい方 • 固定の金額での決済が多い方	• 管理画面（Myページ）からQRコードのPDFを印刷して店舗に置く • 店舗側のQRコードを読み取り、お客さま側で支払い金額を入力する ※金額が一律の場合は、入力が不要
StarPay端末	• 決済時にレシートが必要 • LINE Pay以外の決済方法も導入したい方	• マルチ決済端末「StarPay」を起動して店舗スタッフが金額を入力する • 端末のカメラでお客さまのQRコードを読み取って支払いが完了 • 端末の導入が必要 • 決済時にレシート出力機能付き • LINE Pay以外にWeChat Pay、NAVER Payなどの決済方法もこの端末で可能
POSレジ	中規模〜大中規模事業者	• POSレジを改修し、QRコード決済・バーコード決済と連携させる • 別途開発費用が発生する場合がある
オンライン決済	ECサイト	LINE PayユーザーがLINEにログインすることで支払いが可能になる

▲**各種決済方法**

LINE Payの加盟店審査

加盟店審査は加盟店申請から登録完了まで、およそ10営業日です。法人以外にも、個人事業主も申請可能です。審査の基準に関しては開示されていませんが、加盟店審査の申し込みには以下に該当している必要があります。

- **物品やサービスを販売、提供していること**
- **法律で販売が禁止されている商品や、公序良俗に反するような商品、換金性の高い商品を取り扱っていないこと**
- **販売に際して届出・免許などを必要とする商品の場合、所定の届出・免許・資格などを取得していること**

Point 加盟店審査時に必要なもの

加盟店審査時には以下のものが必要です。
<申請者が法人の場合>
発行されてから半年以内の登記簿謄本(履歴事項全部証明書)、営業許可証
<申請者が個人事業主の場合>
事業者証明書、本人確認書類、営業許可証

LINE PayとLINE公式アカウントを連携しよう

LINE Payで支払いをすると友だち追加を促すことができます（114ページ参照）。実際に購入やサービスを利用してくれた方になるので、リピート客になりやすいつながりの濃い友だちリストになります。

ただし、LINE公式アカウントが認証済アカウントであることと、LINE Payの契約決済方式がLINE Pay店舗用アプリ／店舗アカウント以外のLINE Payアカウントであること、そしてLINE Payの管理画面（My Page）でLINE公式アカウントを紐づける設定をしていることが必要です。また今後、オンライン決済にも対応できるようになる予定です。

LINEアプリでの「決済完了画面に友だち追加同意」表示。まだ友だちになっていないお客さまや、ブロックされたお客さまにのみ表示される

未認証アカウントの場合、決済後にLINE公式アカウントに促すことはできませんが、ユーザーが検索などをすることで友だちになってもらうことができ、LINEでメッセージを送ることができます。

Memo LINE Payで友だち追加できるように設定する方法

LINE Payの管理ページ（加盟店センタートップページ・My Page）にログインして設定を行います。

COLUMN

これからのLINE Pay

LINE公式アカウントにLINE Pay APIや各種APIを組み合わせ、オフライン・オンラインともに実現できる購買体験は、ますます増えていくことが予想されます。2020年春以降に一般に使われ始めるものを紹介します。

●ECサイト向けのLINE Payサービス「LINE Checkout」

「LINE Checkout」をECサイトに導入すれば、ユーザーが支払い情報を入力する画面でLINE Profile+※から氏名や住所などのユーザーの情報を呼び出して自動入力されることから、決済完了までにかかる面倒な各種入力の手間を省けます。加盟店側もお客さまが入力途中のミスやエラーによる途中離脱が大幅に軽減されることから機会損失がなくなります。「LINE Checkout」を使っているECサイトであれば、お客さまはお客さま情報を入力する必要がありません。

※LINE Profile+ 自体を最初使うには、事前に氏名や住所などのユーザーの情報登録をする必要があります。ユーザー情報は、ユーザーの同意に基づき、LINE関連サービスで利用できます。

●チャットコマース「LINE Front-end Framework (LIFF)」

LINE Pay APIとツールの組み合わせによってLINE上で外部サイトを立ち上げることができます。ユーザーはLINEのトーク画面からECサイトに移動することなく、そのままLINEの画面内でECサイトから購入することができます。

●LINE API 連携でチャットボットとやりとりの中で商品を購入できる

LINE公式アカウントにて「LINE Pay API」とチャットボットの「Messaging API」とでAPI連携します。ユーザーはブラウザ遷移やキーボード入力など、違和感やストレスを感じることなく、LINE画面内で商品を選択し、購入および決済までタップにより完了します。ECサイトで一番の課題である「カート落ち」の減少がかなり期待できます。API 連携により半自動化やユーザーとの双方向のコミュニケーションが可能なので、ユーザーの要望をくみ取りながらも自然な会話が成立する点でも高い成約率が期待できます。

INDEX

数字・記号

あ行

か行

さ行

た 行

な 行

は 行

ま行

や行

ら行

本書内容に関するお問い合わせについて

このたびは翔泳社の書籍をお買い上げいただき、誠にありがとうございます。弊社では、読者の皆様からのお問い合わせに適切に対応させていただくため、以下のガイドラインへのご協力をお願い致しております。下記項目をお読みいただき、手順に従ってお問い合わせください。

●ご質問される前に

弊社Webサイトの「正誤表」をご参照ください。これまでに判明した正誤や追加情報を掲載しています。

正誤表　https://www.shoeisha.co.jp/book/errata/

●ご質問方法

弊社Webサイトの「刊行物Q&A」をご利用ください。

刊行物Q&A　https://www.shoeisha.co.jp/book/qa/

インターネットをご利用でない場合は、FAXまたは郵便にて、下記“翔泳社 愛読者サービスセンター”までお問い合わせください。
電話でのご質問は、お受けしておりません。

●回答について

回答は、ご質問いただいた手段によってご返事申し上げます。ご質問の内容によっては、回答に数日ないしはそれ以上の期間を要する場合があります。

●ご質問に際してのご注意

本書の対象を越えるもの、記述個所を特定されないもの、また読者固有の環境に起因するご質問等にはお答えできませんので、予めご了承ください。

●郵便物送付先およびFAX番号

送付先住所	〒160-0006　東京都新宿区舟町5
FAX番号	03-5362-3818
宛先	（株）翔泳社 愛読者サービスセンター

※本書に記載されたURL等は予告なく変更される場合があります。
※本書の出版にあたっては正確な記述につとめましたが、著者や出版社などのいずれも、本書の内容に対してなんらかの保証をするものではなく、内容やサンプルに基づくいかなる運用結果に関してもいっさいの責任を負いません。
※本書に掲載されているサンプルプログラムやスクリプト、および実行結果を記した画面イメージなどは、特定の設定に基づいた環境にて再現される一例です。
※本書に記載されている会社名、製品名はそれぞれ各社の商標および登録商標です。
※本書の内容は、2020年1月6日執筆時点のものです。
※本書は下記のバージョンに基づいて執筆しています。

・LINE公式アカウント 1.0.1
・iOS 13.3

著者プロフィール

松浦 法子（まつうら・のりこ）
WEBブランド戦略「ArtsWeb株式会社（LINE事業部：https://line100.com/)」代表取締役社長。自治体や企業へLINEを使ったフルファネルマーケティング支援・コンサルティング、メディア出演・監修を行っている。特にLINEを使ったビジネスのマーケティングオートメーション化など、仕組みの構築は圧倒的な実績を誇る。導入から運用、広告配信までを実際に手掛ける「現場がわかる講師」として講演でも定評がある。著書に『コストゼロでも効果が出る！ LINE@集客・販促ガイド』（翔泳社）などがある。

深谷 歩（ふかや・あゆみ）
株式会社深谷歩事務所代表取締役。ソーシャルメディアやブログを活用したコンテンツマーケティング支援を行う。Webメディア、雑誌の執筆に加え、講演活動、Webサイト制作も行う。またフェレット用品を扱うオンラインショップ「Ferretoys」も運営。著書に『自社のブランド力を上げる！ オウンドメディア制作・運用ガイド』『小さな会社のFacebookページ制作・運用ガイド』『たった1日でも効果が出る！ Facebook広告集客・販促ガイド』（以上、翔泳社）、『SNS活用→集客のオキテ』（ソシム）などがある。

装丁・本文デザイン　吉村 朋子
装丁・本文イラスト　村山 宇希
DTP　ケイズプロダクション

コストゼロでも効果が出る！
LINE（ライン）公式アカウント集客・販促ガイド

2020年 2 月10日 初版第1刷発行
2021年12月 5 日 初版第4刷発行

監修　松浦 法子
著者　松浦 法子・深谷 歩
発行人　佐々木 幹夫
発行所　株式会社 翔泳社（https://www.shoeisha.co.jp）
印刷・製本　株式会社 シナノ

本書へのお問い合わせについては、317ページに記載の内容をお読みください。

ISBN978-4-7981-6308-6　Printed in Japan